EUROPA-FACHBUCHREIHE
für Metallberufe

Metallbautechnik Arbeitsbuch

Für Metallbauer/-in und Konstruktionsmechaniker/-in

nach Lernfeldern Fachstufe 1

2. Auflage

VERLAG EUROPA-LEHRMITTEL · Nourney, Vollmer GmbH & Co. KG
Düsselberger Straße 23 · 42781 Haan-Gruiten

Europa-Nr.: 11909

Autoren:

Herold, Jürgen	Dipl.-Ing. (FM), Studienrat	Mainleus
Köhler, Frank	Dipl.-Ing.-Pädagoge	Moritzburg
Statt, Wolfgang	Fachlehrer, Metallbaumeister	Haßfurt

Lektor und Leitung des Arbeitskreises:

Köhler, Frank	Dipl.-Ing.-Pädagoge	Moritzburg

Bildentwürfe:
Die Autoren
Bildarchiv des Verlages
Leihgabe von Firmen (Verzeichnis Seite 202)

Fotos:
Die Autoren
Leihgabe von Firmen (Verzeichnis Seite 202)

Bildbearbeitung:
Zeichenbüro des Verlages Europa-Lehrmittel, Nourney, Vollmer GmbH & Co. KG, Ostfildern

2. Auflage 2018
Druck 5 4 3 2

Alle Drucke derselben Auflage sind parallel einsetzbar, da sie bis auf die Korrektur von Druckfehlern untereinander unverändert bleiben.

ISBN 978-3-8085-1623-2

Satz: Grafische Produktionen Jürgen Neumann, 97222 Rimpar
Umschlag: braunwerbeagentur, 42477 Radevormwald
Umschlagfotos: Bildmaterial des Autorenkreises
Druck: mediaprint solutions GmbH, 33100 Paderborn

Vorwort

Mit dem vorliegenden Arbeitsbuch geben Verlag und Autoren den Lehrkräften ein Arbeitsmittel in die Hand, mit dem die Inhalte der Lernfelder der Fachstufe 1 im Industrieberuf Konstruktionsmechaniker/in und im Handwerksberuf Metallbauer/in im handlungsorientierten Unterricht vermittelt werden können. Sie werden durch vier Hauptkapitel widergespiegelt:

- „Herstellen von Bauteilen und Baugruppen aus Blech“,
- „Herstellen von Umformteilen“,
- „Herstellen von Konstruktionen aus Profilen“ und
- „Montieren und Demontieren von Baugruppen“

Knapp formulierte berufliche Aufträge sind Ausgangspunkt des Lernens und Handelns. Sie bilden jeweils die berufliche Handlungsstruktur der Lernfelder ab. Bei jedem Arbeitsauftrag wird der Auszubildende entlang der beruflichen Handlungsstruktur über die Arbeitsschritte Informieren, Planen, Durchführen und Kontrollieren zum Arbeitsergebnis geführt. Durch zielgenaue Fragestellung wird die Lösung der Arbeitsaufträge unter technischen, sicherheitstechnischen, ökonomischen und ökologischen Aspekten betrachtet. Dabei wird zur Nutzung von Informationsquellen wie Fachbuch, Tabellenbuch, Internet angeregt. Mathematische Inhalte wurden integriert. In der vorliegenden **2. Auflage** wurden kleinere Fehler in Wort und Bild berichtigt. Wir danken unseren Lesern für die eingegangenen sachdienlichen Hinweise.

Mit Hilfe dieses Arbeitsheftes können sich Lernende die Kenntnisse des jeweiligen Lernfeldes auch weitgehend selbstständig aneignen und diese anwenden, festigen und überprüfen. Im letzten Teil des Buches finden sich 5 Prüfungsprojekte, die inhaltlich so gestaltet wurden, dass sie die Kontrolle der Anwendbarkeit der zuvor in den 4 Hauptteilen erworbenen Kenntnisse ermöglichen. Sie sind insgesamt oder in Teilen auch als Leistungskontrollen einsetzbar.

Zahlreiche technische Zeichnungen und Stücklisten ermöglichen eine ganzheitliche Sicht auf die dargestellten Sachverhalte und bergen Potential für die Arbeit des Lehrers mit eigenen projektbezogenen Aufgaben.

Das bebilderte Inhaltsverzeichnis nennt sowohl die zum jeweiligen Lernfeld gehörenden Arbeitsaufträge als auch die darin enthaltenen fachlichen Schwerpunkte.

Ein Lösungsband mit Lösungsvorschlägen für alle Aufgaben rundet das Angebot für den Lehrer ab.

Autoren und Verlag wünschen allen Nutzern dieses Werkes weiterhin viel Erfolg. Für Hinweise, die zur Weiterentwicklung des Werkes beitragen können sind wir dankbar (lektorat@europa-lehrmittel.de).

Sommer 2018
Autoren und Verlag

Didaktisch-methodische Hinweise

Ziel des Buches ist die Unterstützung des handlungsorientierten Unterrichts an der Berufsschule. Diese Art des Unterrichts ist besonders gut geeignet, die künftigen Gesellen und Facharbeiter auf ihren beruflichen Alltag vorzubereiten, besonders dann, wenn sich der Unterricht konsequent an der späteren beruflichen Handlung orientiert.

Für dieses Buch wurden deshalb Arbeitsaufträge ausgesucht, die sich sowohl im Unterricht der Berufsschule als auch in Zusammenarbeit mit den Ausbildungsbetrieben theoretisch und praktisch lösen lassen.

Knapp formulierte berufliche Aufträge bilden den Ausgangspunkt des Lernens und Handelns. Bei jedem Arbeitsauftrag wird der Auszubildende entlang der beruflichen Handlungsstruktur über die Phasen Informieren, Planen, Durchführen und Kontrollieren zum Arbeitsergebnis geführt.

Informieren Hier muss sich der Lernende vorrangig über Zeichnungen und Stücklisten, aber auch andere Materialien über die Lernsituation informieren. Das erfordert eine aktive Auseinandersetzung mit dem Arbeitsauftrag.

Planen Der Lernende stellt Überlegungen zur Planung der einzelnen Arbeitschritte, die zur Auftragsdurchführung erforderlich sind, an. Dabei muss er theoretische Kenntnisse mit praktischen Erfordernissen verknüpfen.

Durchführen Der Lernende führt theoretische und praktische Kenntnisse über die Durchführung beruflicher Handlungen zusammen. Der Vergleich von Lösungsmöglichkeiten wird angeregt.

Kontrollieren Der Lernende kontrolliert seine Arbeitsergebnisse, bewertet sie und zieht entsprechende Schlüsse für die weitere Arbeit.

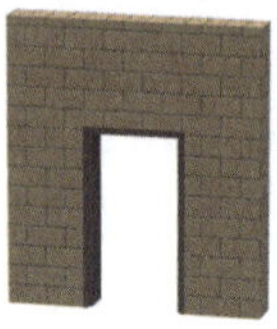

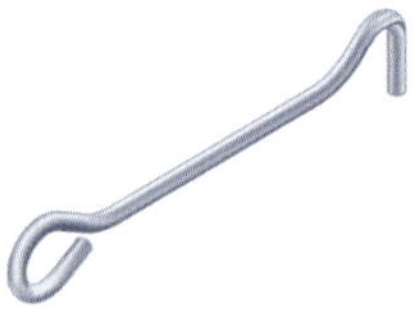

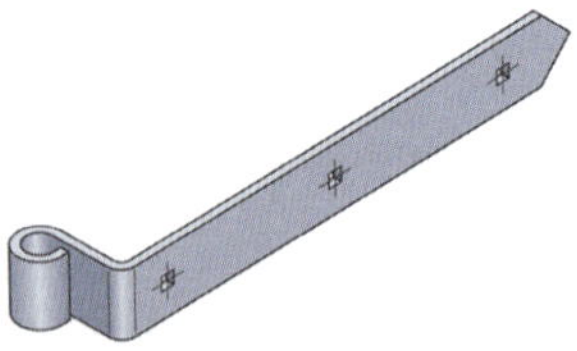

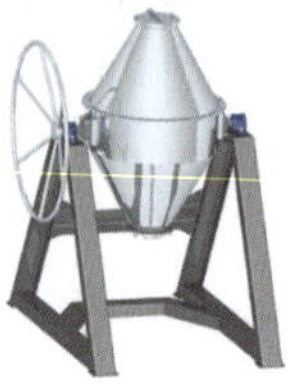

Auftrag

In die Geländerkonstruktion des Ems-Sperrwerkes sind zur Sicherung der schnellen Begehbarkeit der Stahlbaukonstruktion bei Havarien und Wartungs- und Instandsetzungsarbeiten die abgebildeten einflügligen Tore eingebaut. Das schnelle Öffnen und Schließen wird durch die eingebaute Sicherungsklappe gewährleistet. Zwischen der Innenseite der Sicherungsklappe und dem Handlauf besteht gerade so viel Spiel, dass die Betätigung mit geringem Kraftaufwand ermöglicht wird. Das gesamte Geländer ist aus Stahl gefertigt und mit einem Farbanstrich versehen. Einige der Sicherungsklappen sind bereits stark korrodiert und bergen ein Sicherheitsrisiko. Sie müssen durch neue Klappen ersetzt werden. Bei dem Geländer selbst reicht das Aufbringen eines neuen Farbanstrichs aus.
Der Auftrag erstreckt sich auf 8 Sicherungsklappen.

Informieren

1. Die Sicherungsklappe wird aus Blech hergestellt. Informieren Sie sich darüber, was unter dem Begriff „Blech" zu verstehen ist.

2. Aus der Zeichnung Sicherungsklappe auf Seite 13 entnehmen Sie die Bezeichnung des Bleches, das als Ausgangsmaterial vorgesehen ist. Entschlüsseln Sie die Werkstoffkurzbezeichnung.

DIN EN 10130	
DC 04	
A	
m	
2	
1250 × 2500	

3. In den Bestellkatalogen der Hersteller und Lieferanten werden Bleche u. a. nach ihrer Dicke eingeteilt. Informieren Sie sich über die dafür übliche Einteilung. Ergänzen Sie die Tabelle.

Bezeichnung	Merkmal

Früher benannte man Bleche im Dickenbereich von 3 mm bis 4,75 mm als Mittelbleche.

4. Nennen Sie Gründe für die Verwendung von Feinblech. Beachten Sie die geringe Stückzahl.

5. a) Informieren Sie sich über die Lieferformen, in denen das Blech für die Sicherungsklappe angeboten wird. Benennen Sie diese. Welche Lieferformen sind bei Blechen sonst noch üblich? Ergänzen Sie die Angaben der Tabelle.

Lieferform	Bezeichnung	Merkmal

	Band	Dicke zwischen 0,8 mm und max. 25,4 mm, Länge bis mehrere hundert Meter.

b) Welche Lieferform wählen Sie für den Auftrag aus?

6. Da die gesamte Konstruktion des Geländers aus Stahl gefertigt wurde, soll die Sicherungsklappe ebenfalls aus Stahl hergestellt werden. Wägen Sie Vor- und Nachteile von Stahl unter den gegebenen Bedingungen ab.

Vorteile	Nachteile

7. Wählen Sie für die Herstellung der Sicherungsklappe einen alternativen Werkstoff, um die Nachteile zu minimieren.

a) Was würde für Aluminium als alternativen Werkstoff sprechen?

b) Welche Gefahr könnte bei Verwendung von Aluminium zur Fertigung der Sicherungsklappe bestehen?

8. Die Klappe muss gebogen werden. Welche Wirkung hat das Biegeumformen auf die rot markierten Biegestellen an der Klappe?

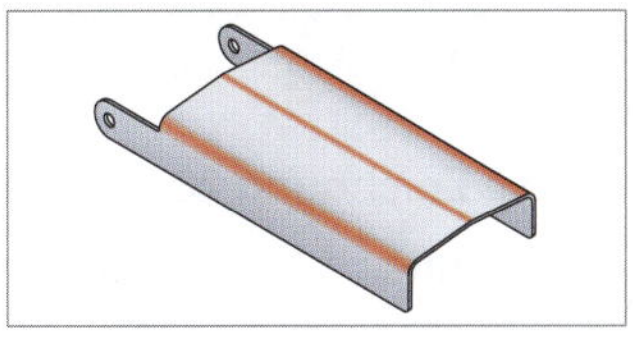

9. Wenn Sie den Biegevorgang für die Sicherungsklappe beschreiben sollen, müssen Sie Fachbegriffe verwenden.

Informieren Sie sich im Lehrbuch und tragen Sie die Begriffe in die Skizze ein.

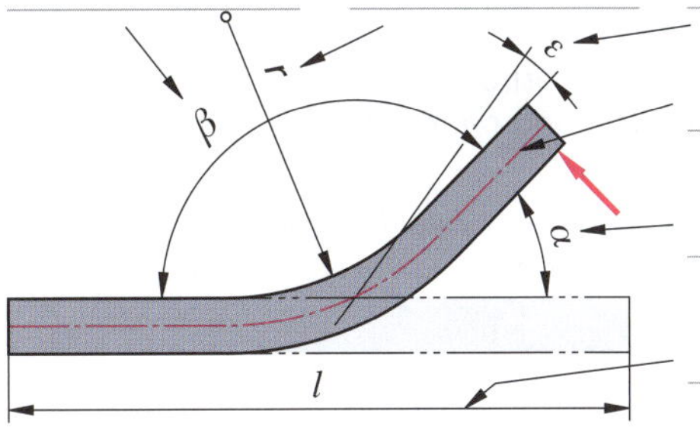

10. Welche Beanspruchungen treten an den Biegestellen auf der Außen- und Innenseite der Klappe auf? Beschriften Sie die Skizze.

a) Nennen Sie den Begriff, der für diese zusammengesetzte Beanspruchung verwendet wird.

b) In welchen Bereichen des Querschnitts sind die Spannungen am größten?

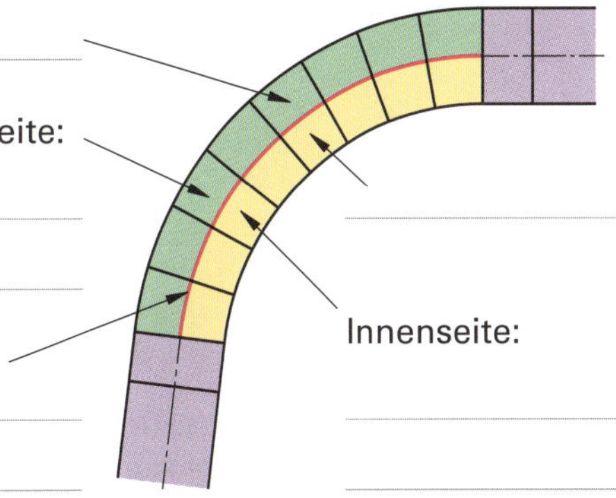

11. Erklären Sie den Begriff der „neutralen Faser".

12. Warum sollte beim Kaltbiegen ein bestimmter Mindestbiegeradius nicht unterschritten werden?

13. Welche Größen beeinflussen den Mindestbiegeradius?

14. Warum werden bei der Berechnung der gestreckten Länge einer Biegestelle Ausgleichswerte (v-Werte) eingeführt?

Planen

15. Die Zeichnung 2012-100 Blatt 1, Seite 11 zeigt den Querschnitt des Handlaufprofils.

Zeichnen Sie in die untere Abbildung den Querschnitt und die wichtigsten Konstruktionsmaße der Sicherungsklappe ein.

Bedingungen:

- Rundum muss die Klappe einen Abstand von 1 mm zum Handlaufprofil haben.
- Die Seitenflächen der Sicherungsklappe sollen die Seiten des Handlaufes 5 mm überdecken.

Auch bei der Herstellung von Blechteilen in geringer Stückzahl ist die Anfertigung von Anreißhilfen in Originalgröße üblich. Sie verkörpern das Blech in Form einer Abwicklung. Diese nennt man fachsprachlich Naturgröße. Zu ihrer Anfertigung benötigt man die gestreckten Längen des Biegeteils.

16. Ermitteln Sie die gestreckte Länge des Querschnitts der Sicherungsklappe aus den Maßen, die Sie in die Zeichnung Seite 11 eingetragen haben. Verwenden Sie die Methode mit Ausgleichswerten (v-Werte) für das Kaltbiegen.

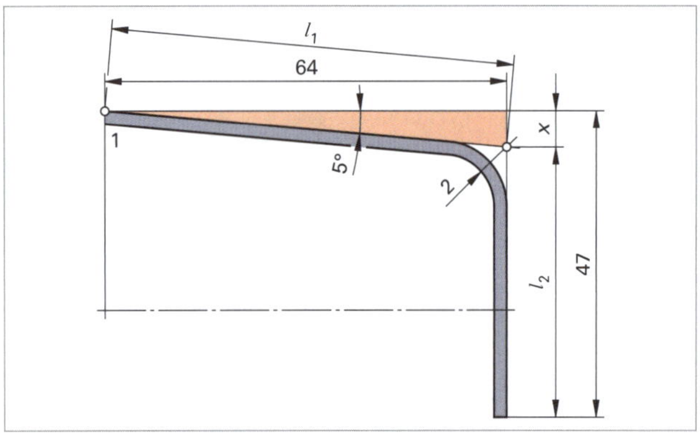

a) Bestimmen Sie den v-Wert aus Tabellen. (Die geringe Abweichung der Biegewinkel von 90° wird vernachlässigt).

Biegestelle 1:

Bei Öffnungswinkeln zwischen 165° und 180° ist der Ausgleichswert $v = 0$.

Biegestelle 2:

Geg.: 90°-Biegung, Blechdicke $s = 2$ mm, Biegeradius $r = 8$ mm

Ges.: v–Wert (lt. Tabelle)

Lösung: ______________________

b) Errechnen Sie nun die gestreckte Länge und somit die Breite des Bleches für den Zuschnitt der Sicherungsklappe. (Die errechnete gestreckte Länge wird auf volle Millimeter aufgerundet.)

Geg.: Breite 128 mm : 2 = 64 mm und Höhe der Klappe 22 mm + 17 mm + 3 mm + 5 mm = 47 mm

Ges.: l_1, l_2, l_{ges}

Lösung:

l_1 =

l_2 =

l_{ges} =

Ergebnis aufgerundet auf ganze Zahl: l_{ges}

c) Zum Biegen der Sicherungsklappe im Gesenk benötigen Sie den Anriss der Biegekanten. Berechnen Sie deren Lage auf dem Zuschnitt.

Geg.: l_1, l_2, v_2

Ges.: x, y

Lösung:

$x = l_1 - \frac{v_2}{2}$ =

$y = l_2 - \frac{v_2}{2}$ =

(1:1)

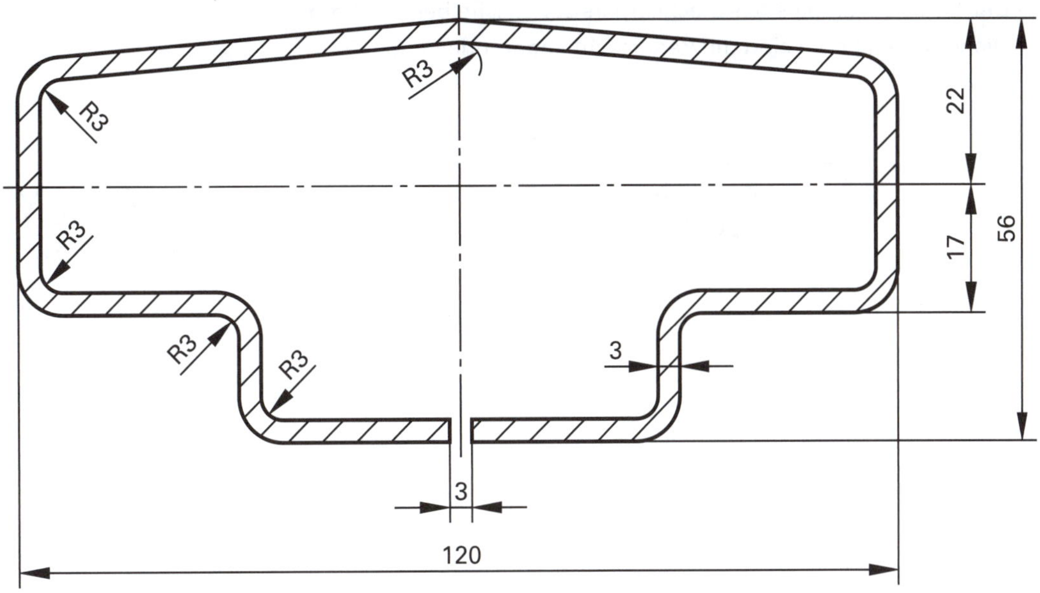

(1:1)

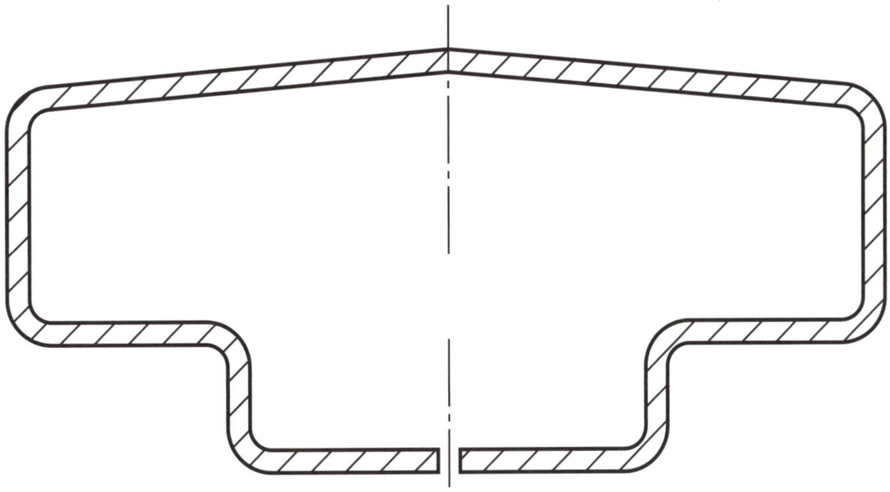

Konstruiert von	Kontrolliert von	Genehmigt von	Datum	Datum
EUROPA LEHRMITTEL		**Handlauf Querschnitt**	Ausgabe	Blatt

17. Zeichnen Sie den Blechzuschnitt (die Abwicklung) des Blechkörpers der Sicherungsklappe im Maßstab 1:2. Tragen Sie die erforderlichen Maße ein. Zeichnen Sie die Biegekanten ein und geben Sie deren Lagemaße an. Tragen Sie die üblichen Biegehinweise an den Biegekanten ein.

- Die Lasche, die zur Befestigung am Bolzen dient, hat eine Breite von 30 mm, die Bohrung hat einen Durchmesser von 10,5 mm
- Der Übergangsradius des Blechkörpers zur Lasche beträgt 3 mm.
- Die vorderen Ecken sind mit Radius R10 abgerundet.

Konstruiert von	Kontrolliert von	Genehmigt von	Datum		Datum	M 1:2
EUROPA LEHRMITTEL			**Sicherungsklappe - Blechkörper**			
					Ausgabe	Blatt

18. Ergänzen Sie zur Vervollständigung des Zeichnungssatzes die Maßangaben in den vorhandenen Ansichten der Einzelteilzeichnung und zeichnen Sie die fehlende Draufsicht.

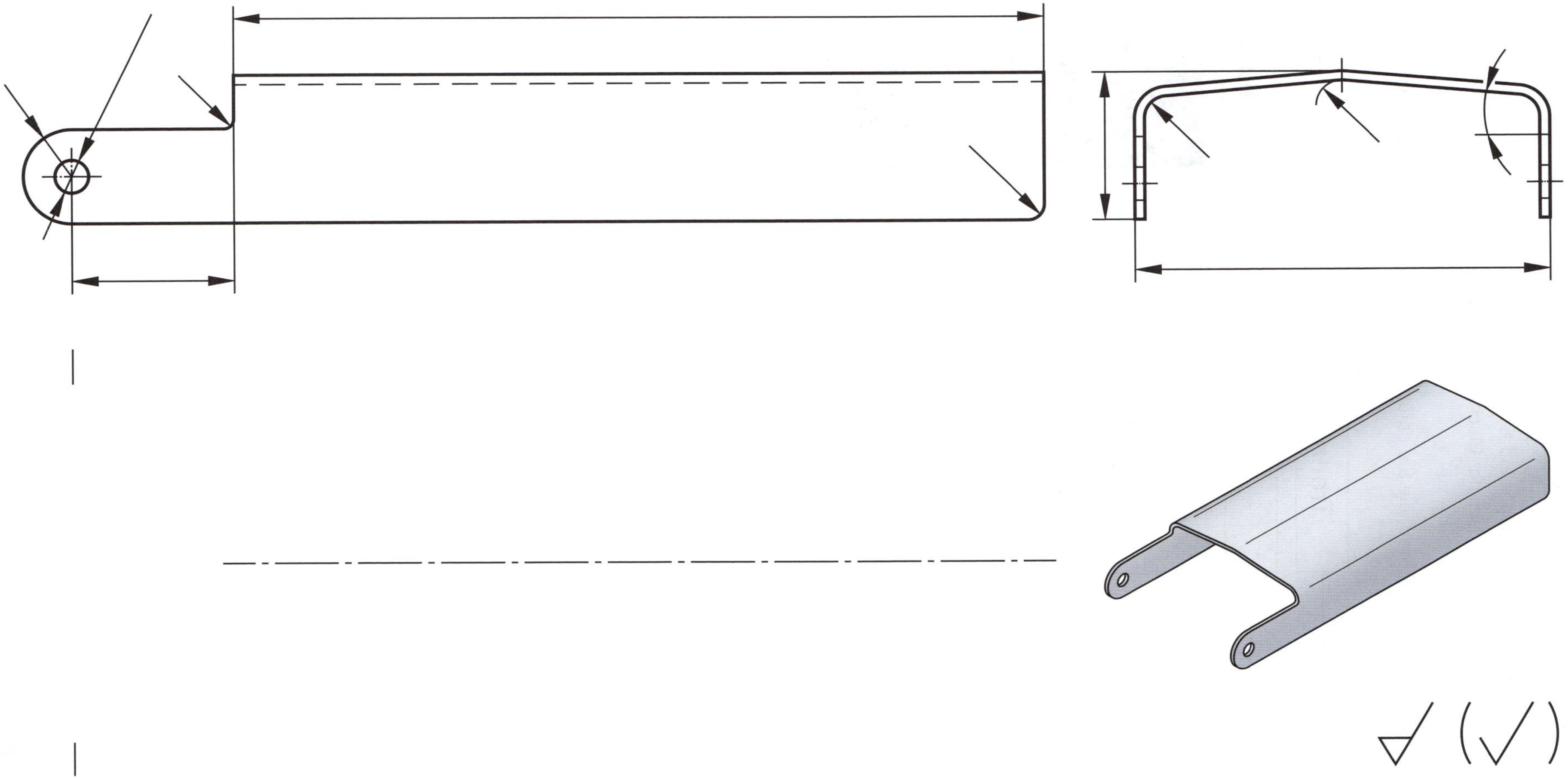

Allgemeintoleranzen DIN ISO 2768-m

Werkstoff:
Blech DIN EN 10130 -
DC04 A m - 2 × 1250 × 2500

Konstruiert von	Kontrolliert von	Genehmigt von	Datum	Datum	M 1:2
EUROPA LEHRMITTEL		**Sicherungsklappe**			
				Ausgabe	Blatt

Durchführen

19. Zur Fertigung des Zuschnitts der Sicherungsklappe sind zwei Arbeitsschritte nötig.

- Die flach gestreckte Grundform (Abwicklung) aus der Blechtafel ausschneiden.
- Die Kontur der Abwicklung herstellen.

a) Informieren Sie sich über die Trennverfahren, die Sie dafür anwenden können. Ergänzen Sie die Übersicht.

Trennen

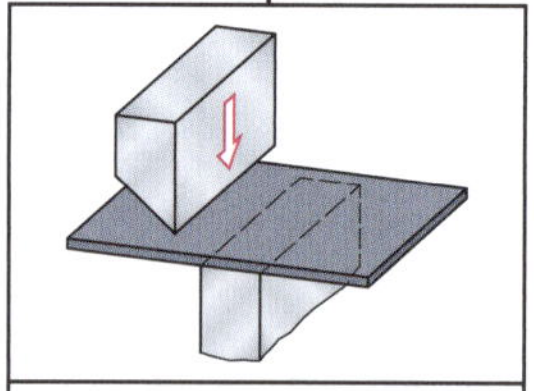

Scher-
schneiden

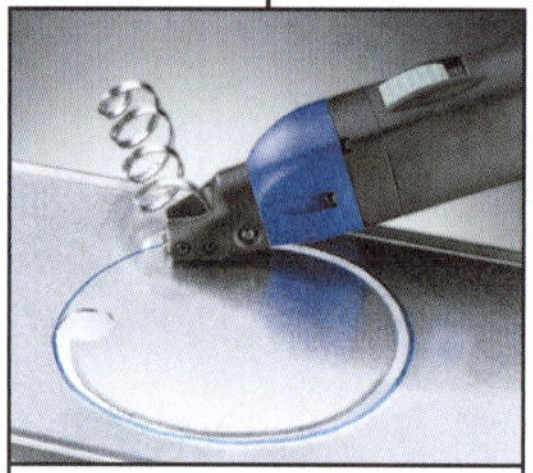

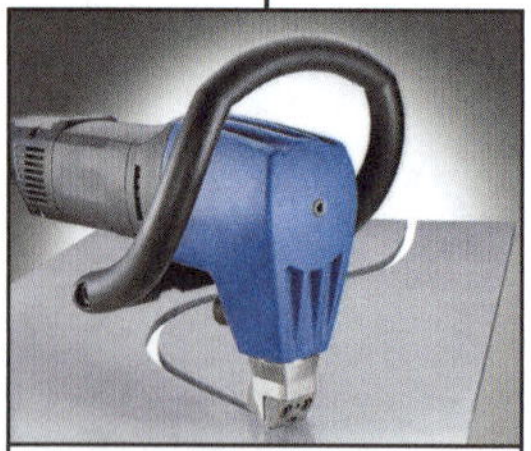

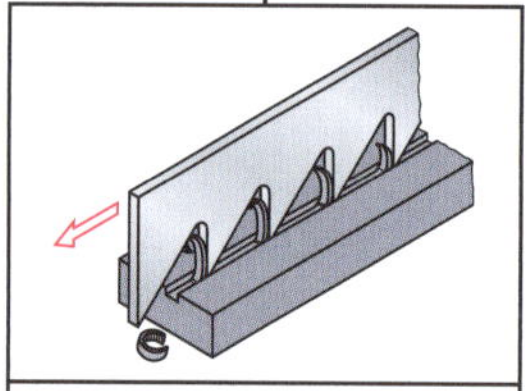

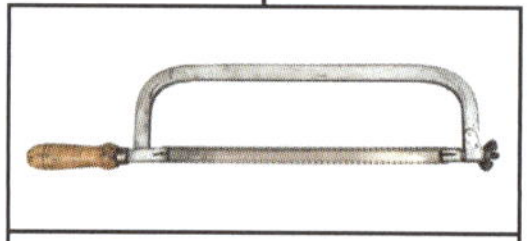

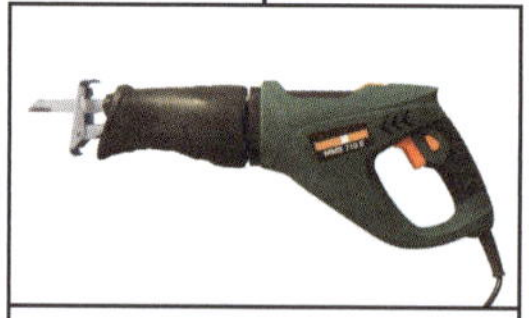

Abtragen

b) Welche Verfahren wählen Sie unter Beachtung der geringen Stückzahl aus? (kurze Begründung)

Blechzuschnitt aus der Tafel:	
Abwicklung:	

20. Zum ersten Zuschnitt der Blechtafel für die Sicherungsklappe steht Ihnen eine Tafelschere zur Verfügung.

a) Worauf hat die Größe des Schneidspaltes Einfluss?

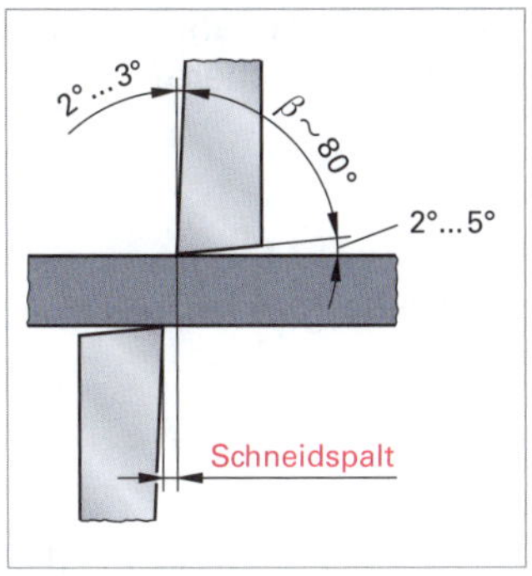

b) Welche Folgen kann ein zu groß oder zu klein eingestellter Schneidspalt haben?

Zu groß:

Zu klein:

c) Welche Größe sollte nach Faustformel der Schneidspalt beim Zerschneiden der Blechtafel für die Sicherungsklappe haben?

21. Die Schneidkante des zugeschnittenen Bleches für die Sicherungsklappe hat das abgebildete Aussehen.

a) Bezeichnen Sie die einzelnen Zonen des typischen Schnittbildes.

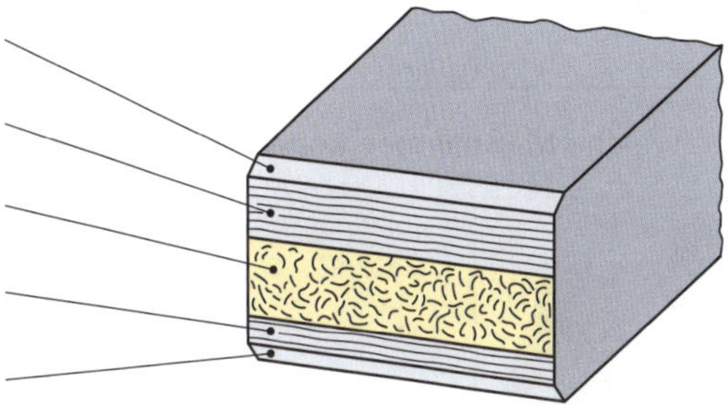

b) Erläutern Sie mithilfe der folgenden Abbildungen, wie diese Schneidkante zustande kommt.

Schritt 1:	Schritt 2:	Schritt 3:
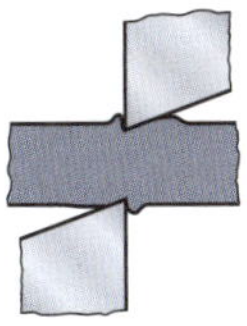	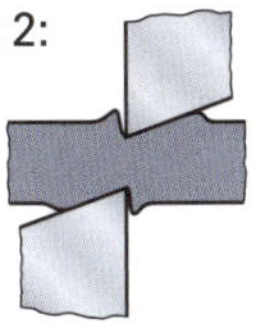	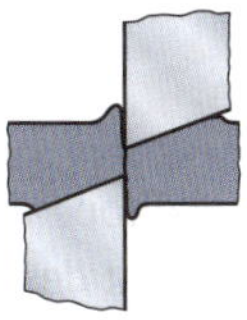

22. Für das Ausschneiden der Blechkontur der Abwicklung wählen Sie einen Elektro-Handnibbler. Welche Gründe sprechen für den Einsatz dieses Werkzeugs?

23. Welche Gefahr besteht beim Umgang mit geschnittenen Blechen an der Tafelschere?

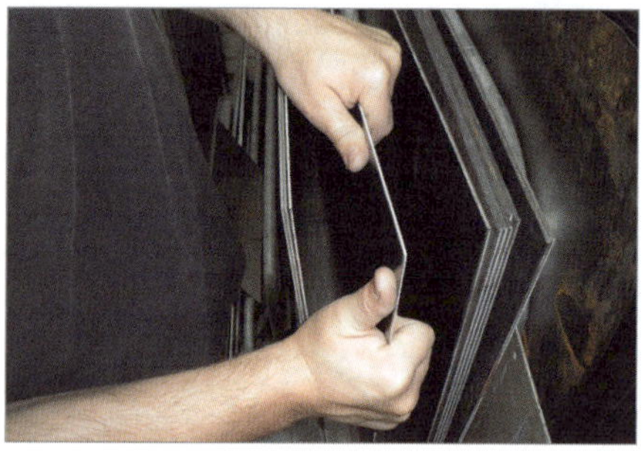

24. Überlegen Sie, wie Sie diese Gefahr vermindern können.

a) Benennen Sie die dafür geeigneten Werkzeuge.

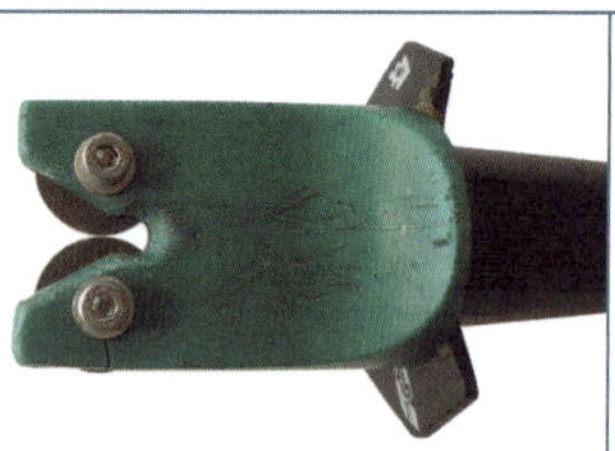		

b) Wie behilft man sich, wenn diese Werkzeuge nicht verfügbar sind?

		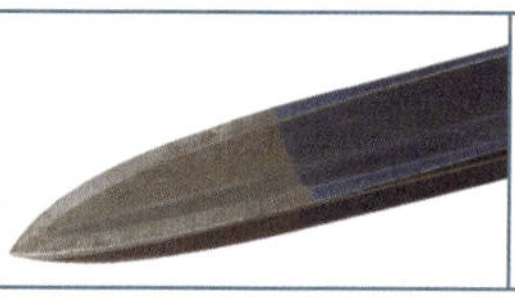	

25. Durch welche Maßnahmen können Unfallgefahren beim Umgang mit Blech außerdem noch verringert werden?

		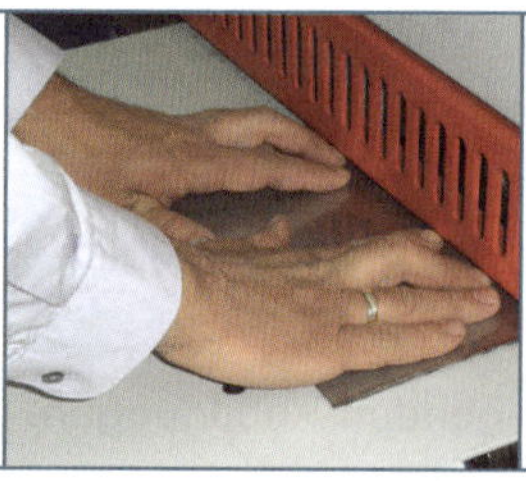	

Kontrollieren

26. Die Sicherungsklappe darf nicht klemmen.

a) Welches Maß ist deshalb zu kontrollieren?

b) Ermitteln Sie die Grenzmaße des Kontrollmaßes! Toleranzklasse nach Zeichnung:

Nennmaß	Abmaße	Höchstmaß	Mindestmaß

27. a) Begründen Sie, warum ein Stahlmaßstab zur Prüfung dieses Maßes der Sicherungsklappe nicht geeignet ist.

b) Welches Prüfmittel wählen Sie stattdessen dafür aus?

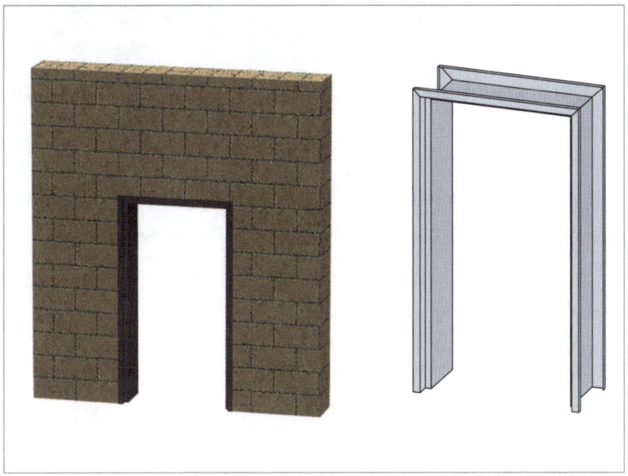

Auftrag

In einem denkmalgeschützten Altbau ist im Keller eine neue Stahltür einzubauen. Die vorhandene Wandstärke lässt die Verwendung einer herkömmlichen Standardtürzarge nicht zu.

Ihr Betrieb wird vom Architekten beauftragt, eine an das Mauerwerk angepasste Umfassungszarge herzustellen.

Die Türzarge wird aus 2 mm starkem Stahlblech S235JR hergestellt. Die Einzelteile werden über Gehrungen miteinander verbunden. Für den Korrosionsschutz wird die Zarge nach dem Verschweißen pulverbeschichtet.

Die Höhe der Tür beträgt $h = 2250$ mm, die Breite $b = 1250$ mm

Informieren

1. Informieren Sie sich über die Abmessungen der Umfassungszarge.

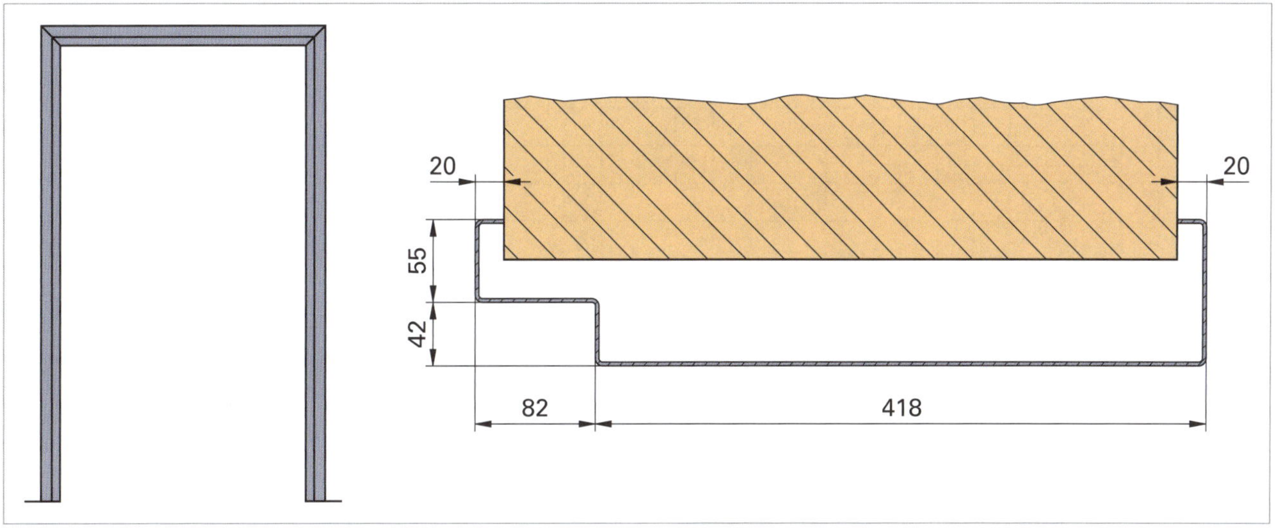

2. Der Zuschnitt von Blech erfolgt aus Blechtafeln. Geben Sie die Größe der nachfolgenden Blechformate an!

Kleinformat: ______

Mittelformat: ______

Großformat: ______

3. Welches Blechformat würden Sie für den Zuschnitt der Umfassungszarge auswählen?

______

______

4. Welchen Mindestbiegeradius wählen Sie beim Biegen der Umfassungszarge?

______

5. Warum unterscheiden sich die Mindestbiegeradien zwischen längs und quer zur Walzrichtung?

______

______

Planen

6. Berechnen Sie die Zuschnittlänge der Umfassungszargen. Berücksichtigen Sie den Mindestbiegeradius und die Ausgleichswerte für Stahl S235JR.

Geg.:

Ges.:

Lösung:

Durchführen

7. Für den Zuschnitt der Zargen steht Ihnen die abgebildete Tafelschere zur Verfügung. Informieren Sie sich über diese Tafelschere und geben Sie deren Schnittwinkel an!

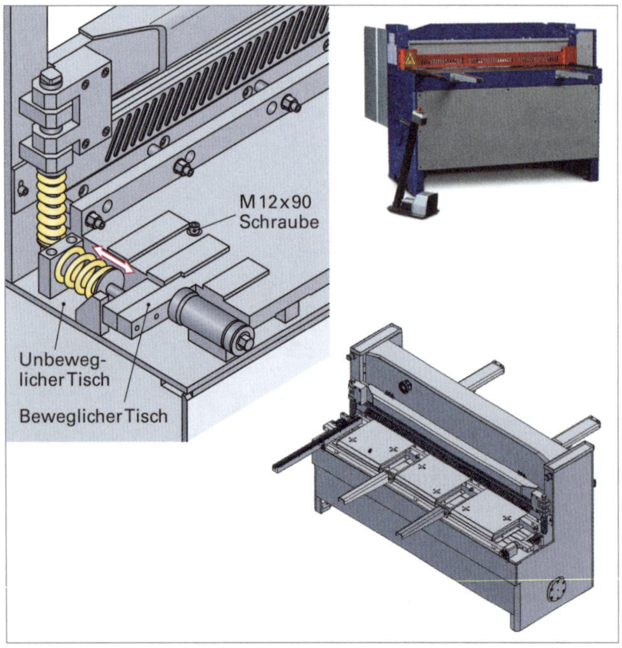

TYP	MS 2504
Schnittleistung (mm)	4
Schnittlänge (mm)	2550
Schnittwinkel (<)	1° 30'
Hub pro Min (1/min)	42
Motorleistung (kW)	7,5
Tischbreite (mm)	450
Tischhöhe (mm)	800
Hinteranschlag max. Länge (mm)	750 / 100
Höhe (mm)	1330
Breite (mm)	2260
Länge (mm)	3050
Gewicht (kg)	3300

Schnittwinkel in Dezimalschreibweise: ____________________

8. Berechnen Sie die erforderliche maximale Schneidkraft F_s in kN für den Blechzuschnitt der Umfassungszarge!

Geg.:

Ges.:

Lösung:

9. Ermitteln Sie mithilfe der nachfolgenden Originaltabelle des Maschinenherstellers den erforderlichen Schneidspalt für der Blechzuschnitt der Umfassungszarge.

Blechstärke	Kohlenstoffstahl			Rostfreier Stahl			Aluminium weich	Aluminium Legierungen			Kupfer und Kupfer Legierungen (Messing)		
	330:370	370:500	500:700	450:660	600:800	800:950	90:110	110:250	250:350	350:510	210:350	350:550	550:710
	350 N/mm²	450 N/mm²	600 N/mm²	550 N/mm²	700 N/mm²	850 N/mm²	100 N/mm²	200 N/mm²	300 N/mm²	450 N/mm²	300 N/mm²	450 N/mm²	650 N/mm²
	S185	S235	S355	1.4301	1.4401	1.4531	EN AW-Al 99,5	EN AW-Al Mg1,5	EN AW-Al Mg3	EN AW-2014A	Cu-ETP	CuAg 0.1 (P) CuCrl	CuSn8 CuAl8
0.25	0.02	0.02	0.02	0.02	0.02	0.02	0.01	0.01	0.01	0.02	0.01	0.02	0.02
0.50	0.03	0.03	0.04	0.04	0.04	0.05	0.02	0.02	0.03	0.03	0.03	0.03	0.04
0.80	0.05	0.05	0.06	0.06	0.07	0.07	0.02	0.04	0.04	0.05	0.04	0.05	0.06
1.00	0.06	0.07	0.08	0.07	0.08	0.10	0.03	0.05	0.06	0.07	0.06	0.07	0.08
1.50	0.09	0.10	0.12	0.11	0.13	0.14	0.05	0.07	0.08	0.10	0.08	0.10	0.12
1.80	0.11	0.12	0.14	0.13	0.15	0.16	0.06	0.08	0.10	0.12	0.10	0.12	0.14
2.00	0.12	0.13	0.16	0.15	0.17	0.18	0.06	0.09	0.11	0.13	0.11	0.13	0.16
2.50	0.15	0.17	0.19	0.19	0.21	0.23	0.08	0.11	0.14	0.17	0.14	0.17	0.20
3.00	0.18	0.20	0.23	0.22	0.25	0.25	0.10	0.13	0.16	0.20	0.16	0.20	0.24
4.00	0.30	0.34	0.39	0.37	0.42	0.47	0.16	0.22	0.27	0.34	0.27	0.34	0.40
5.00	0.42	0.47	0.54	0.52	0.58	0.59	0.22	0.31	0.38	0.47	0.38	0.47	0.59
6.00	0.53	0.60	0.70	0.65	0.75	0.85	0.28	0.40	0.49	0.60	0.49	0.60	0.75

HINWEIS: Nach Zugfestigkeit des Materials berechnet worden.
10 N/mm² : 1 daN/mm² : 1 kg/mm²
1 N/mm² : 1 MPa/mm²

Schneidspalt ______________________

10. Welche Folgen hätte a) ein zu schmaler und b) ein zu breiter Schneidspalt?

a) ______________________

b) ______________________

11. Ihnen stehen zur Herstellung der Umfassungszarge die zwei nachfolgenden Biegemaschinen zur Verfügung. Wie werden diese bezeichnet?

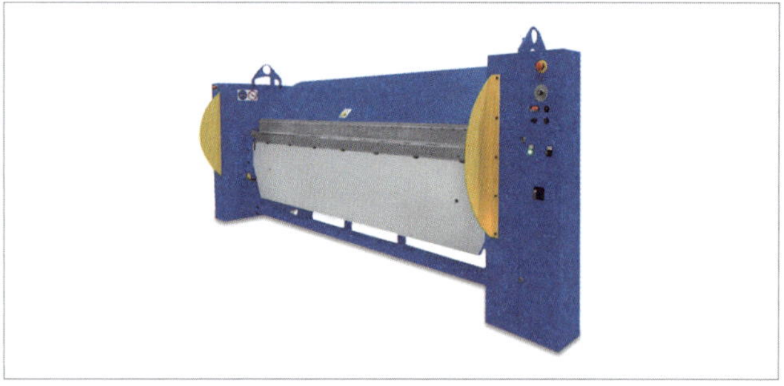

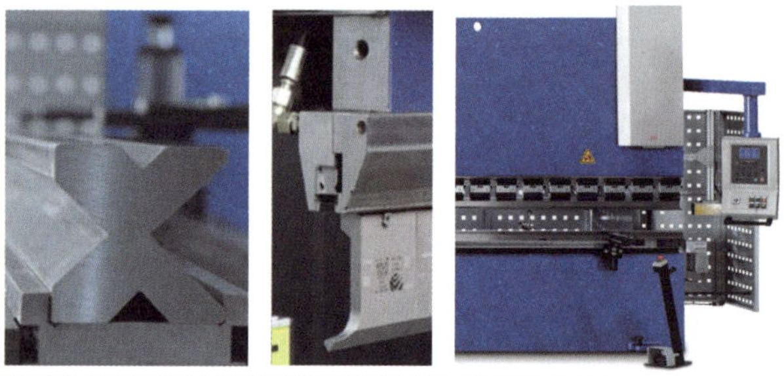

12. Worin unterscheidet sich der Biegevorgang (Umformvorgang) bei den beiden Maschinen?

13. Wie wird bei beiden Maschinen a) der Biegeradius und b) der Biegewinkel eingestellt?

Schwenkbiegemaschine	Gesenkbiegemaschine
a) 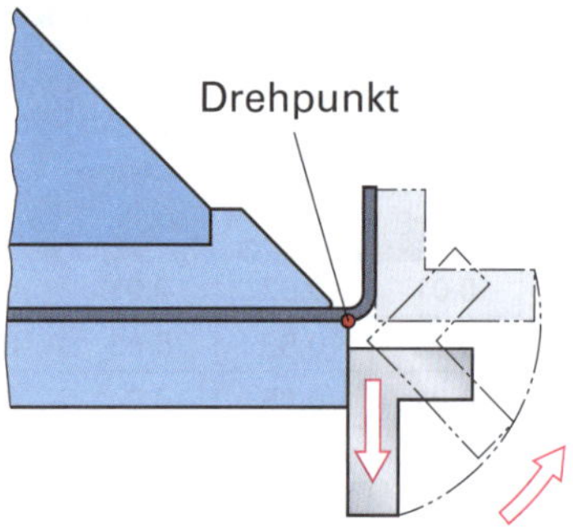	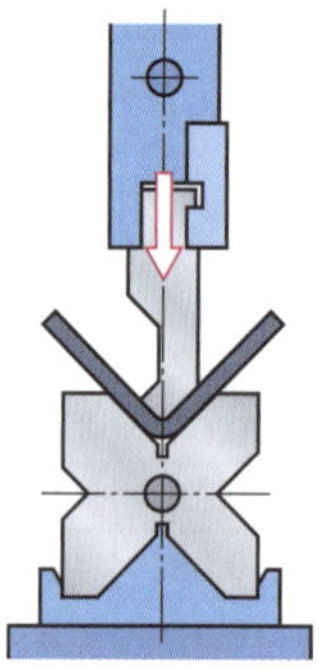
b) 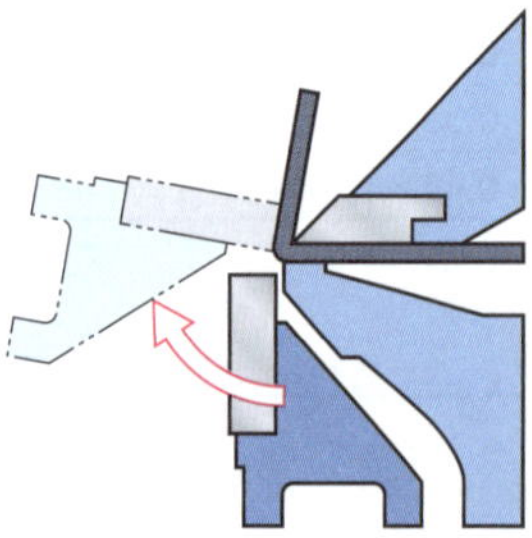	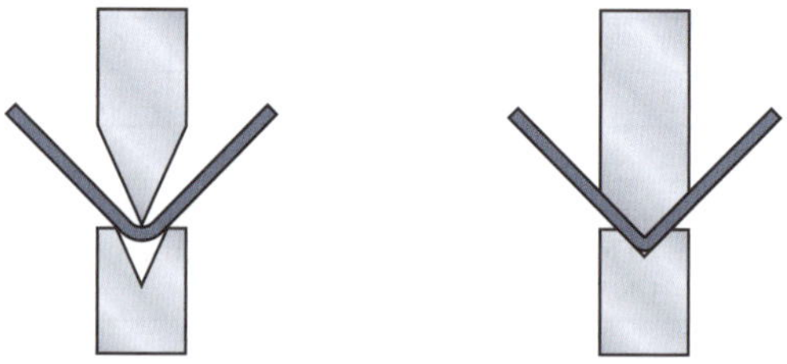 Freibiegen (Luftkanten) Prägen

14. Für das Schwenk- und Gesenkbiegen muss aufgrund der jeweiligen Maschinengeometrie die Biegereihenfolge beachtet werden.

- Zeichnen Sie für beide Verfahren die Biegereihenfolge zur Herstellung der Umfassungszarge in die nachfolgenden Skizzen ein.
- Vermerken Sie, wenn die Arbeitsschritte „drehen" und/ oder „wenden" erfolgen müssen.

Tipp: Verwenden Sie für ihre Planungen einen Papierstreifen, um eine sinnvolle Biegereihenfolge simulieren zu können.

Schwenkbiegemaschine	Gesenkbiegemaschine
1 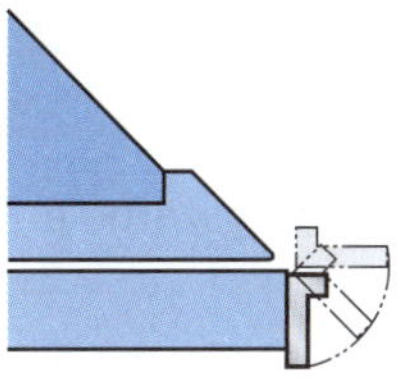	1 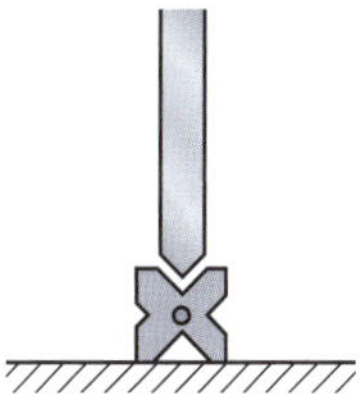
2 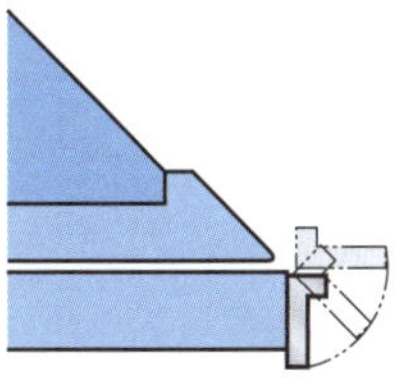	2 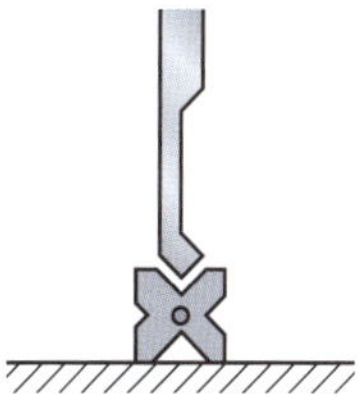
3 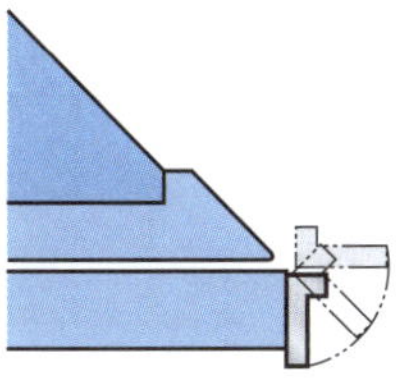	3 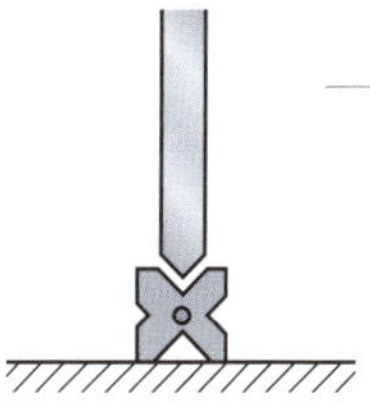
4 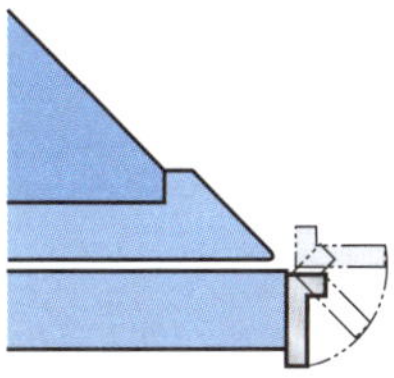	4 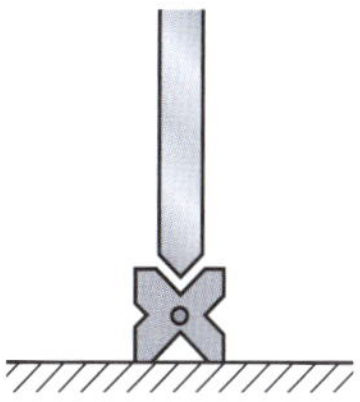
5 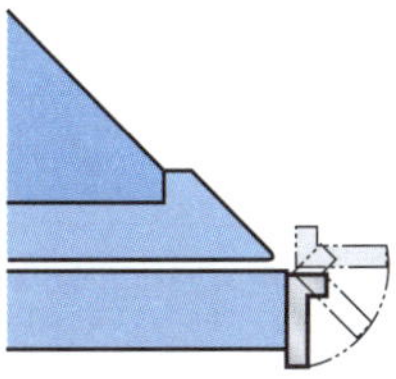	5 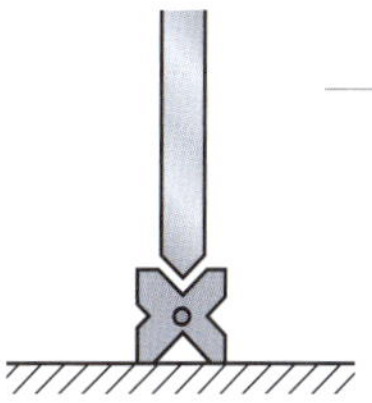
6 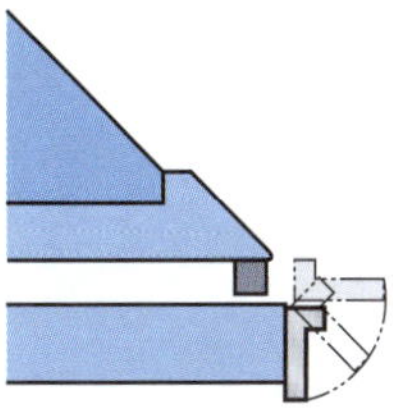	6 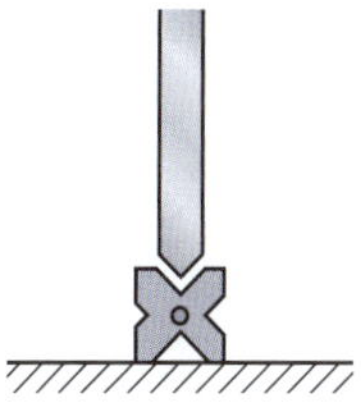

15. Welche Grundregel für die Biegereihenfolge können Sie bei a) der Schwenkbiegemaschine und b) der Gesenkbiegemaschine aus ihren Ergebnissen folgern?

a) ______________________________

____

b) ______________________________

____

16. Was müssen Sie hinsichtlich des tatsächlichen Biegewinkels beim jeweiligen Verfahren beachten?

____

____

17. Ermitteln Sie für beide Verfahren die zur Herstellung der Umfassungszarge erforderlichen Biegewinkel!

Geg.:

Ges.:

Lösung:

Kontrollieren

18. Warum können die tatsächlichen Biegewinkel und Biegeschenkellängen von den zuvor rechnerisch ermittelten Ergebnissen abweichen?

____

____

____

____

19. Warum sollten Sie Probekantungen durchführen?

____

____

____

____

Auftrag

Der Gesamtauftrag besteht darin, die Herstellung eines Holzkohle-Grills zu planen und durchzuführen. Der Auftraggeber wünscht eine abnehmbare quadratische Grillfläche mit den Abmessungen von ca. 400 mm × 400 mm. Das Grillgut soll durch einen aufgestellten Rand geschützt werden. Der Verbrennungsraum ist pyramidenförmig auszuführen, um den Abbrand der Holzkohle zu verbessern.

Ein herausnehmbares Verbrennungsrost wird stabil im Verbrennungsraum gelagert. Die Asche wird in einen separaten Kasten, der mit einem Handgriff versehen ist, aufgefangen. Außerdem soll der Grillkörper mit wenigen Handgriffen vom Ständer getrennt werden können, sodass der Grill auch in einem Fahrzeug mit weniger geräumigem Gepäckraum verstaut werden kann. Er soll aber dennoch stabil und kippsicher sein.

Ihr Teilauftrag besteht darin, den Aschekasten für diesen Grill herzustellen. Die Fertigung ist zu planen und durchzuführen.

Die Konstruktion soll aus Edelstahl X5CrNi18-10 ausgeführt werden. Für das äußere Erscheinungsbild wünscht sich der Kunde eine leicht strukturierte matt glänzende Oberfläche.

Informieren

1. a) Informieren Sie sich zunächst anhand der Zeichnungen Blatt 1 und 2 sowie der Stückliste Blatt 3 über Ihren Arbeitsauftrag.

b) Tragen Sie die fehlenden Positionsnummern in die Zeichnungen ein.

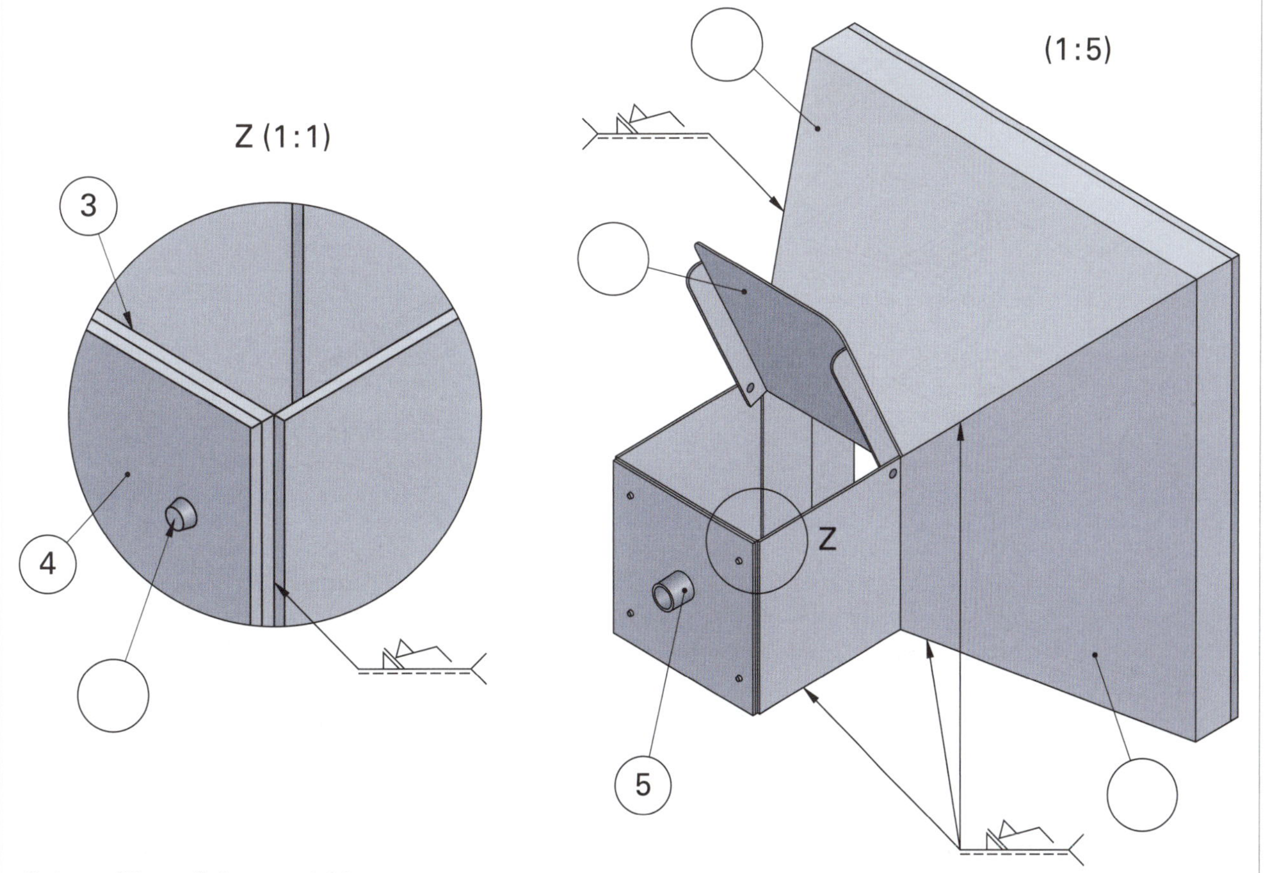

Schweißverfahren: 141

Name:		
Klasse:	Datum:	Blatt-Nr.: 24

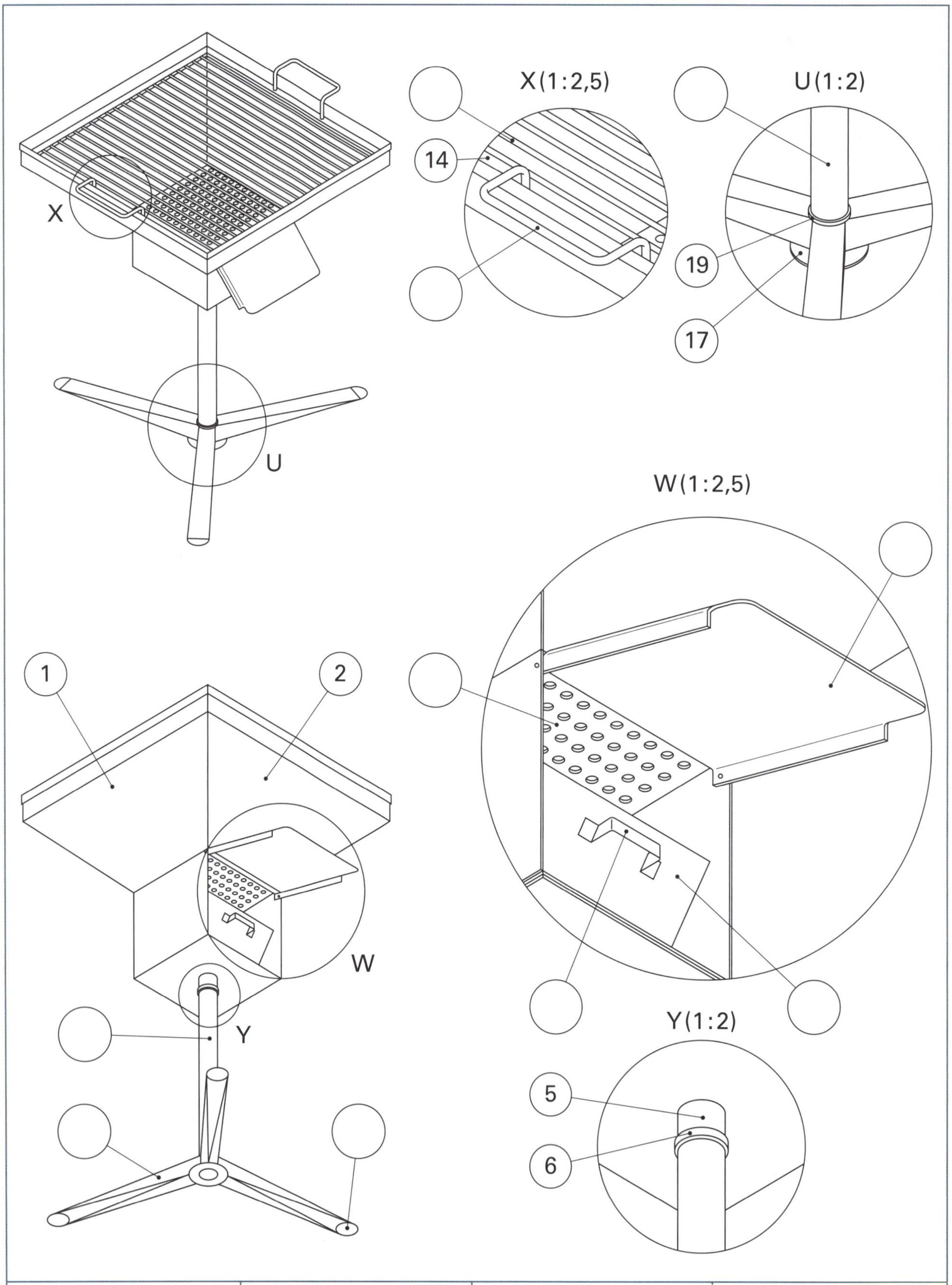

Schule	Erstellt durch	Titel, zusätzlicher Titel	Dokumentenart	
		Holzkohle-Grill		
Klasse	Ausgabedatum	**Details X, Y, W, U**	Zeichnungsnummer	Blatt

Name:		
Klasse:	Datum:	Blatt-Nr.: 25

Stückliste

1	2	3	4	5	6	7
Pos.	**Menge**	**Einheit**	**Benennung**	**Norm-/Kurzbezeichnung**	**Werkstoff**	**Bemerkung**
1	3	Stck.	Seitenteil	Bl 1,2 × 398 × 427	X5CrNi18-10	abkanten
2	1	Stck.	Vorderteil	Bl 1,2 × 277 × 398	X5CrNi18-10	abkanten
3	1	Stck.	Grundplatte	Bl 2 × 147 × 147	X5CrNi18-10	
4	1	Stck.	Kopfplatte	Bl 2 × 147 × 147	X5CrNi18-10	
5	1	Stck.	Muffe kurz	Rohr DIN EN ISO 1127 – 25 × 2,6	X5CrNi18-10	Fertigungsteil
6	2	Stck.	Verbindungsstück	Rd 30	X5CrNi18-10	Fertigungsteil
7	1	Stck.	Stütze	Rohr DIN EN ISO 1127 – 25 × 2 – 305	X5CrNi18-10	
8	3	Stck.	Fußausleger	Bl 1,5 × 80 × 320	X5CrNi18-10	
9	3	Stck.	Fußscheibe	Bl 2 × 50 × 50	X5CrNi18-10	Ronde ø50
10	1	Stck.	Aschekasten	Bl 1,5 × ______ × ______	X5CrNi18-10	
11	1	Stck.	Griff	Bl 1,5 × 20 × 130	X5CrNi18-10	
12	1	Stck.	Lüftungsklappe	Bl 1,5 × 170 × 181	X5CrNi18-10	
13	1	Stck.	Kohlerost	Bl 3 × 190 × 190	X5CrNi18-10	
14	4	Stck.	Grillrost-rahmenteil	quadr. Hohlprofil 15 × 15 × 1,5 – 390	X5CrNi18-10	unterschiedl. Rohrbilder
15	19	Stck.	Rundstab	Rd 6 – 375	X5CrNi18-10	kaltgezogen
16	2	Stck.	Grillrostgriff	Rd 6	X5CrNi18-10	
17	1	Stck.	Scheibe	Bl 2 × 60 × 60	X5CrNi18-10	
18	6	Stck.	Blindniet	DIN 7337 – A 3 × 8 – A2		
19	1	Stck.	Muffe lang	Rohr DIN EN ISO 1127 – 25 × 2,6	X5CrNi18-10	Fertigungsteil

Abteilung	Techn. Referenz	Dokumentenart	Dokumentenstatus
Eigentümer: EUROPA LEHRMITTEL	Erstellt durch	Titel, zusätzlicher Titel: **Holzkohle-Grill**	Zeichnungsnummer
	Genehmigt von		Änd. / Ausgabe-datum / Spr. / Blatt

2. a) Lesen Sie die Zeichnung Holzkohle-Grill, Aschekasten. In der Zeichnung erkennen Sie die Lage der Schweißnähte. Überlegen Sie, welche Form die Abwicklung des Aschekastens haben müsste.

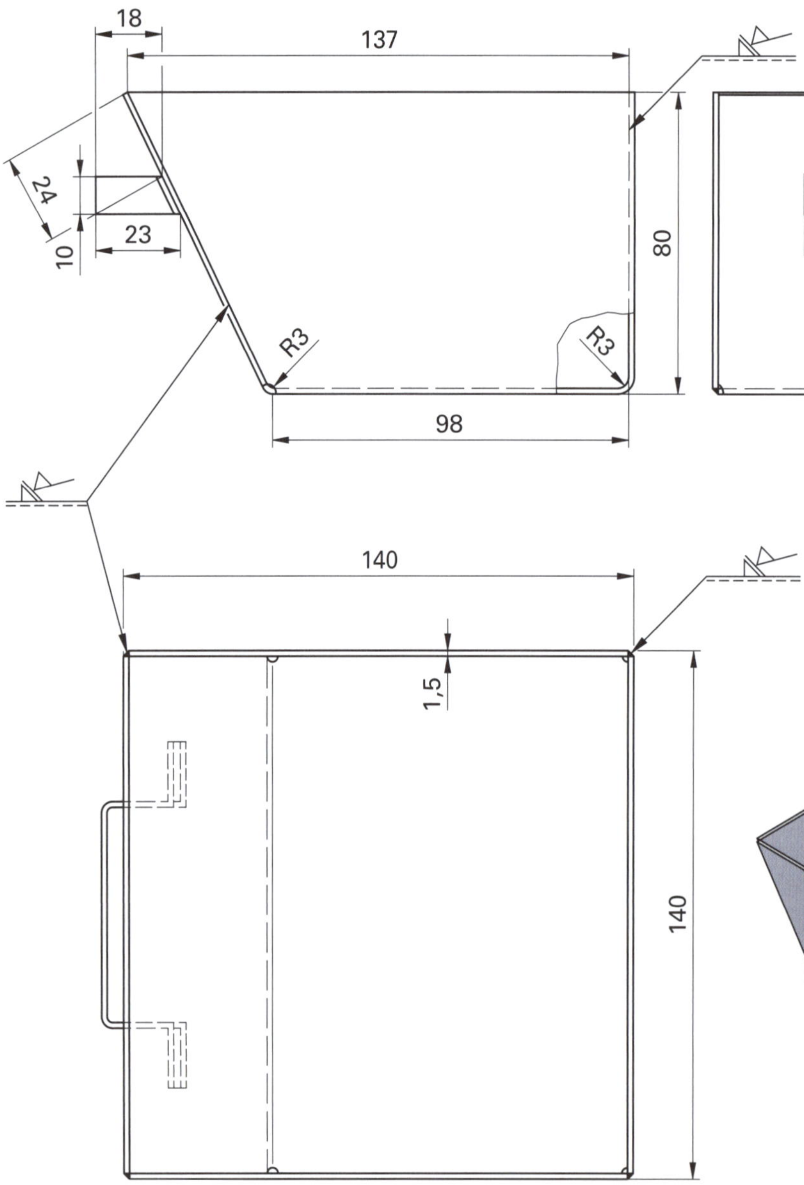

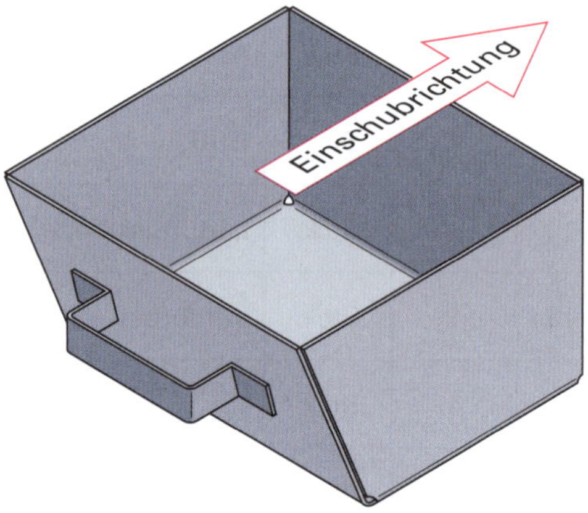

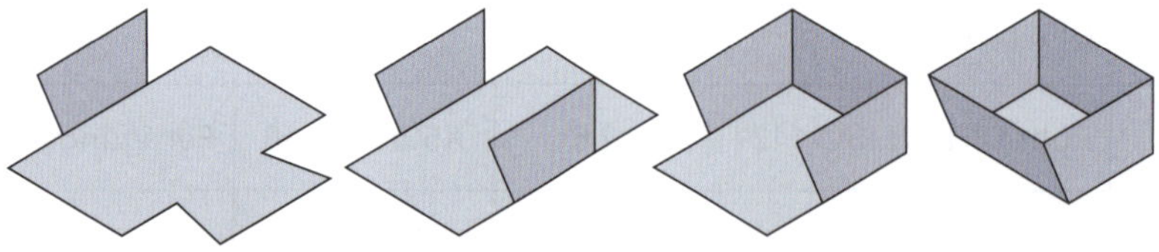

Biegeschritte,
Darstellung nicht maßstäblich

Werkstoff: X5CrNi18-10
Allgemeintoleranzen DIN ISO 2768-m

Schule	Erstellt durch	Titel, zusätzlicher Titel **Holzkohle-Grill** **Aschekasten**	Dokumentenart	
Klasse	Ausgabedatum		Zeichnungsnummer	Blatt

b) Skizzieren Sie auf dem Kästchenraster die Form der Abwicklung des Aschekastens.

Planen

3. Um die Materialkosten kalkulieren zu können, wird der Blechbedarf in m^2 für die Herstellung eines Aschekastens benötigt. Zunächst ist eine maßgenaue Zeichnung der Abwicklung zu erstellen. Dazu müssen die gestreckten Längen des Bleches sowohl in Einschubrichtung des Aschekastens als auch rechtwinklig (quer) dazu ermittelt werden.

a) Ermitteln Sie zunächst die Länge des in der Skizze rot hervorgehobenen Biegeschenkels c.

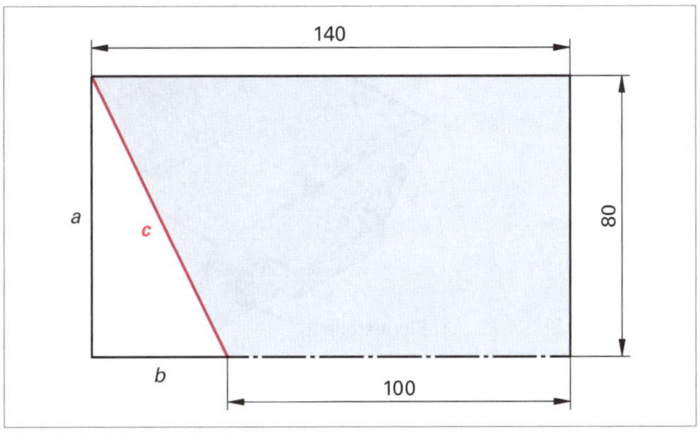

Geg.: a = ______; und b = ______;

Ges.: c

Lösung:

______

______

______

______

b) Warum wird für die hinreichend genaue Bestimmung der gestreckten Längen für jede Biegestelle ein Ausgleichswert v benötigt?

______

______

______

______

______

c) Wovon ist der Ausgleichswert v abhängig?

---

d) Die Ermittlung des Ausgleichswertes v_1 für die 90°-Biegung an Biegestelle 1 kann mit einer Werkstatt-Formel erfolgen. Wie lautet sie? Errechnen Sie damit den Ausgleichswert v_1 für Biegestelle 1.

---

e) Für die Ermittlung des Ausgleichswertes v_2 für die Biegestelle 2 kann die Faustformel nicht herangezogen werden, da sie nur für 90°-Biegungen brauchbare Ergebnisse liefert.

Stattdessen sollte die Tabelle des Tabellenbuches für Biegewinkel mit hinreichender Genauigkeit benutzt werden.

Damit der Ausgleichswert v aus Tabellen abgelesen werden kann, muss zunächst der Biegewinkel β berechnet werden.

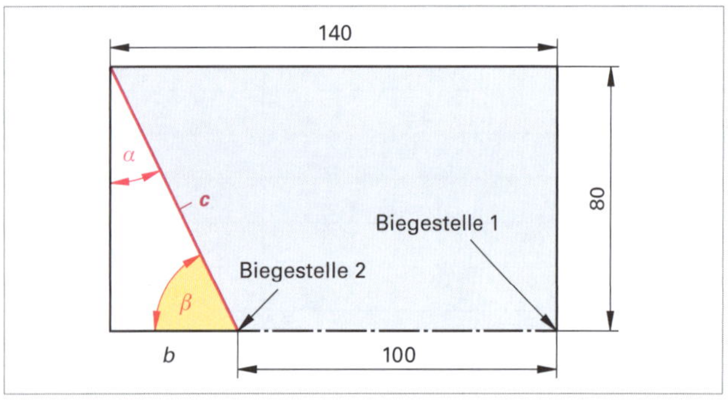

Geg.: Ergebnis der Rechnung von Seite 27:

c = ________ ; und b = ________ ;

Ges.: Biegewinkel β

Lösung:

---

f) Ausgleichswert v (hinreichend genau) aus dem Tabellenbuch ermittelt:

---

g) Gestreckte Länge L_1 **in Einschubrichtung**:

$L_1 = a + b + c - v_1 - v_2$

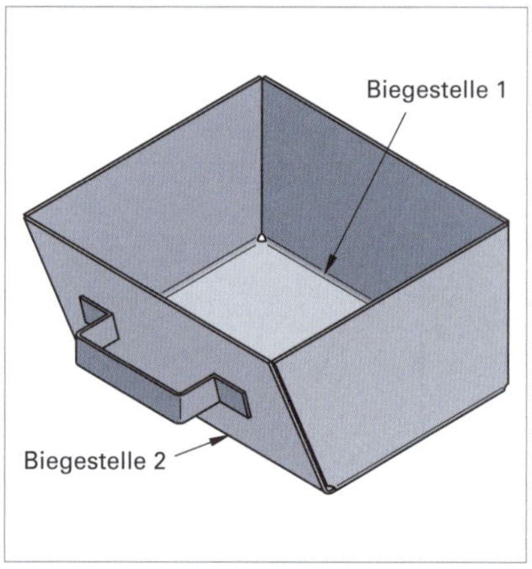

h) Gestreckte Länge L_2 rechtwinklig **(quer)** zur Einschubrichtung:
($v_3 = v_1$ wegen 90°-Biegung)

---

i) Der Blechbedarf für den Zuschnitt eines Aschekastens beträgt also:

Tragen Sie das Ergebnis in die Stückliste Blatt 3 ein.

k) Berechnen Sie den Blechbedarf in m², wenn rundum eine Fertigungszugabe von 2 mm berücksichtigt wird.

$A_{Zuschnitt}$ = ________

Name:		
Klasse:	Datum:	Blatt-Nr.: 29

4. Erstellen Sie eine Technische Zeichnung von der Abwicklung des Aschekastens im Maßstab 1:2 mit vollständiger Maßeintragung. Verwenden Sie dazu die Ergebnisse Ihrer Berechnungen und die Zeichnungen auf den Seiten 24 und 26.

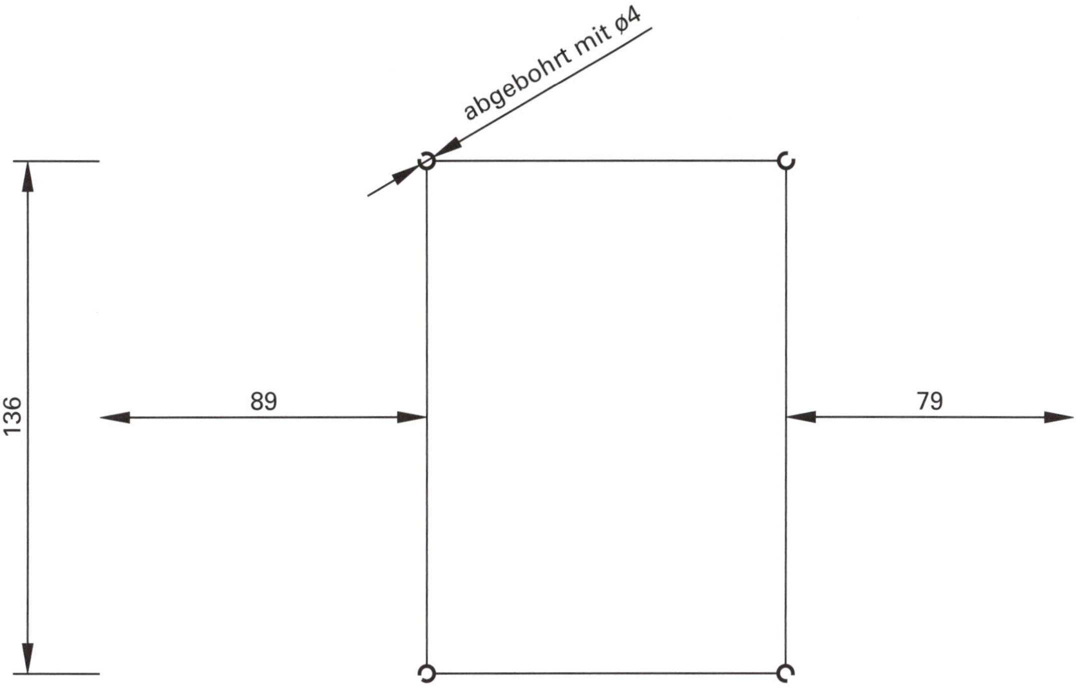

Konstruiert von	Kontrolliert von	Genehmigt von	Datum		Datum	
EUROPA LEHRMITTEL			**Aschekasten, Abwicklung**			
					Ausgabe	Blatt

Durchführen

5. Praktisch ist von Interesse, wie viele Abwicklungen aus einer Blech-Tafel geschnitten werden können. Durch intelligente Verschachtelung mithilfe eines CAD-Programmes können so die entstehenden Verschnittmengen optimiert werden. Im Bild sind verschiedene Verschachtelungsvarianten dargestellt.

Variante 1 Variante 2 Variante 3 Variante 4 Anreißschablone

a) Ermitteln Sie zunächst den Verschnitt bei Verschachtelungsvariante 1.

Dafür ist es erforderlich, den Flächeninhalt des abgewickelten Bleches zu berechnen. Dabei können die Bohrungen vernachlässigt werden. Entnehmen Sie die Maße aus Ihrer Zeichnung Blatt 29.

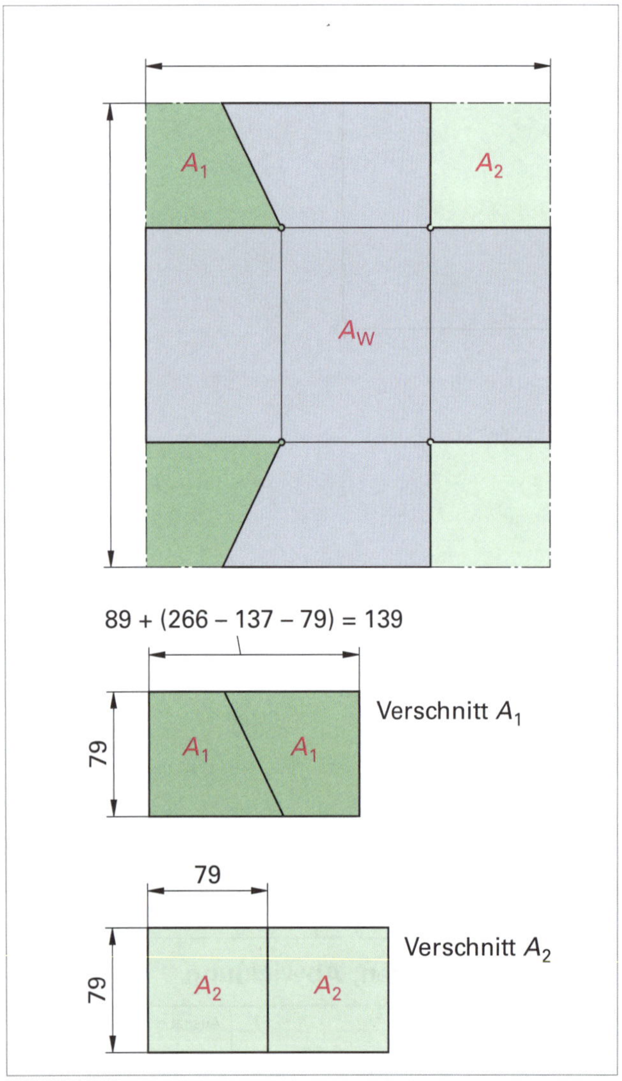

Geg.: Abwicklung

Ges.: A_1 und A_2; Werkstückfläche A_w

Lösung:

a) Ermitteln Sie nun den Verschnitt in % für Verschachtelungsvariante 1.

Geg.: Tafelgröße 1000 × 2000 (Maße in mm);
Werkstückfläche A_w = 0,0547 m²

Ges.: Verschnittfläche A_V bei Variante 1
Verschnitt A_V in % bei Variante 1

Lösung:
Variante 1:

b) Ermitteln Sie jetzt den Verschnitt in % für Verschachtelungsvariante 4.

Geg.: Tafelgröße 1000 × 2000 (Maße in mm);
Werkstückfläche A_w = 0,0547 m²

Ges.: Verschnittfläche A_V bei Variante 4
Verschnitt A_V in % bei Variante 4

Lösung:
Variante 4:

6. a) Vergleichen Sie den Verschnitt bei beiden Varianten.

b) Wie groß ist die Materialeinsparung durch die intelligentere Anordnung der Abwicklungen bei Variante 4 in % und in m²?

7. Betrachtet man die Materialpreise, so wird deutlich, dass man durch effektive Blechausnutzung die Stückkosten senken kann. Stahlhändler geben in Ihren Unterlagen Listenpreise an, die von den erheblichen Preisschwankungen, denen der Stahlmarkt unterworfen ist, unabhängig machen.

Hierbei handelt es sich meistens um nicht gebundene Listenpreise. Die Marktanpassung erfolgt durch die kunden- und bestellmengenabhängige Gewährung von Rabatten.

Die so verhandelten Preise sind meistens Nettopreise. In ihnen ist die Mehrwertsteuer von derzeit 19 % noch nicht enthalten.

Edelstahlbleche

Edelstahl-Blech Wst.1.4301 3C/IIB
kaltgewalzt

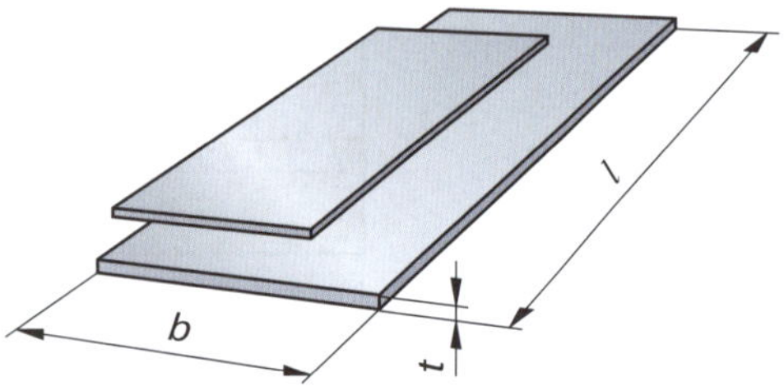

Dicke *t*	x Breite *b*	x Länge *l*	kg/Tafel	Preis/kg
0,60	x 1000	x 2000	9,60	6,80
0,70	x 1000	x 2000	11,20	6,65
0,80	x 1000	x 2000	13,00	6,60
1,00	x 1000	x 2000	16,00	6,55
	x 1250	x 2500	25,00	6,55
	x 1500	x 3000	36,00	6,55
1,50	x 1000	x 2000	24,00	6,50
	x 1250	x 2500	37,50	6,50
	x 1500	x 3000	54,00	6,50
2,00	x 1000	x 2000	32,00	6,45
	x 1250	x 2500	50,00	6,45
	x 1500	x 3000	72,00	6,45
3,00	x 1000	x 2000	48,00	6,45
	x 1250	x 2500	75,00	6,45
	x 1500	x 3000	108,00	6,45

Tabelle: Auszug aus der Preisliste eines Stahlhändlers.

a) Wie viele Tafeln der Größe 1000 × 2000 benötigen Sie bei Verwendung der Variante 4 für den Auftrag?

b) Ermitteln Sie den Nettopreis und den Bruttopreis für die Tafeln aus Edelstahlblech 1.4301 - 1,5 × 1000 × 2000, wenn der Händler einen Kundenrabatt von 25 % einräumt.

Geg.: Anzahl der Tafeln; Masse in kg/Tafel aus Händlertabelle; Preis in €/kg aus der Händlertabelle; Mehrwertsteuersatz 19 %; Rabatt 25 %

Ges.: Nettopreis, Bruttopreis In Euro

Lösung:

c) Geg.: errechneter Bruttopreis; Stückzahl $n = 50$

Ges.: Brutto-Materialpreis für einen Aschekasten.

d) Geg.: Bruttopreis; Materialeinsparung in %

Ges.: Brutto-Geldwert der Materialeinsparung durch Variante 4 gegenüber Variante 1

8. Begründen Sie, warum die beiden Schneidverfahren Laserstrahlschneiden und Wasserstrahlschneiden für die Herstellung der Zuschnitte aus den Blechtafeln besonders geeignet sind?

9. Stellen Sie die Vor- und Nachteile der beiden Verfahren gegenüber.

Laserstrahlschneiden	Wasserstrahlschneiden
Vorteile:	
Nachteile:	

10. Welches Verfahren wählen Sie zum Ausschneiden der Edelstahlbleche aus?

11. Laser können sehr gefährlich für Augen und Haut werden. Nennen Sie mögliche Schutzmaßnahmen der Maschinenhersteller.

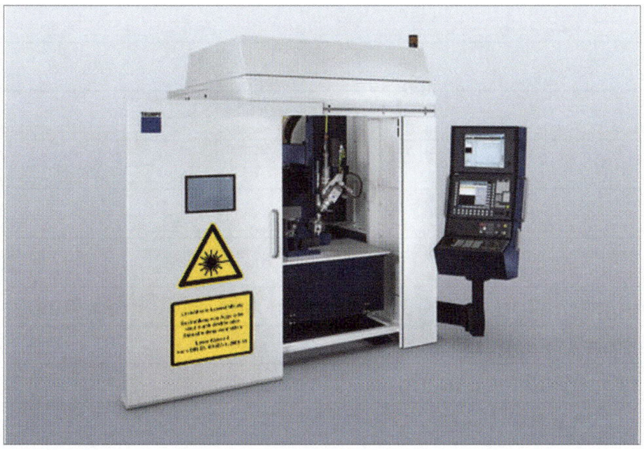

13. Ergänzen Sie das Programm für die CNC-Laserschneidmaschine. Zunächst sollen die Bohrungen ø4 für die Eckenfreistellung hergestellt werden. Das dafür vorgesehene Unterprogramm ist einzuarbeiten.

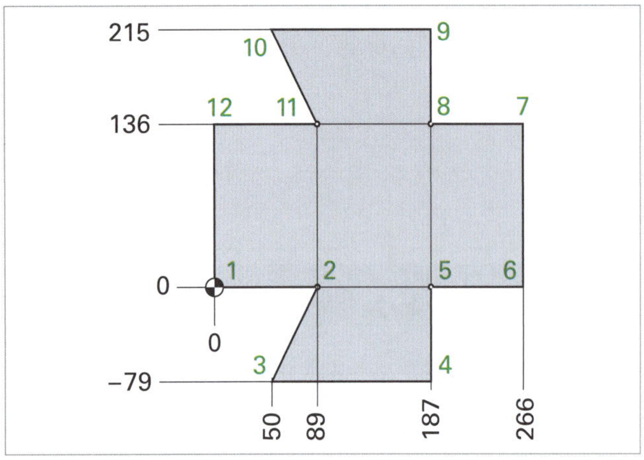

Binden Sie das Unterprogramm in das NC-Programm zur Herstellung des Blechzuschnitts ein.

Gehen Sie dabei davon aus, dass der Schneidkopf die Kontur des Bleches im Gegenuhrzeigersinn abfährt.

Unterprogramm für Bohrungen
===L13 H1===
N10 G91 G1 F80 M04 M15
N20 G41 Y2
N30 G3 X0 Y0 I0 J-2
N40 G40 Y-2
N50 M03 G90 M14
N60 M17

M04 – Schneiden Ein; **M03** – Schneiden Aus
M15 – Höhenregulierung Ein
M14 – Höhenregulierung Aus
M17 – Unterprogramm Ende

Nr.	Programmsatz	Beschreibung
N 10	T01 = „Laser-Schneidkopf"	Aufruf des Werkzeugs
N 20	G0 X_W Y_W M06	Anfahren des WZ-Wechselpunktes, Werkzeug laden
N 30	G90 G54 G17 X89 Y0	Absolute Progr., Nullpunktversch., XY-Ebene, Eilgang auf erste Bohrungsmitte
N 40	Z0,7	Weiter im Eilgang auf Arbeitsabstand Z0,7
N 50	G22 L13 H1	Aufruf des Unterprogramms (UP) für Bohrung an Punkt 2
N 60		
N 70		
N 80		
N 90		
N 100		
N 110		
N 120	G0 X-3 Y-3	Mit Eilgang auf Ausgangspunkt für das Schneiden der Kontur
N 130	G42 X0 Y0 M04 M15	Werkzeugbahnkorr. rechts, Startposition, Schneiden Ein, Höhenreg. Ein
N 140		
N 150		
N 160		
N 170		
N 180		
N 190		
N 200		
N 210		
N 220		
N 230		
N 240		
N 250		
N 260	G40 X-3 M03 M14	Abschalten der Werkzeugbahnkorr. auf X-3, Schneiden Aus, Höhenreg. Aus
N 270	G0 Z150	Anfahren der Parkposition Z150 im Eilgang
N 280	Y100	Anfahren der Parkposition Y100 im Eilgang
N 290	M30	Programm Ende

14. Der Anriss der Biegekanten hängt vom Biegeverfahren ab. Begründen Sie mithilfe der Abbildungen, wie das Blech beim Schwenkbiegen und beim Gesenkbiegen anzureißen und einzuspannen ist.

Schwenkbiegen	Gesenkbiegen
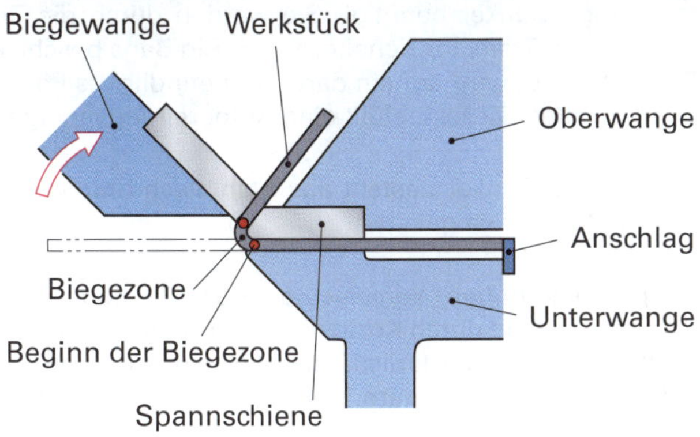	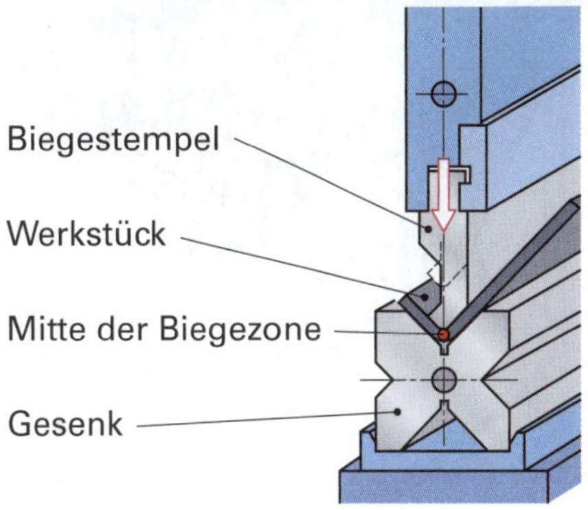

15. Nachdem der Aschekasten im Gesenk gebogen und die Ecknähte mittels des WIG-Verfahrens verschweißt wurden, muss der Griff Teil 11 noch fest mit dem Kasten verbunden werden. Benennen Sie die abgebildeten Verbindungsverfahren, wählen Sie eines aus und begründen Sie Ihre Wahl.

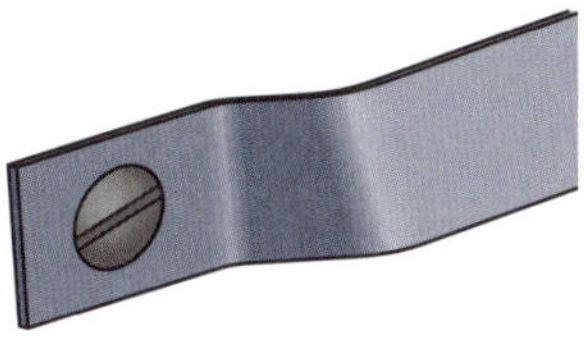	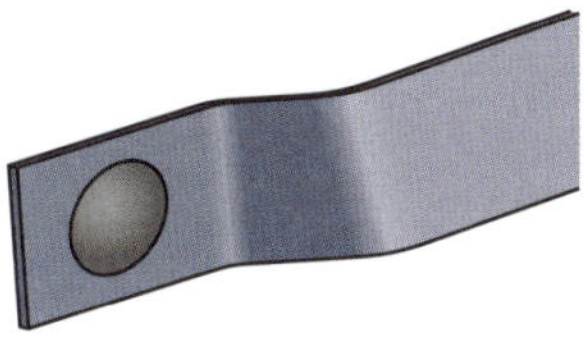	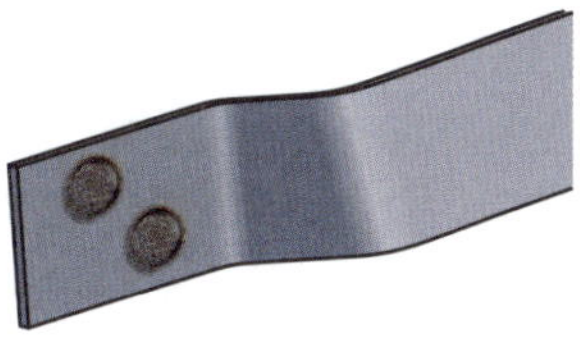	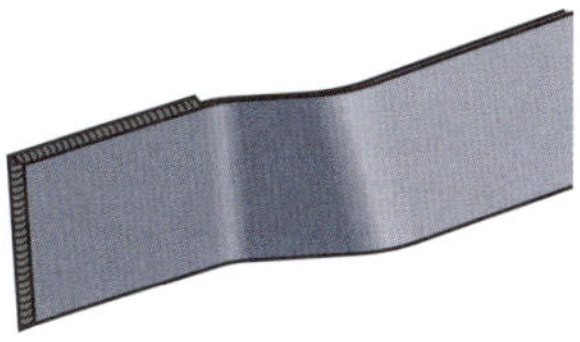

Begründung:

Kontrollieren

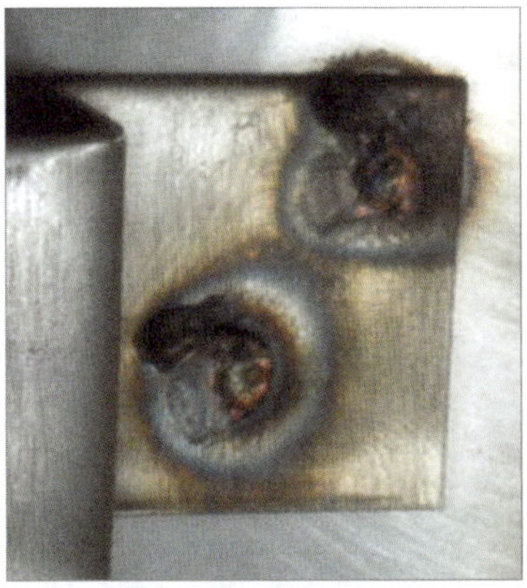

16. Bei der abschließenden Qualitätskontrolle nehmen Sie die Schweißpunkte der Griffbefestigung in Augenschein. Schweißfehler sind offensichtlich. Benennen Sie deren Ursachen. (Beurteilen Sie Schweißstrom, Stromzeit, Elektrodenkraft, Elektrodendurchmesser.)

Schweißfehler	Ursachen
Übermäßiges Eindrücken der Elektroden in die Werkstückoberfläche, starke Verfärbung durch Anlauffarben	

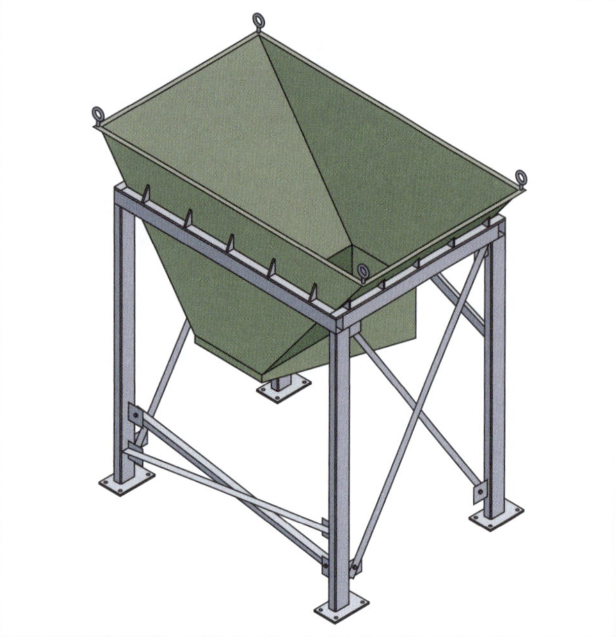

Auftrag

Für die Zwischenlagerung und die Beschickung von Transportbändern für den Weitertransport leichter Schüttgüter wie z. B. Glas oder Kunststoff werden trichterförmige Bunker benötigt. Sie werden durch die Entleerung von Transportbehältern, z. B. Big Bags beschickt. Das Schüttgut wird auf ein darunter befindliches Förderband geleitet. Dieses befüllt eine Aufbereitungsanlage.

Der Aufgabebunker besteht aus Stahlblech und wird in einem Stahlgerüst gelagert.

Wegen des hohen Verschleißes durch Reibung des Schüttgutes und durch Korrosionsangriff an den Trichterflächen ist es erforderlich, die Blechkonstruktion des Schüttkastens zu erneuern.

Ihre Werkstatt erhält den Auftrag, diese Erneuerung bei zwei der in der Betriebsanlage vorhandenen Beladevorrichtungen vorzunehmen.

Informieren

1. Von der Originalkonstruktion ist eine Zeichnung erhalten. Machen Sie sich anhand der Zeichnung auf Seite 37 mit dem Aufbau des Aufgabebunkers vertraut. Lesen Sie die Stückliste auf Seite 38.
   a) Übertragen Sie dann die Positionsnummern auf die unten abgebildete Baugruppe „Schüttkasten".
   b) Entnehmen Sie der Stückliste die Kurzbezeichnungen der Bleche und tragen Sie diese in die untenstehende Zeichnung ein.

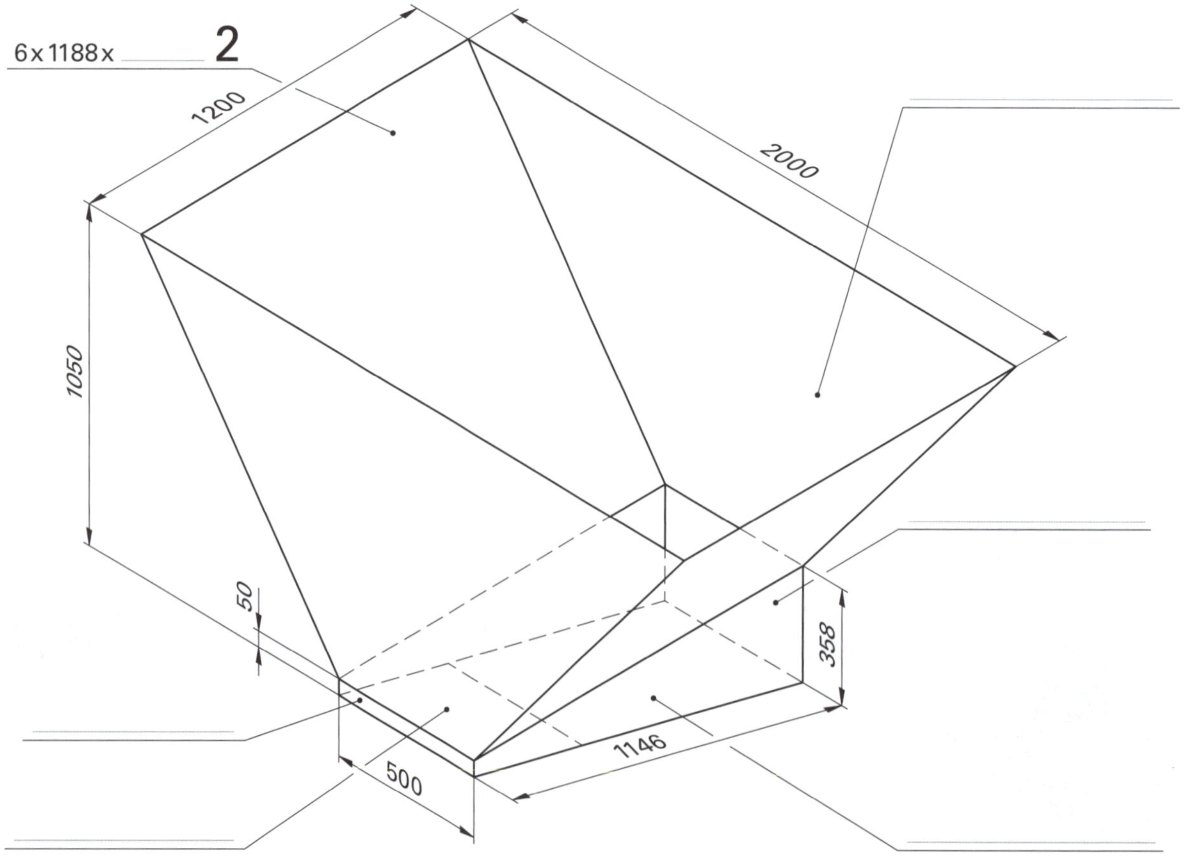

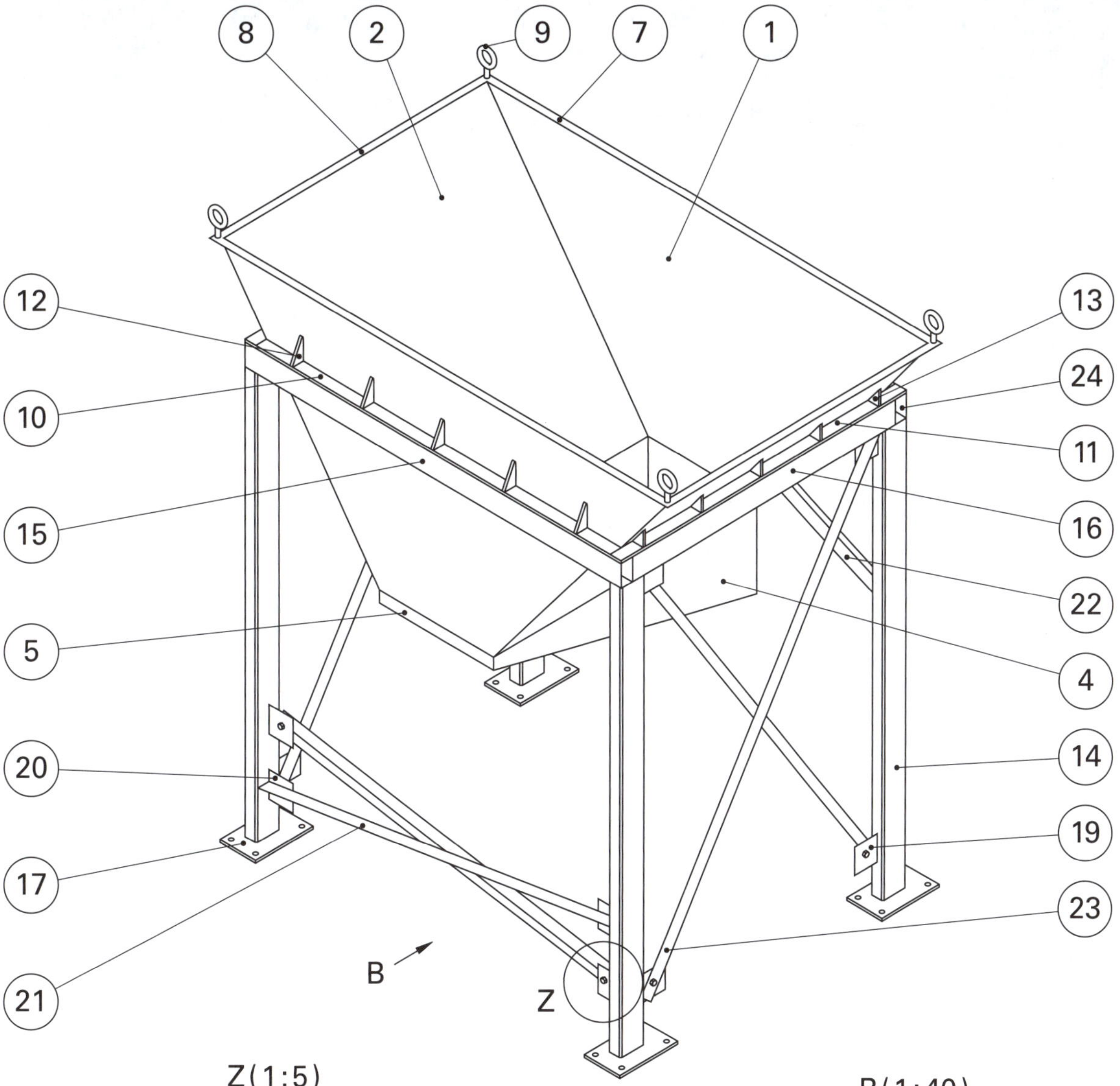

Z(1:5)

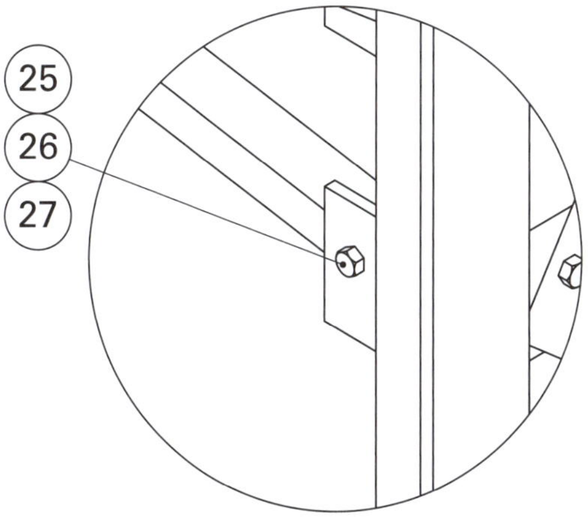

B(1:40)

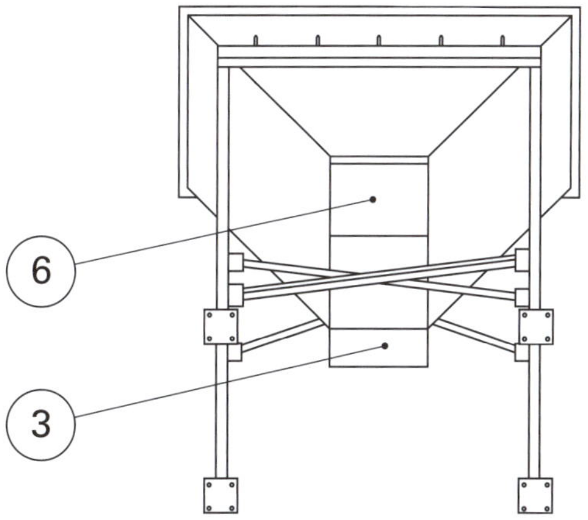

Konstruiert von	Kontrolliert von	Genehmigt von	Datum		Datum	M 1:20
EUROPA LEHRMITTEL			**Aufgabebunker**			
					Ausgabe	Blatt

Stückliste

1	2	3		4	5	6	7	8
Pos.	**Menge**	**Einheit**	**Einheits-masse**	**Benennung**	**Sachnummer/ Kurzbezeichnung**	**Werk-stoff**	**Masse kg/Einheit**	**Masse kg/Pos.**
1	2	Stck.		Frontblech	DIN 1623-2 – Bl 6 × 1000 × 1988	S235		
2	2	Stck.		Seitenblech	DIN 1623-2 – Bl 6 x 1188 × ______	S235		
3	1	Stck.		Leitblech	DIN 1623-2 – Bl 6 x 360 × 488	S235		
4	2	Stck.		Seitenteil	DIN 1623-2 – Bl 6 x 360 × 1155	S235		
5	1	Stck.		Leiste	DIN 1623-2 – Bl 6 x 50 × 488	S235		
6	1	Stck.		Leitblech	DIN 1623-2 – Bl 6 x 400 × 488	S235		
7	2	Stck.		Rahmenleiste	DIN 10058 – Fl 40 × 5 – 1994	S235		
8	2	Stck.		Rahmenleiste	DIN 10058 – Fl 40 × 5 – 1274	S235		
9	4	Stck.	–	Tragöse	Ringschraube DIN 590 – M10	C15E	–	–
10	2	Stck.		Tragrahmenleiste	DIN 10058 – Fl 50 × 10 – 1600	S235		
11	2	Stck.		Tragrahmenleiste	DIN 10058 – Fl 50 × 10 – 1300	S235		
12	10	Stck.	78,5	Aussteifung vorn	DIN 1623-2 – Bl 10 × 40 x 100	S235	0,31	3,1
13	10	Stck.	78,5	Aussteifung Seite	DIN 1623-2 – Bl 10 × 50 x 65	S235	0,26	2,6
14	4	Stck.		Rahmenstütze	Hohlprofil DIN EN 10210 – 100 × 50 × 4 –	S235		
15	4	Stck.		Rahmenriegel	Hohlprofil DIN EN 10210 – 100 × 50 × 4 – 1700	S235		
16	4	Stck.		Querriegel	Hohlprofil DIN EN 10210 – 100 × 50 × 4 – 1200	S235		
17	4	Stck.	78,5	Fußplatte	DIN 1623-2 – Bl 10 x 150 × 250	S235	2,94	11,78
18		Stck.	78,5	Anschlussblech	DIN 1623-2 – Bl 10 x 100 × 100	S235	0,79	6,32
19	4	Stck.	78,5	Anschlussblech	DIN 1623-2 – Bl 10 x 100 × 100	S235	0,79	3,16
20	4	Stck.	78,5	Anschlussblech	DIN 1623-2 – Bl 10 x 100 × 100	S235	0,79	3,16
21	2	Stck.	2,42	Frontverstrebung	L EN 10056-1 40 × 40 × 4 – 1590	S235	3,85	7,70
22	2	Stck.		Hintere Verstrebung	L EN 10056-1 50 × 30 × 5 – 1730	S235		
23	4	Stck.	2,42	Seitenverband	L EN 10056-1 40 × 40 × 4 – 1930	S235	4,67	18,68
24	4	Stck.	23,55	Kappe	DIN 1623-2 – Bl 3 × 42 × 92	S235	0,09	0,36
25		Stck.	–	Verbindungs-schraube	Sechskantschraube ISO 4017 – M10 × 30	A2-50		
26		Stck.	–	Unterlegscheibe	Scheibe ISO 7089 – 10	A2-50		
27		Stck.	–	Mutter	Sechskantmutter ISO 4032 – M10	A1-50		

Schule	Erstellt durch	Titel, zusätzlicher Titel	Dokumentenart	
Klasse	Ausgabedatum	**Aufgabebunker**	Zeichnungsnummer	Blatt

2. Bestimmen Sie das in der Stückliste an Position 2 fehlende Maß. Es wird zur genauen Bestimmung der Blechgröße für den Zuschnitt benötigt.

a) Ermitteln Sie das Maß auf zeichnerischem Weg, indem Sie Teil 1 im Maßstab 1:20 zeichnen und davon die maßstäbliche Darstellung des Teiles 2 ableiten.

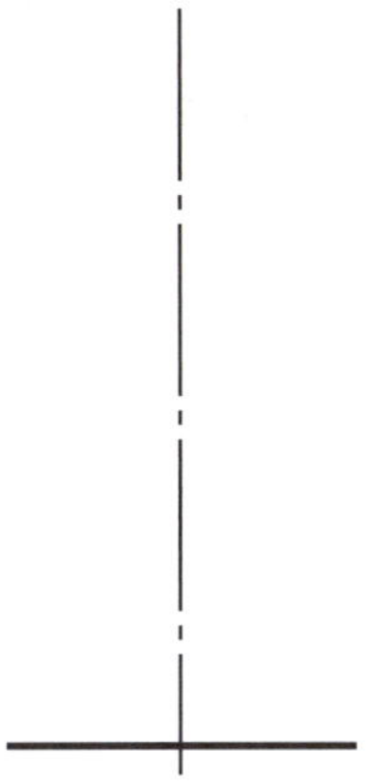

b) Messen Sie in Ihrer Lösungszeichnung die Länge der Kante des Teiles 2 ab und rechnen Sie den Messwert in das Originalmaß um. Geben Sie es in den Einheiten Millimeter und Meter an.

Messwert	Umrechnung
	L =

c) Überprüfen Sie die Lösung rechnerisch.

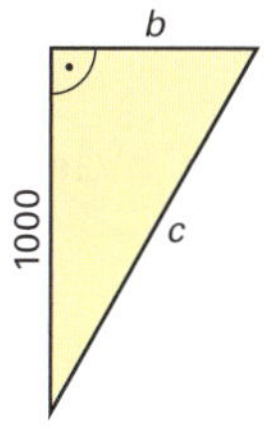

b =

c^2 =

=

3. In der Stückliste fehlen verschiedene Angaben zur Masse der Teile.

a) Nennen Sie zwei Gründe, weshalb die Masseberechnung im Metall- und Stahlbau erforderlich ist.

b) Welche Angaben müssen Sie in Spalte 3 als Einheitsmasse eintragen?

c) Welche Flächen sind den Masseberechnungen für Bleche zur Ermittlung der Angaben in Spalte 7 und 8 zugrunde zu legen?

4. Führen Sie die Masseberechnungen zur Ergänzung der Angaben in der Stückliste aus. Dokumentieren Sie hier exemplarisch die Masseberechnung für die Pos. 1 und 2. (Formeln für die Berechnung der flächenbezogenen Masse siehe Tabellenbuch!)

a) Geben Sie an, wie Sie die flächenbezogene Masse für das Stahlblech, Blechdicke 6 mm erhalten?

$m'' =$

$m'' =$

b) Errechnen Sie nun die Masse von Pos 1 und Pos 2.

$m_{Pos1} =$

$m_{Pos1} =$

$m_{Pos2} =$

$m_{Pos2} =$

5. Führen Sie für die weiteren Teile des Schüttkastens ebenfalls die erforderlichen Berechnungen durch.

a) Welche Teile gehören zur Baugruppe „Schüttkasten“? Berücksichtigen Sie auch Rahmen und Aussteifungen, die fest mit dem Blechkörper verbunden sind.

b) Geben Sie zur Kontrolle die Gesamtmasse der Baugruppe „Schüttkasten“ an (Quelle: Stückliste).

Planen

6. Die Bleche Pos. 1 und Pos. 2 für den Schüttgutbehälter sollen durch autogenes Brennschneiden zugeschnitten werden. Zur Planung der Arbeitszeit ist es erforderlich, dass Sie zunächst den reinen Brennschneidweg für den Zuschnitt dieser Teile erfassen (Endergebnis in m).

Pos.	Kantenlänge	Summe
1		
2		
	Brennschneidweg gesamt:	

7. Nennen Sie Gründe, die für die Auswahl des autogenen Brennschneidens zum Zuschnitt der Bleche für die Baugruppe „Schüttkasten" sprechen.

8. Die Baugruppe wird aus S235JR gefertigt. Äußern Sie sich zur Brennschneidbarkeit dieses Stahls.

9. Nennen Sie außer dem niedrigen Kohlenstoffgehalt weitere Voraussetzungen für die Durchführbarkeit des Brennschneidens von Stählen.

Durchführen

10. a) Ermitteln Sie die Richtwerte für das autogene Brennschneiden der Teile 1 und 2.

Richtwerte für das Brennschneiden							
Blech-dicke mm	Düsen-größe mm	Breite der Schnittfuge mm	Sauerstoffdruck schneiden bar	Acetylendruck Schneiden bar	Schneidge-schwindigkeit m/min	Acetylen-verbrauch m^3/h	Sauerstoff-verbrauch m^3/h
Verwenden Sie ein Tabellenbuch.							

b) Bestimmen Sie die Brennschneidzeit t_h für die Teile der Pos. 1 und 2 des Auftrags. Geben Sie das Ergebnis in Stunden an. Den Brennschneidweg haben Sie bereits in Aufgabe 6 errechnet.

Geg.: Aus Aufgabe 6: L = ________; Stückzahl n = ________; Richtwerte laut Tabelle.

Ges.: t_h

Lösung:

11. Man unterscheidet verschiedene Arten von Brennerdüsen. Wählen Sie für das Brennschneiden von Hand der Bleche des „Schüttkastens“ eine Düse aus. Begründen Sie Ihre Wahl.

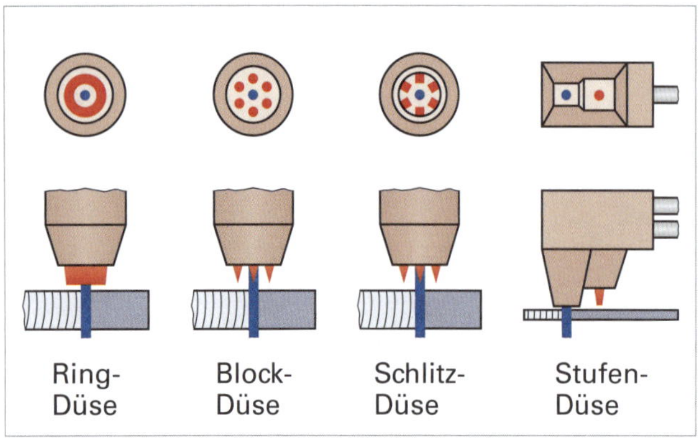

12. a) Wählen Sie für die Arbeitsaufgabe ein geeignetes Brenngas aus der folgenden Aufzählung aus. Begründen Sie Ihre Auswahl. (Erdgas, Propan, Wasserstoff, Stadtgas, Acetylen)

b) Welches Gas wäre die zweite Wahl?

13. Zur Entnahme von Acetylen und Sauerstoff stehen Ihnen Stahlflaschen zur Verfügung. Aus Sicherheitsgründen haben diese eine Farbkennzeichnung. Kennzeichnen Sie Sauerstoffflasche und Acetylenflasche mit den zutreffenden Farben.

Sauerstoffflasche

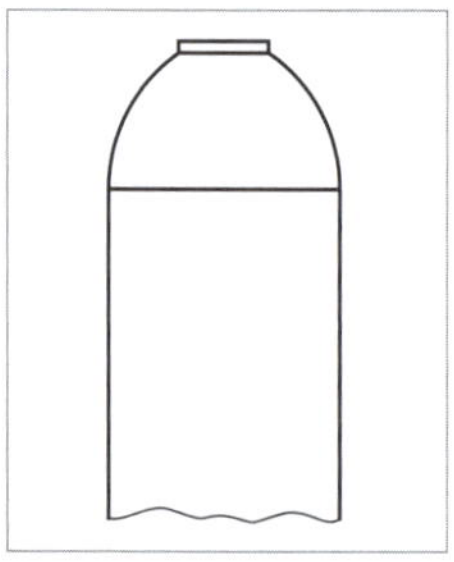

Acetylenflasche

14. Die Sauerstoff-Flasche wurde mit einem Druck von 190 bar gefüllt. Ermitteln Sie die Sauerstoffmenge in Liter, die Sie dieser Stahlflasche entnehmen können.

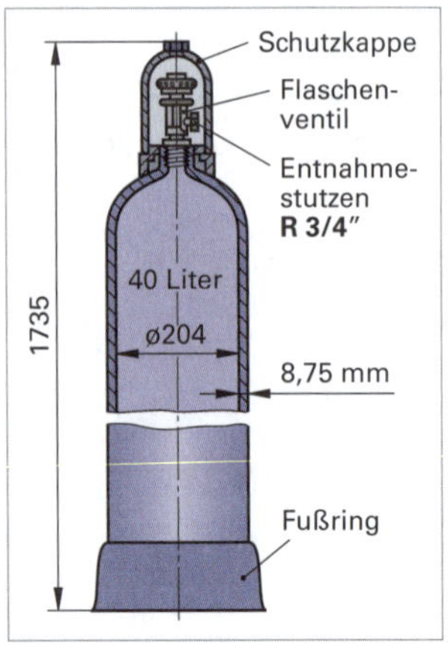

Formel:

Geg.: V_1 = 40 Liter; p_1 = 190 bar; p_2 = 1 bar (absoluter Druck)

Ges.: V_2

Lösung:

15. Welchen Arbeitsdruck müssen Sie für Acetylengas einstellen? In welchem Bereich liegt der normale Arbeitsdruck?

16. Die Acetylengas-Entnahmemenge aus einer Flasche darf pro Stunde einen bestimmten Wert nicht überschreiten. Nennen Sie den Grund und den Entnahme-Grenzwert im Dauerbetrieb.

17. Der Flaschendruck wird durch eine besondere Armatur auf den Arbeitsdruck herabgesetzt. Wie nennt man diese Armatur? Kennzeichnen Sie das Ventil zum Einstellen von Arbeits- und Flaschendruck. Benennen Sie die einzelnen Teile.

Benennung der Armatur:

Warum wird ein Anschlussbügel verwendet?

18. Beschreiben Sie kurz, wie Sie den zuvor ermittelten Arbeitsdruck an der vollen Flasche einstellen.

19. Die von Ihnen benutzte Acetylenflasche hat einen anfänglichen Flaschendruck von 18 bar. Ermitteln Sie die Menge Acetylengas in Liter, die aus dieser 40 Liter-Flasche entnommen werden kann. Nennen Sie die Voraussetzungen.

Voraussetzungen:

Formel:

Lösung:

20. Der Umgang mit Acetylen-Gas ist gefährlich. Nennen Sie wenigstens vier Unfallverhütungsvorschriften (UVV) zur Gefahrenabwehr.

Kontrollieren

21. a) Vor dem Brennschneiden der Bleche werden Arbeitsproben angefertigt, um Schneidfehler weitgehend auszuschließen. Beurteilen Sie die abgebildeten Fugenflanken. Benennen Sie die sichtbaren Fehler und ihre möglichen Ursachen. Kennzeichnen Sie außerdem den Schnitt, den Sie für gut befinden.

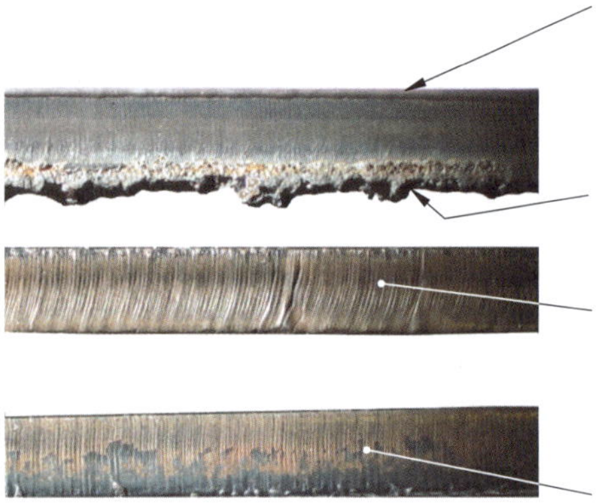

b) Welche Ursachen kann das Entstehen eines Schlackebartes noch haben?

c) Wie kann übermäßiger Schnittrillennachlauf und übermäßige Schnittrillentiefe vermieden werden?

22. Obwohl Sie alle Bedingungen für einen sauberen Brennschnitt beachtet haben, nimmt die Schnittqualität an den Blechen ab.

a) Welche Ursache kann das haben?

b) Wie können Sie diese Ursache künftig ausschließen?

c) Was müssen Sie dabei beachten?

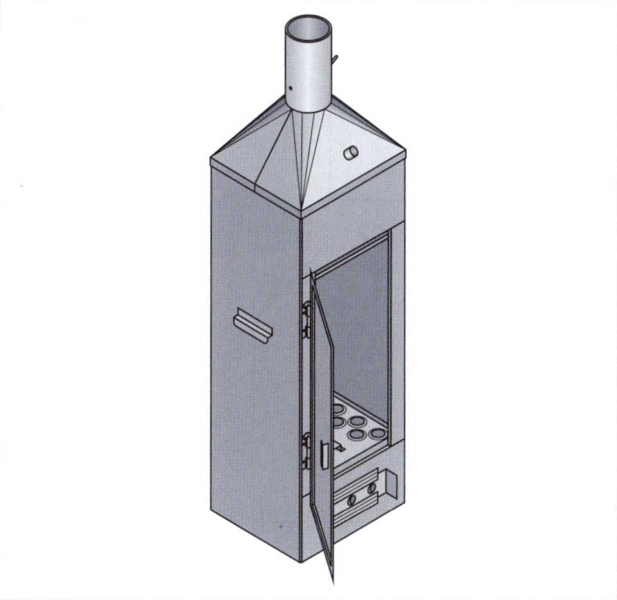

Auftrag

Ihre Schülerwerkstatt erhält zu Ausbildungszwecken und aus Kostengründen den Auftrag zur handwerklichen Fertigung von 50 Räucheröfen nach Zeichnung aus korrosionsbeständigem Stahlblech. Die Räucheröfen sollen das Angebot eines regionalen Baumarktes an Hobby- u. Freizeitartikeln erweitern.

Als Ausgangsmaterial sind blanke Blechtafeln im Kleinformat aus einem zum Kaltumformen als auch zum Schweißen geeigneten korrosionsbeständigen Stahl vorgesehen, der außerdem noch gut polierbar sein soll.

Ein Teilauftrag beinhaltet die Herstellung der Abzugshauben. Eingeschlossen ist die Anfertigung einer Naturgröße für den Anriss des Blechzuschnitts für die 50 Abzugshauben.

Informieren

1. Zunächst wird ein geeigneter Werkstoff für die Herstellung der Räucheröfen gesucht.
Recherchieren Sie für die gegebenen Stähle die Eigenschaften bezüglich der in der Tabelle angegebenen Vergleichskriterien. Nutzen Sie dazu z. B. die Nirosta-Werkstoffblätter der Firma ThyssenKrupp (www.nirosta.de). Machen Sie stichwortartige Eintragungen.

Kurzbezeichnung	X5CrNiMo17-12-2	X6CrNiTi18-10	
Werkstoffnummer		1.4541	1.4301
Verarbeitung			
Schweißeignung			
Polierbarkeit			
Verwendung	Wegen des Mo-Zusatzes beständiger gegenüber Säuren als 1.4301. Apparatebau, Haushaltswaren.	Ti-Zusatz bewirkt Beständigkeit gegen interkristalline Korrosion. Nahrungsmittelindustrie, Transportfahrzeugbau.	Anwendung für Haushaltswaren, Geschirrspüler, Konsumgüter, Fahrzeugbau, Architektur, Behälterbau.

2. Wählen Sie aus diesen Stählen einen aus, der sich nach Ihrer Meinung am besten für die Herstellung der Räucheröfen eignet. Begründen Sie kurz.

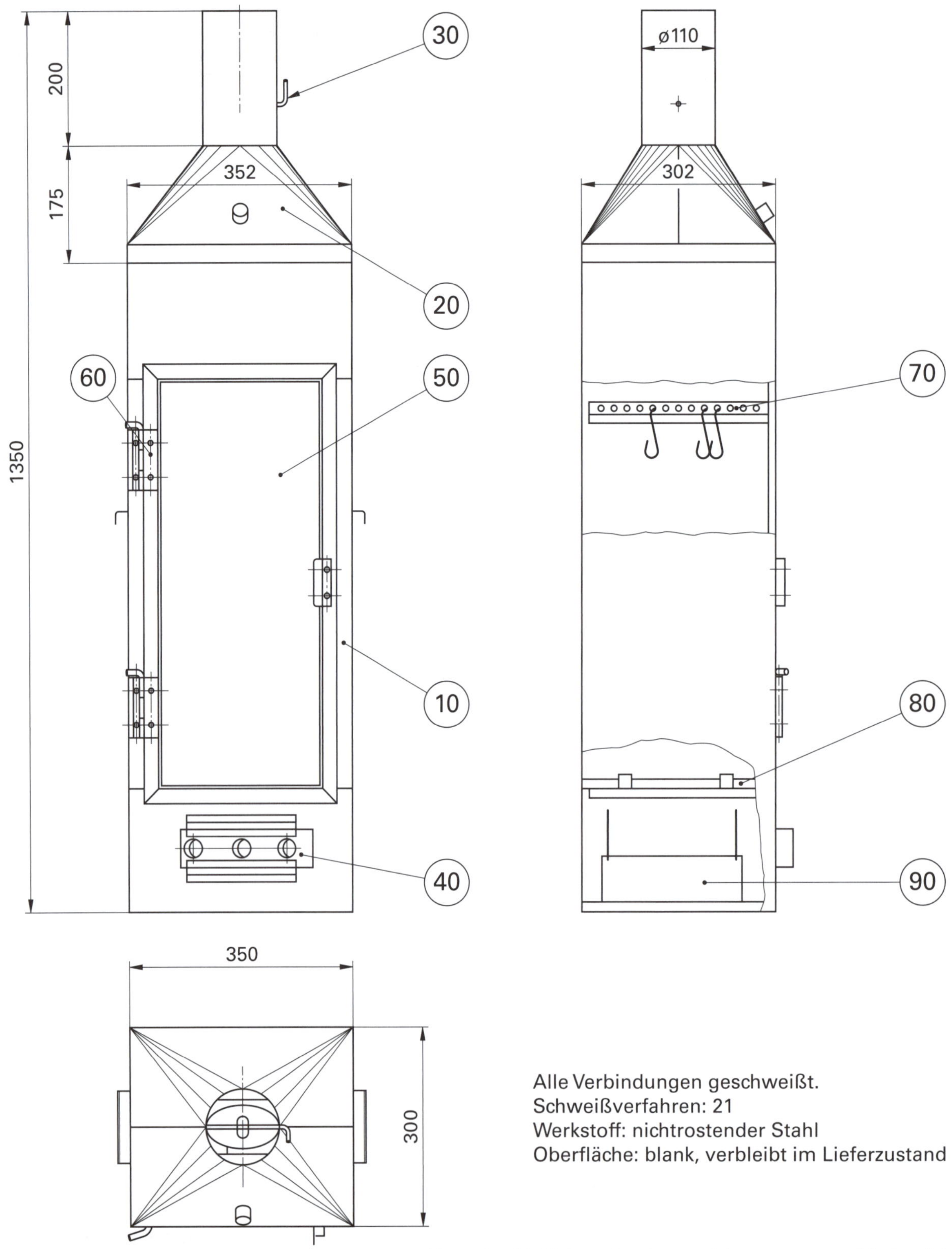

Alle Verbindungen geschweißt.
Schweißverfahren: 21
Werkstoff: nichtrostender Stahl
Oberfläche: blank, verbleibt im Lieferzustand

Hinweis: Abbildung in einem nicht genormten Maßstab!

Konstruiert von	Kontrolliert von	Genehmigt von	Datum		Datum	
EUROPA LEHRMITTEL			**Räucherofen**			
					Ausgabe	Blatt

Lernfeld
Herstellen von Bauteilen und Baugruppen aus Blech
Auftrag Räucherofen

Name:		
Klasse:	Datum:	Blatt-Nr.: 47

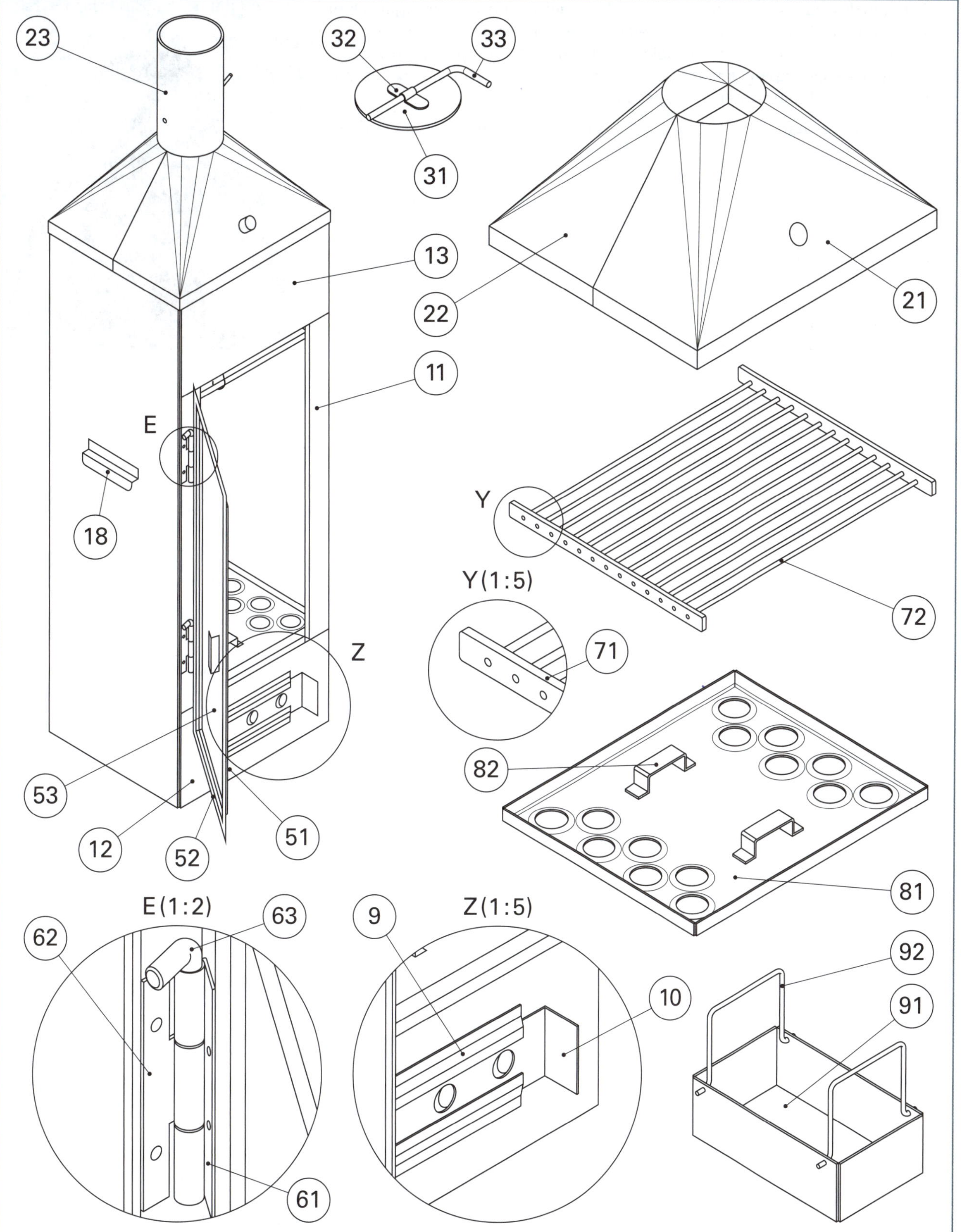

Konstruiert von	Kontrolliert von	Genehmigt von	Datum		Datum	
		Räucherofen				
				Ausgabe	Blatt	

3. Die Rauchabzugshaube des Räucherofens geht vom rechteckigen Querschnitt des Ofenkörpers zum kreisförmigen Querschnitt des Abzugsrohres über. Blechkörper, die solche Querschnittsübergänge aufweisen, nennt man Übergangskörper. Um diese formen zu können, muss das Blech in ganz bestimmter Art zugeschnitten werden.

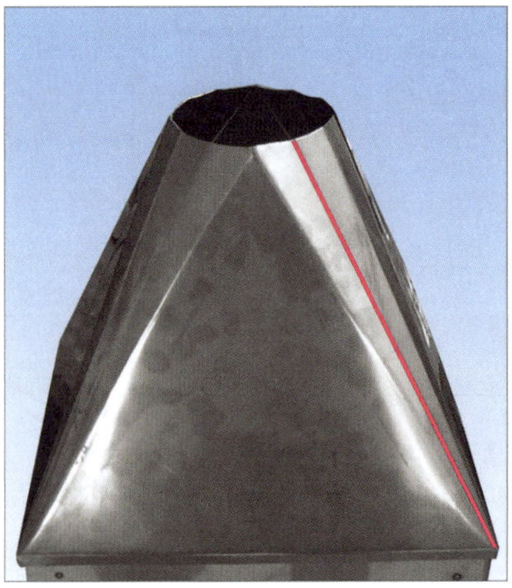

a) Wie nennt man die Schablonen, die zum Anreißen verwendet werden?

____

b) Auf welcher Basis werden solche Naturgrößen angefertigt?

____

____

4. Die Abbildung zeigt ein Verfahren, das zur Konstruktion der Mantelabwicklung der Haube des Räucherofens geeignet ist.

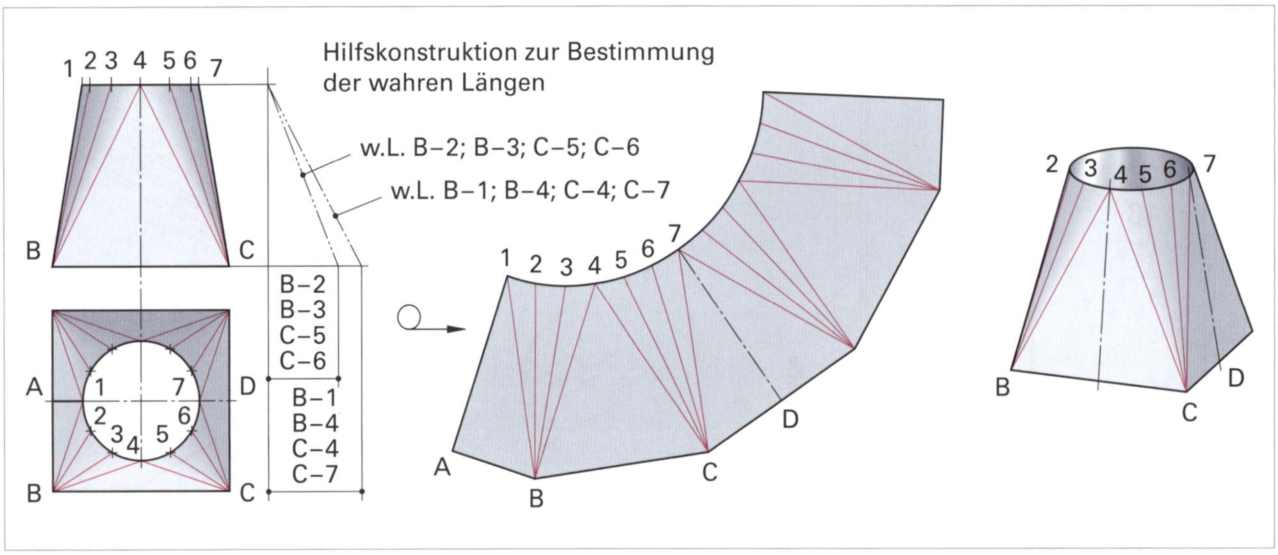

a) Wie nennt man das abgebildete Abwicklungsverfahren?

____

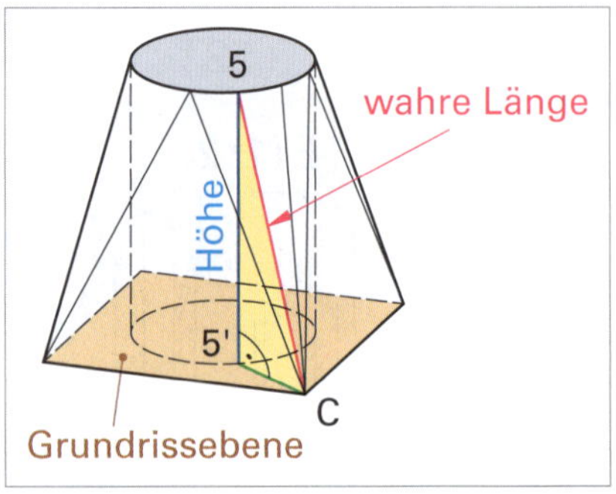

b) Beschreiben Sie die Vorgehensweise bei diesem Anbwicklungsverfahren.

____

____

____

____

____

c) Geben Sie als Beispiel die Arbeitsschritte zur Ermittlung der wahren Länge der Strecke C5 an! Tragen Sie diese in die Skizze ein.

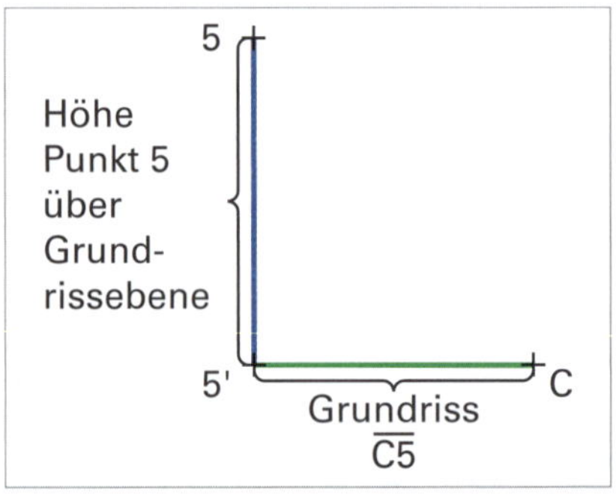

____

____

____

____

Planen

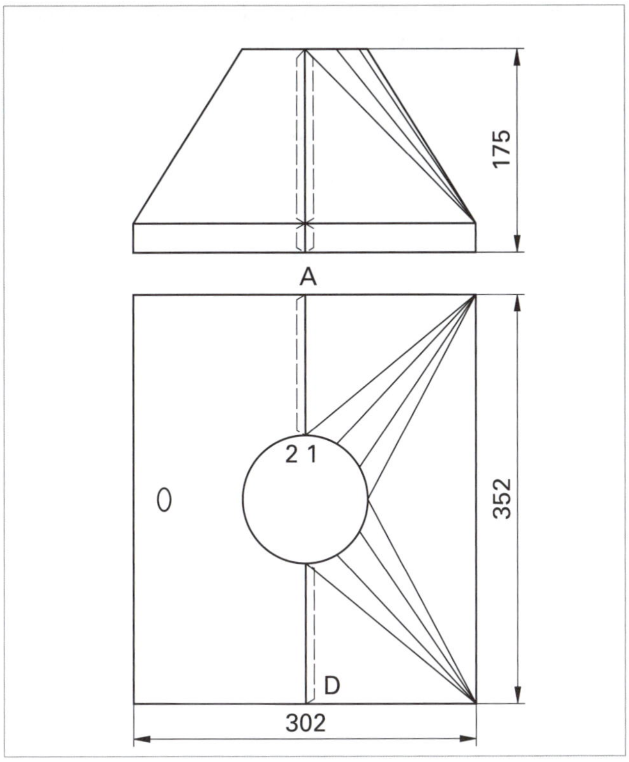

5. Abgebildet sind Vorderansicht und Draufsicht der Rauchabzugshaube des Räucherofens.

a) Tragen Sie die Mantellinien entsprechend dem Dreiecksverfahren in die jeweils die linke Hälfte der nebenstehenden Ansichten ein.

b) Bennen Sie die jeweiligen Endpunkte der einzelnen Strecken nach dem Vorbild der Abbildung von Aufgabe 4, Seite 2.

c) Geben Sie die in der Abwicklung im Gegenuhrzeigersinn aneinanderzureihenden einzelnen Dreiecke in der Form △ **1-B-2** an.
(△-Zeichen für Dreieck)

c) Beim Formen des Mantels bleiben Flächen eben. Markieren Sie diese in der Draufsicht farbig.

6. Fertigen Sie eine maßstabsgerechte technische Zeichnung nach dem abgebildeten Muster an. Sie stellt die Konstruktion der halben Mantelabwicklung der Abzugshaube dar. Die Zeichnung soll eine Maßtabelle für die Anreißmaße enthalten. Diese werden zur Übertragung der Abwicklung auf das Blech benötigt.

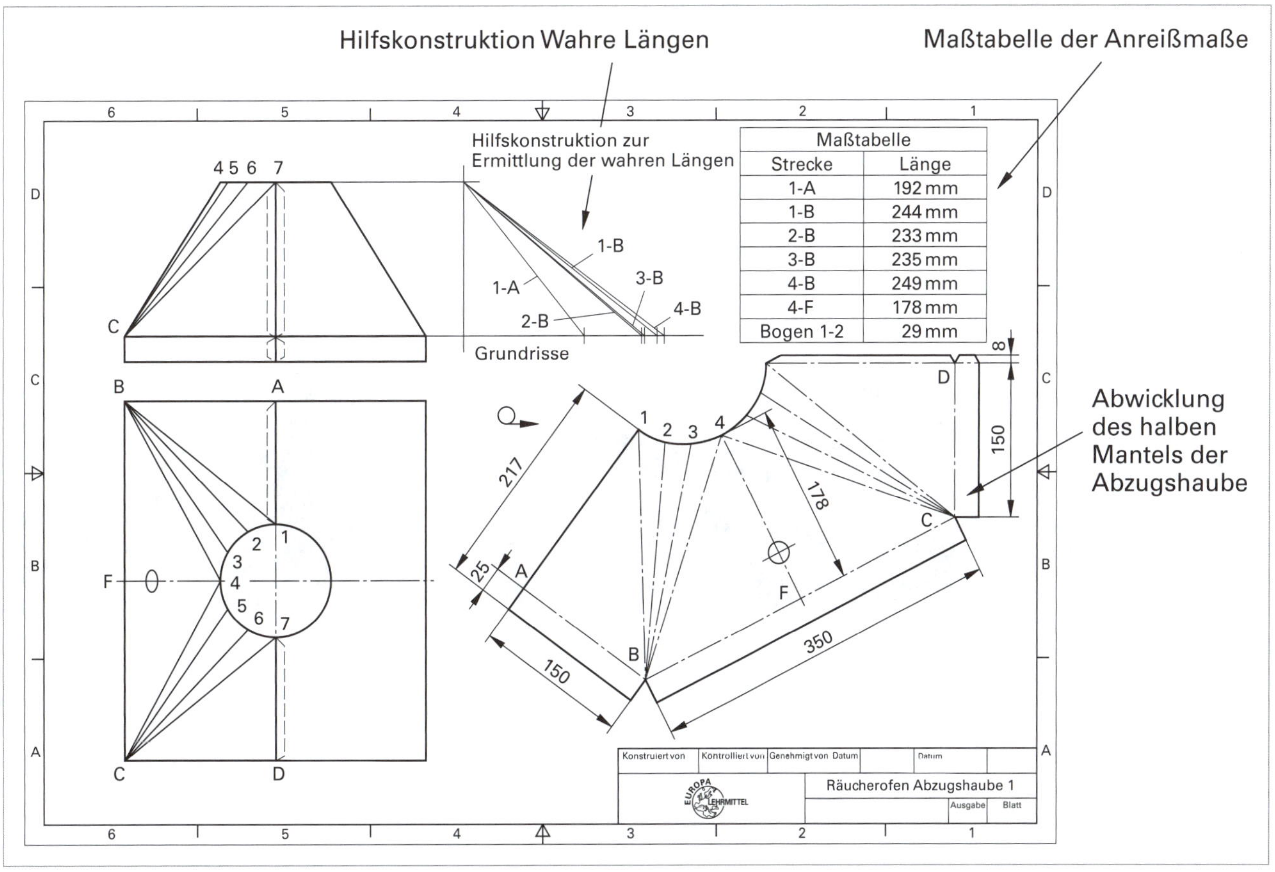

Maßtabelle	
Strecke	Länge
1-A	192 mm
1-B	244 mm
2-B	233 mm
3-B	235 mm
4-B	249 mm
4-F	178 mm
Bogen 1-2	29 mm

Durchführen

7. Zur Vorbereitung des exakten Blechzuschnitts werden zunächst handliche Blechstücke als Rohteile für jeweils eine Schablone aus den angelieferten Kleintafeln geschnitten. Der Blechbedarf für eine Schablone ist aus der Zeichnung ersichtlich.

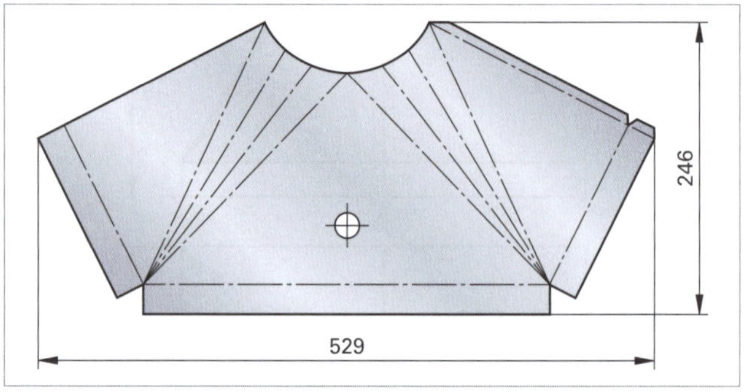

a) Errechnen Sie den Blechbedarf pro Rohteil, wenn rundum eine Bearbeitungszugabe von 30 mm verbleiben soll.

Länge: ______________________

Breite: ______________________

b) Wie viele solcher Blechstücke (Nutzen) können aus einer Kleintafel geschnitten werden? Prüfen Sie zwei Aufteilungsvarianten.

Breite einer Kleintafel: ______________________

Aufteilungsvariante 1:

____

____

Anzahl der Nutzen: ______________________

Breite einer Kleintafel: ______________________

Aufteilungsvariante 2:

____

____

Anzahl der Nutzen: ______________________

c) Welche Folgerungen ziehen Sie aus dem Ergebnis?

____

____

8. Die Abwicklung des Übergangskörpers muss vor dem Zuschnitt auf Blech übertragen werden.
Was ist beim Anreißen auf nichtrostendem Blech X5CrNi18-10 zu beachten?

____

____

____

9. Treffen Sie aus abgebildeten Werkzeugen und Maschinen und eine Auswahl für den Zuschnitt der Blechstücke (Rohteile). Bedenken Sie dabei die Länge der Schnittkanten und die relativ hohe Scherfestigkeit des verwendeten Edelstahls.

a) Tragen Sie die Benennung der Werkzeuge und Maschinen in die Tabelle ein.

b) Begründen Sie Ihre Wahl kurz.

Auswahl: ______________________

Begründung: ______________________

10. a) Wie groß soll der Schneidspalt beim Schneiden von Blechen aus austenitischen Edelstählen sein?

b) Welcher Schneidspalt ist demnach beim Zuschnitt der Blechstreifen für die Schablone einzustellen?

11. Beim Feinzuschnitt müssen Sie außer den geraden Kanten auch eine Kurve schneiden.
Bennen Sie die abgebildeten Werkzeuge und begründen Sie kurz, welches Sie für die Arbeitsaufgabe auswählen.

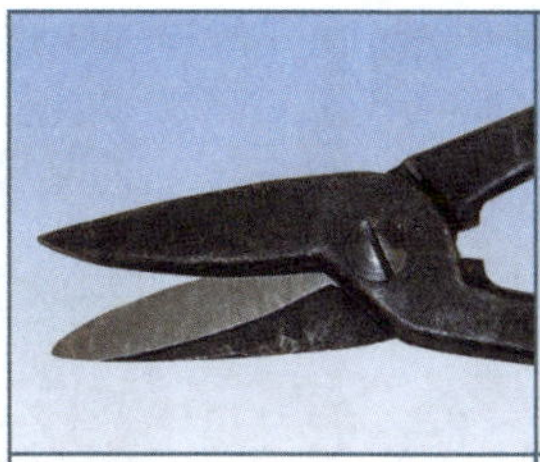

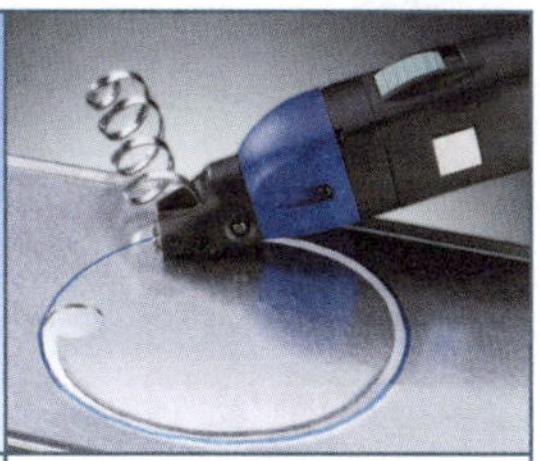
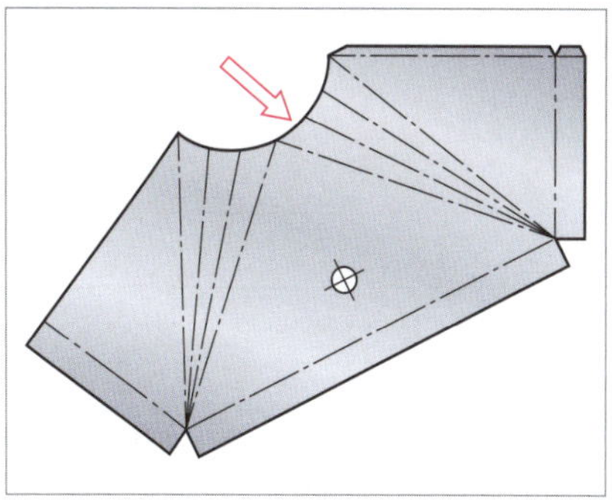

Auswahl:

Begründung:

12. Nachdem Sie die Rundung ausgeschnitten haben, müssen nun noch die Ecken ausgeklinkt werden.

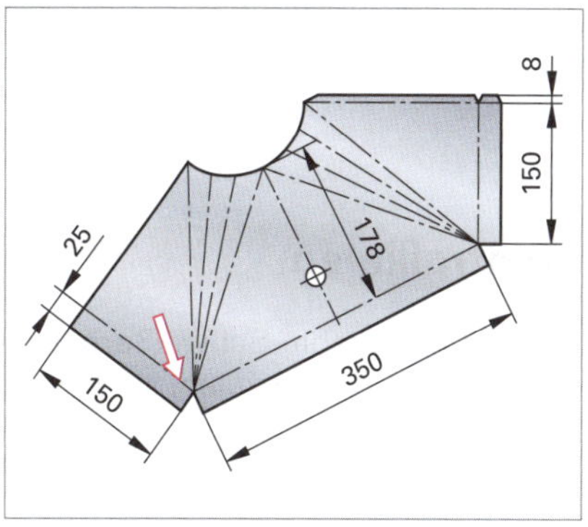

a) Weshalb ist das Ausschneiden der Ecken durch Ausklinken günstig?

b) Nennen Sie die Größen, die man zur Ermittlung der Scherkraft benötigt.

c) Berechnen Sie die zum Ausklinken der Ecken erforderliche Scherkraft.
Geg.: Maße lt. Zeichnung Ges.: A_S, τ_{aB}, F_S

13. Nachdem beide Haubenteile geformt sind, müssen sie noch dauerhaft gefügt werden.

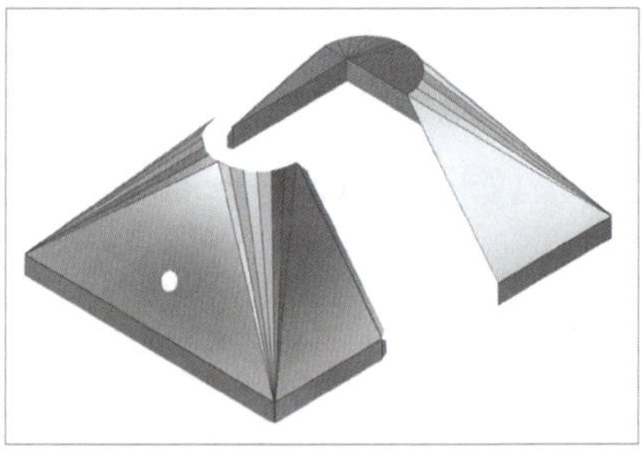

a) Welches Verfahren ist nach Zeichnung dafür vorgesehen?

b) Warum eignen sich nichtrostende Stähle besonders gut für das Schweißen der Haube nach diesem Verfahren?

c) Nennen Sie zwei Gründe, warum die Anpresskraft der Elektroden beim Schweißen der Haube höher sein muss als sonst.

d) Wegen des hohen Übergangswiderstandes der Haube kommt es zur starken Erwärmung der Elektroden. Wie wird deren Überhitzung vermieden? Nennen Sie zwei Maßnahmen.

Kontrollieren

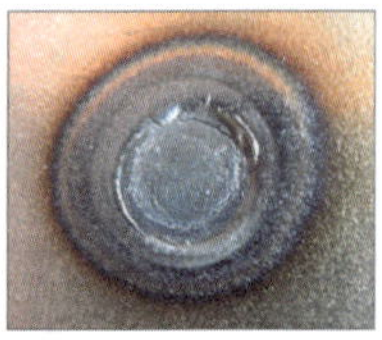

14. Um akzeptable Schweißergebnisse beim Widerstandspunktschweißen der Haube zu erzielen, sind Probeschweißungen erforderlich.

a) Beurteilen Sie die dabei erzielten Ergebnisse.

Bild 1:

Bild 2:

a) Welche Ursachen haben die in der Tabelle genannten Fehler? Füllen Sie die Liste aus.

Fehler	Mögliche Ursachen bezogen auf …			
	Stromzeit	Schweißstrom	Elektrodenkraft	Elektrodenkontaktfläche
Poren und Risse				
Elektrodeneindruck zu groß				
verlaufende Ränder				

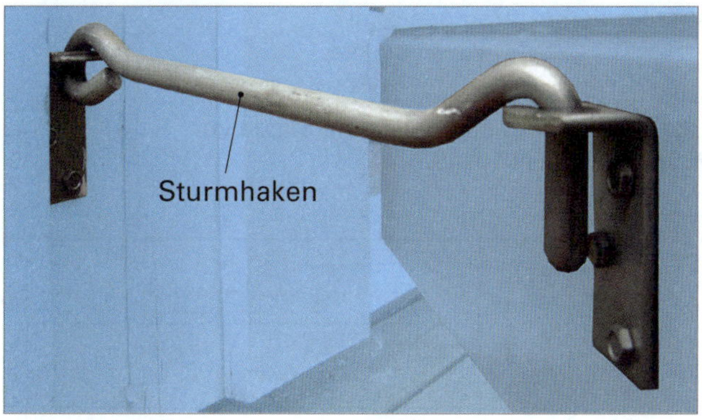

Auftrag

Die Rekonstruktion eines denkmalgeschützten Bauwerkes umfasst auch Metallbauarbeiten. Ihr Betrieb erhält den Auftrag zur handwerklichen Fertigung von Sturmhaken mit Haltewinkeln, die zur Sicherung der schweren Eichenholztüren benötigt werden.
Der Auftrag umfasst 30 Stück. Der Meister gibt den Auftrag an Sie und einen weiteren Auszubildenden des 2. Ausbildungsjahres zur eigenverantwortlichen Planung und Ausführung.
Lösen Sie die folgenden Aufgaben zur Vorbereitung und Durchführung des Auftrages.

Informieren

1. Der Meister hat von einer noch intakten Baugruppe die Maße genommen und auf dieser Grundlage die folgenden Skizzen angefertigt.

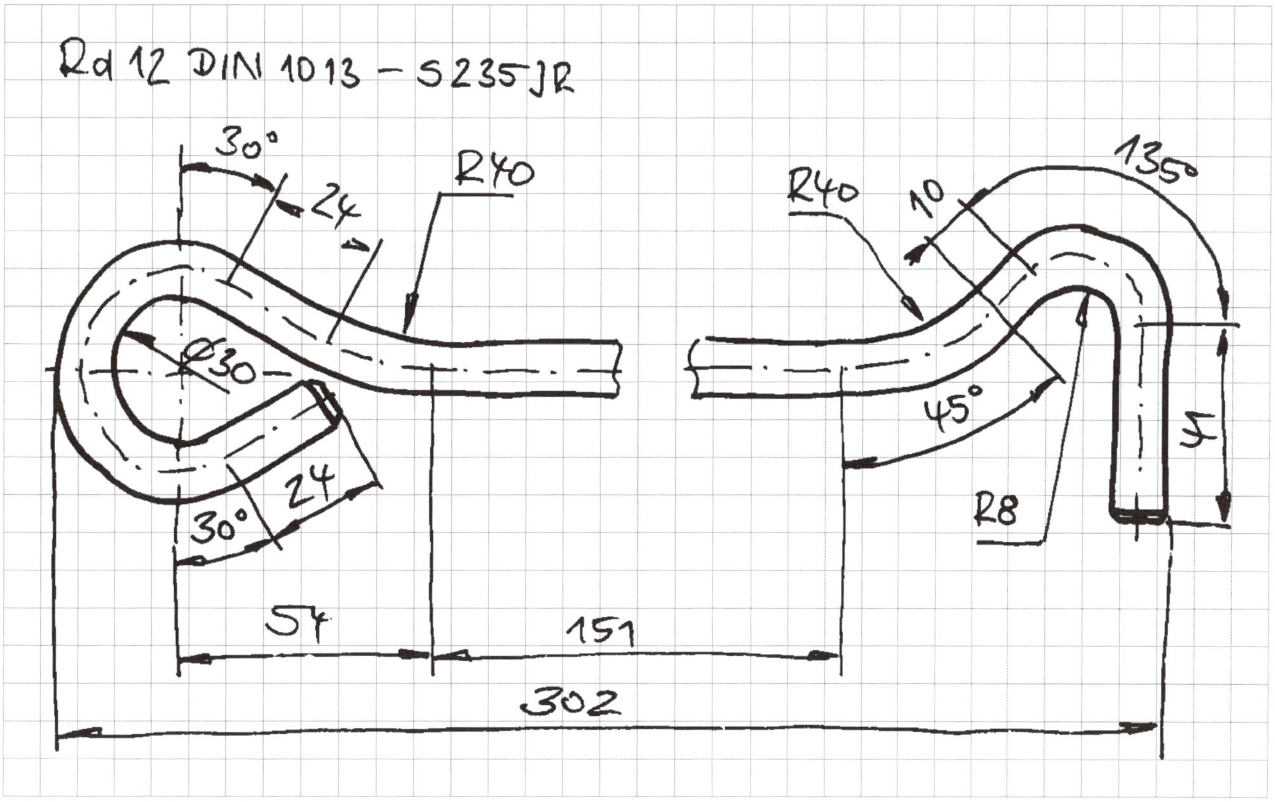

a) Informieren Sie sich über den geforderten Werkstoff für den Haken. Erläutern Sie die Werkstoffbezeichnung Rd12 DIN 1013 – S235JR.

Rd	
12	
DIN 1013	
S	
235	
JR	

b) Welche technologische Eigenschaft dieses Werkstoffs ist für den Auftrag geeignet?

2. Von dem Halteblech, das an Tür und Wand befestigt werden muss, liegt ebenfalls eine Skizze vor. Entschlüsseln Sie auch hier die Materialangabe Bl4 – S260NC – DIN EN 10149.

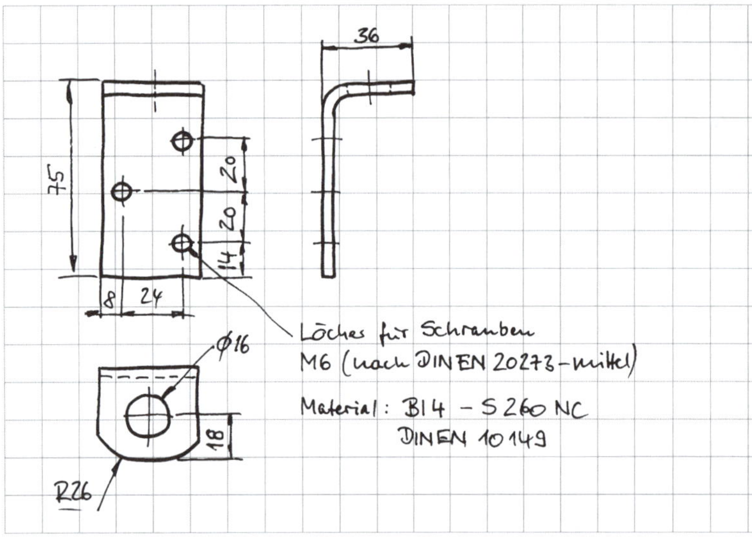

Bl	
4	
S	
260	
N	
C	

3. Prinzipiell können Sie zwei Umformverfahren zur Herstellung des Sturmhakens und der Haltebleche nutzen.

a) Vergleichen Sie Kaltumformen und Warmumformen hinsichtlich der angegebenen Merkmale.

Vergleichsmerkmal	Kaltumformen	Warumumformen
Arbeits-temperatur		
Umformbarkeit des Werkstoffs		
erforderliche Umformkräfte		
Werkstoff-verhalten		
Oberflächen-verhalten		

b) Eine Werkstattregel besagt, dass Stäbe und Bleche, deren Materialdicke ca. 8 mm übersteigt, nicht mehr kalt umgeformt werden sollten. Wählen Sie für den Sturmhaken ein Umformverfahren aus und begründen Sie Ihre Wahl kurz.

4. Beim Biegen des Sturmhakens muss die Biegestelle erwärmt werden. In den meisten Werkstätten wird hierfür ein Schweißbrenner verwendet. Welchen Vorteil hat das?

5. Wie erkennt man, dass die Schmiedetemperatur erreicht ist?

6. Welches Risiko bestünde bei zu großer Erwärmung?

Planen

7. Kalkulieren Sie den Bedarf an Rundmaterial für die Fertigung des Sturmhakens. Es steht Stangenmaterial von 2 m Länge zur Verfügung.

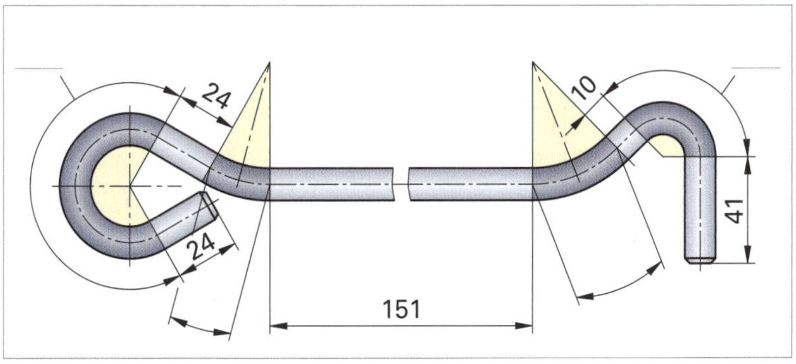

a) Ermitteln Sie zunächst die Zuschnittlänge für das Rundmaterial eines Sturmhakens.

Ges.: b_1 ; b_2; b_3; b_4; L_{ges}

Formel zur Berechnung von Bogenlängen (aus dem Tabellenbuch):

Lösung Bogenlängen:

Lösung Gesamtlänge:

7. b) Wie viele Stangen werden benötigt? Geg.: l = 2 m; L_{ges} aus Aufgabe 11a); Ges.: Anzahl der Stangen

c) Wie hoch sind die Materialkosten für das ganze Los?

Geg.: Anzahl der Stangen; m' nach Tabelle; Preis je 100 kg
Ges.: Materialpreis für das Los

Rundstahl
nach DIN 1013 - S235 JR G2 (RSt 37-2

R-Grp.: 120
(Artikelnummer: z.B. RD06)

	kg/m	Preis
6	0,22	173,00
8	0,40	164,00
10	0,62	149,00
12	0,89	145,00
14	1,21	156,00
15	1,39	156,00

8. Bevor die **Haltebleche** (siehe Skizze Seite 60) im Gesenk gebogen werden können, müssen sie aus bereits vorbereiteten Blechstreifen zugeschnitten werden.

a) Berechnen Sie für den Zuschnitt die gestreckte Länge L des Haltewinkels unter Beachtung des Mindestbiegeradius. Verwenden Sie Ausgleichswerte v für das Kaltbiegen.

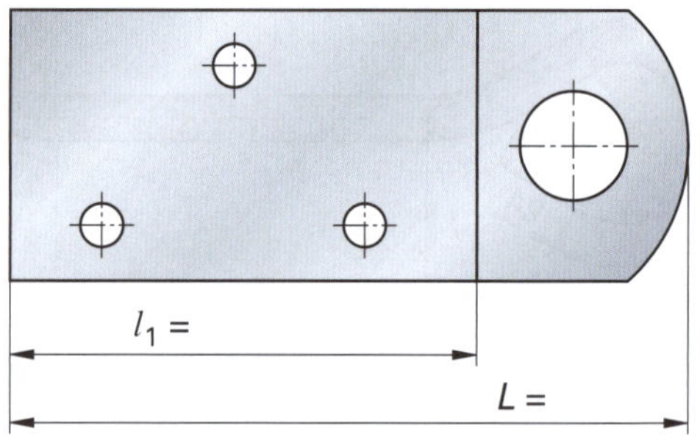

b) Ermitteln Sie auch das Lagemaß l_1 der Biegelinie und tragen Sie es in die Skizze ein.

9. Für den Zuschnitt stehen Ihnen 40 mm breite und 1 m lange Blechstreifen zur Verfügung. Wie viele derartige Streifen benötigen Sie für den Auftrag, wenn die Einzelstücke durch Sägen abgetrennt werden? (Schnittbreite = 2 mm)

10. Die Bleche für die Haltewinkel sind jetzt zugeschnitten. Noch vor dem Biegen im Gesenk sollen die Bohrungen eingebracht werden. Die kleineren Bohrungen für Schrauben M6 sollen gebohrt werden.

a) Welchen Durchmesser muss der dafür verwendete Spiralbohrer haben?

10. b) Zum Herstellen der großen Bohrung ø16 kann ein vorhandenes Stanzwerkzeug genutzt werden. Welche Schnittkraft ist erforderlich?

Geg.:

Ges.: F

Lösung:

11. Im Gegensatz zum Sturmhaken werden die **Haltebleche** kalt umgeformt. Dies geschieht durch Biegen im Biegewerkzeug (Gesenk und Biegestempel).

a) Geben Sie hierfür die einzelnen Arbeitsschritte an.

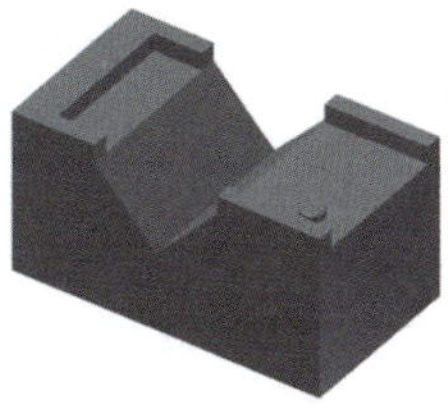		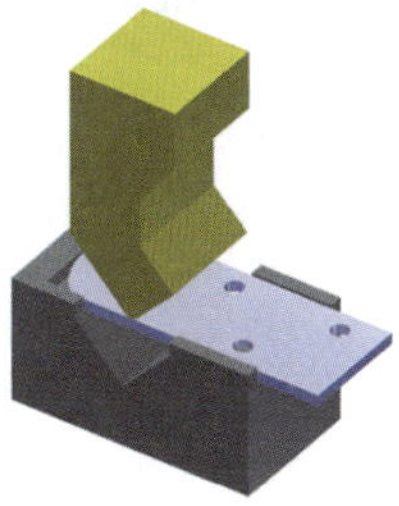	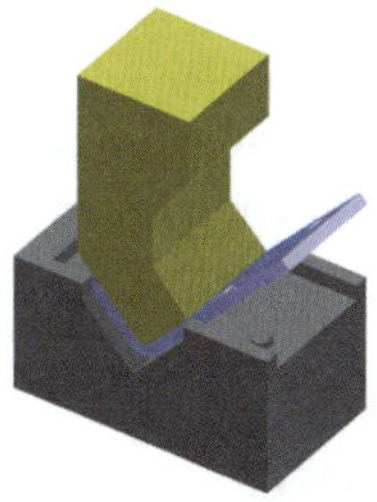	
Gesenk bereitstellen und spannen.				

b) Das Biegewerkzeug muss von Ihnen aus mehreren bereits für andere Biegearten angefertigten und in der Werkstatt vorrätigen V-Matrizen herausgesucht werden. Welche Maße müssen Sie dabei prüfen?

c) Ermitteln Sie das Prüfmaß für den Werkzeugradius am Biegestempel.
Geg.: $k_r = 0{,}99$; Blechdicke $s = 4$ mm; Biegeradius am Werkstück $r_2 = 6$ mm
Ges.: Radius am Werkzeug r_1

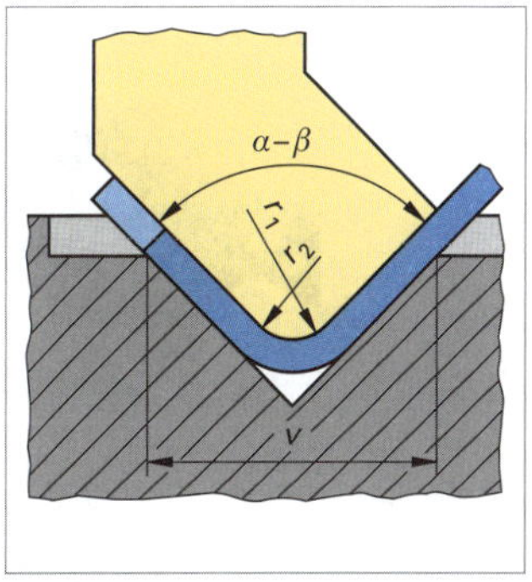

d) Wie breit (v) sollte die V-Öffnung sein, wenn es sich um das Grundkanten handelt?

$r_2 = 0{,}166 \cdot v \Rightarrow v =$

Durchführen

12. Diese zwei einfachen Vorrichtungen vereinfachen das Warmbiegen des Hakens.

a) Ordnen Sie die Vorrichtungen den Biegestellen zu.

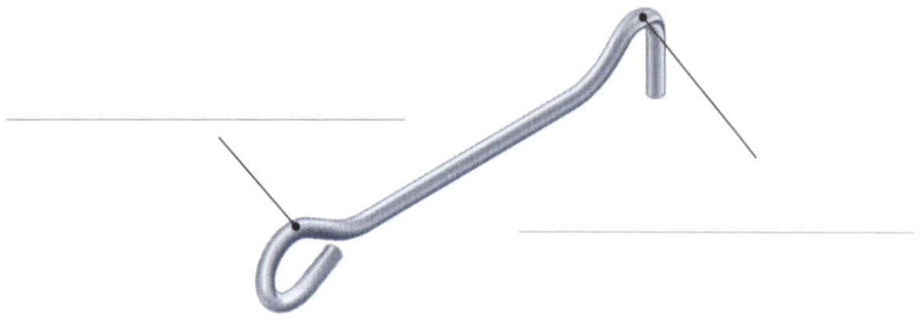

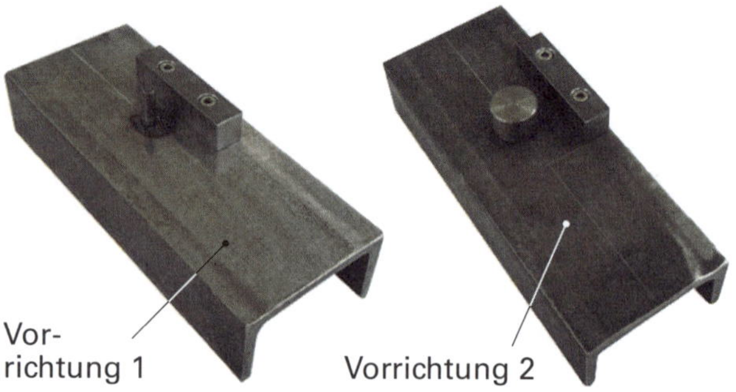

b) Welche Vorteile bringt die Benutzung der Vorrichtungen?

13. Zum Biegen der verbleibenden Radien R40 des Sturmhakens wird ebenfalls eine Vorrichtung benötigt. Als Basisteil wird ein ca. 200 mm langes Stück U100 genutzt.

a) Skizzieren Sie die beiden Biegesituationen in den gegebenen Draufsichten. Die Ausgangslage des Biegeteils vor der Verformung ist dabei mit Strich-Zweipunkt-Linie anzugeben.

b) Tragen Sie die angegebenen Konstruktionsmaße ein. Grundlage dafür ist die Maßskizze auf Seite 59.

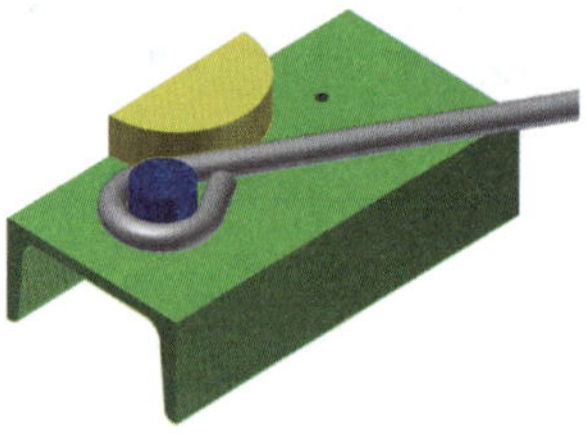
1a

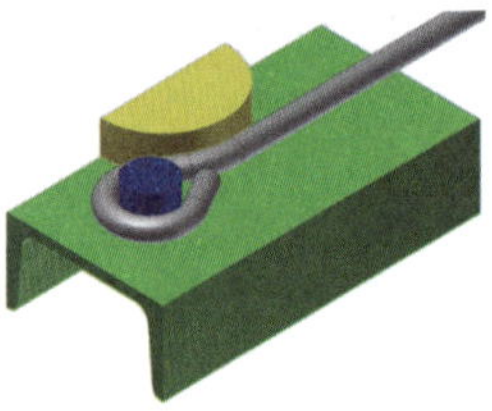
1b

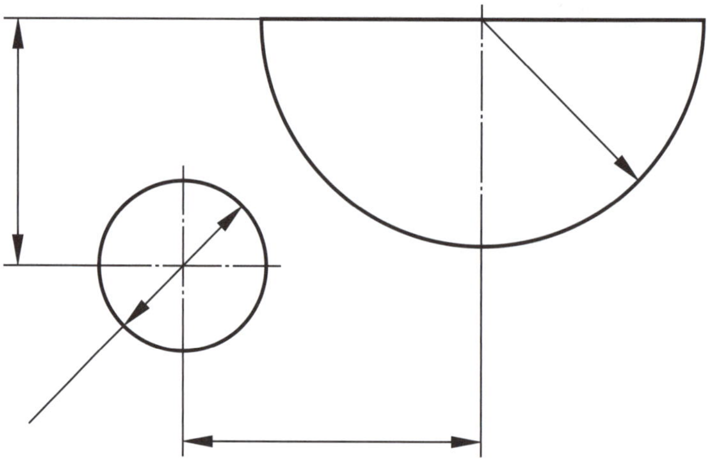
1

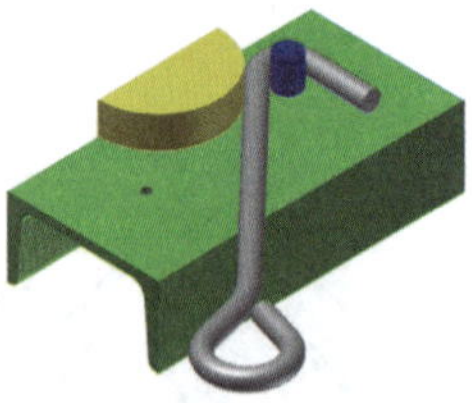
2a

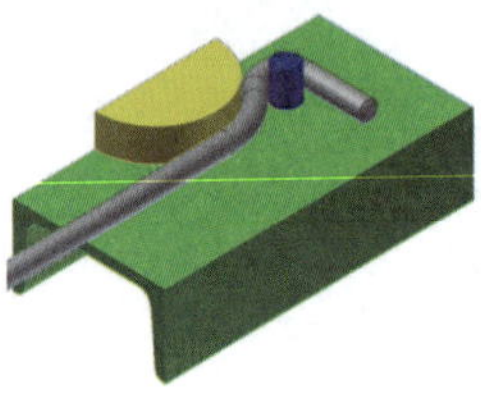
2b

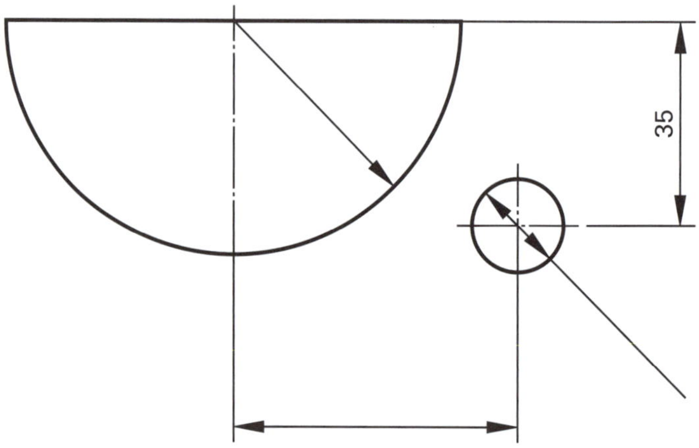

2

14. Beschreiben Sie anhand der Bildfolge die Herstellung des Sturmhakens durch Warmbiegen.

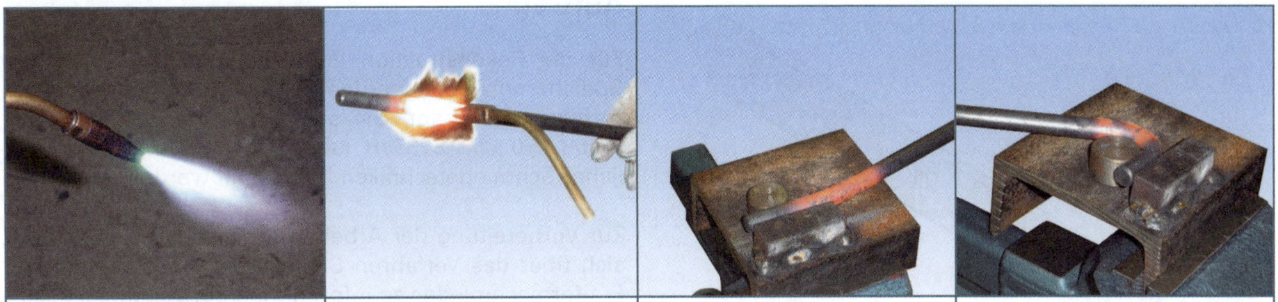

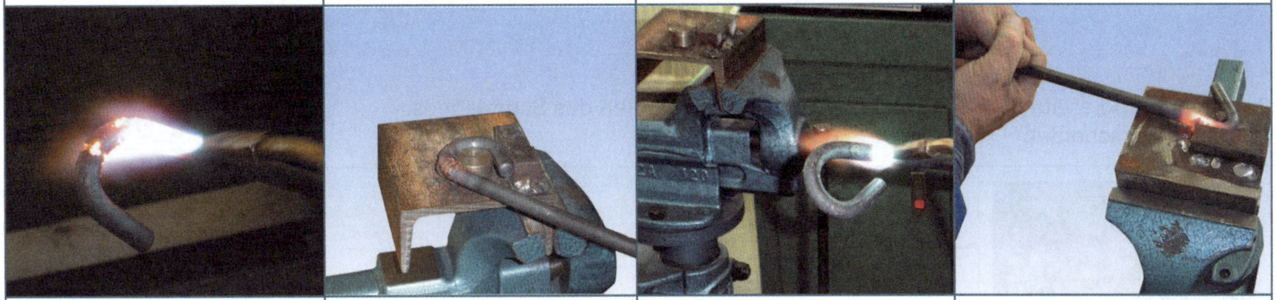

Kontrollieren

15. Bevor Sie die fertig gebogenen Sturmhaken an den Kunden ausliefern, sollte eine Qualitätskontrolle erfolgen.

a) Welche Arbeiten müssen Sie erledigen, bevor diese Kontrolle erfolgen kann?

b) Ein Kollege hat die Idee für eine Lehre, die Ihnen die Form- und Maßkontrolle des Hakens ermöglicht. Tragen Sie die Lagemaße für die Lehrdorne und die Anlage in die Abbildung ein.

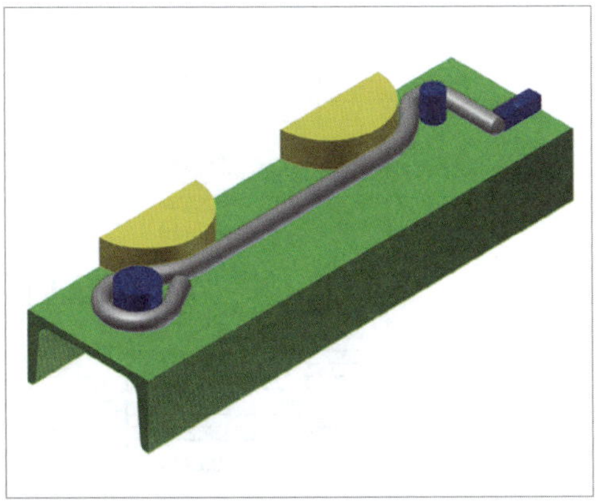

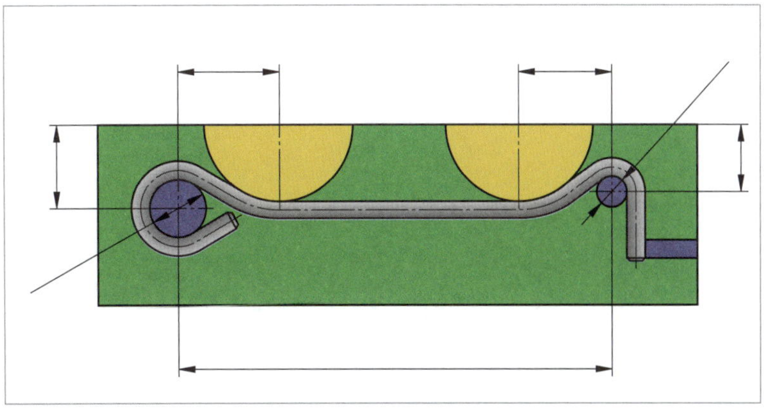

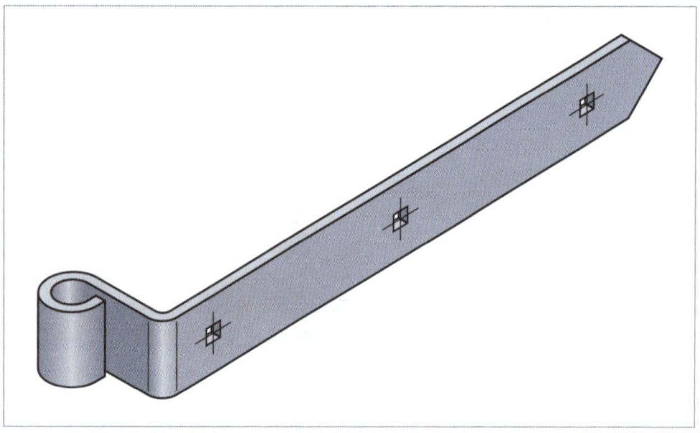

Auftrag

Für die Rekonstruktion der Tore eines altertümlichen Speichergebäudes werden insgesamt 24 geschmiedete Torbänder benötigt. Sie sollen aus Flachstahl DIN EN 10058 – 50 × 8 – S235JR unter Anwendung handwerklicher Schmiedetechniken hergestellt werden.

Zur Vorbereitung der Arbeiten erhalten Sie den Auftrag, sich über das Verfahren Schmieden, insbesondere das Freiformschmieden zu informieren. Ein von Ihnen ausgearbeiteter Arbeitsplan zur Herstellung eines Torbandes soll als Arbeitsergebnis vorliegen.

Informieren

1. Erklären Sie kurz, was man unter Schmieden versteht.

2. Nennen und erläutern Sie die beiden Fertigungsprinzipien des Schmiedens.
Man unterscheidet:

3. Welchen Nachteil hat es, wenn Sie die Torbänder im Freiformschmiedeverfahren herstellen?

4. Die Herstellung der Torbänder durch Schmieden hat gegenüber anderen Fertigungsverfahren Vorteile.
Nennen Sie mindestens drei.

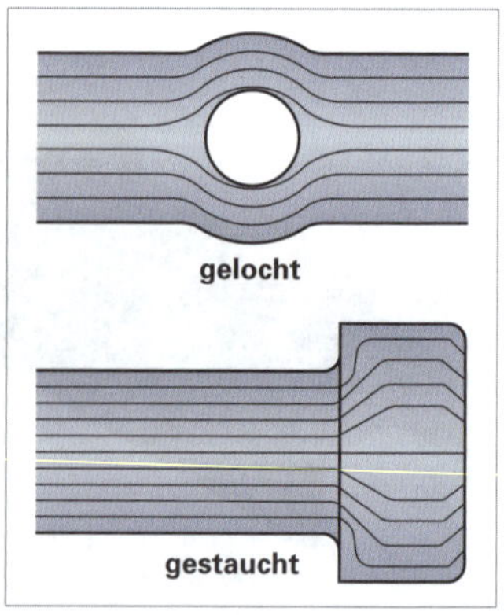

EUROPA LEHRMITTEL

Lernfeld

Herstellen von Umformteilen

Auftrag Torband

Name:		
Klasse:	Datum:	Blatt-Nr.: 61

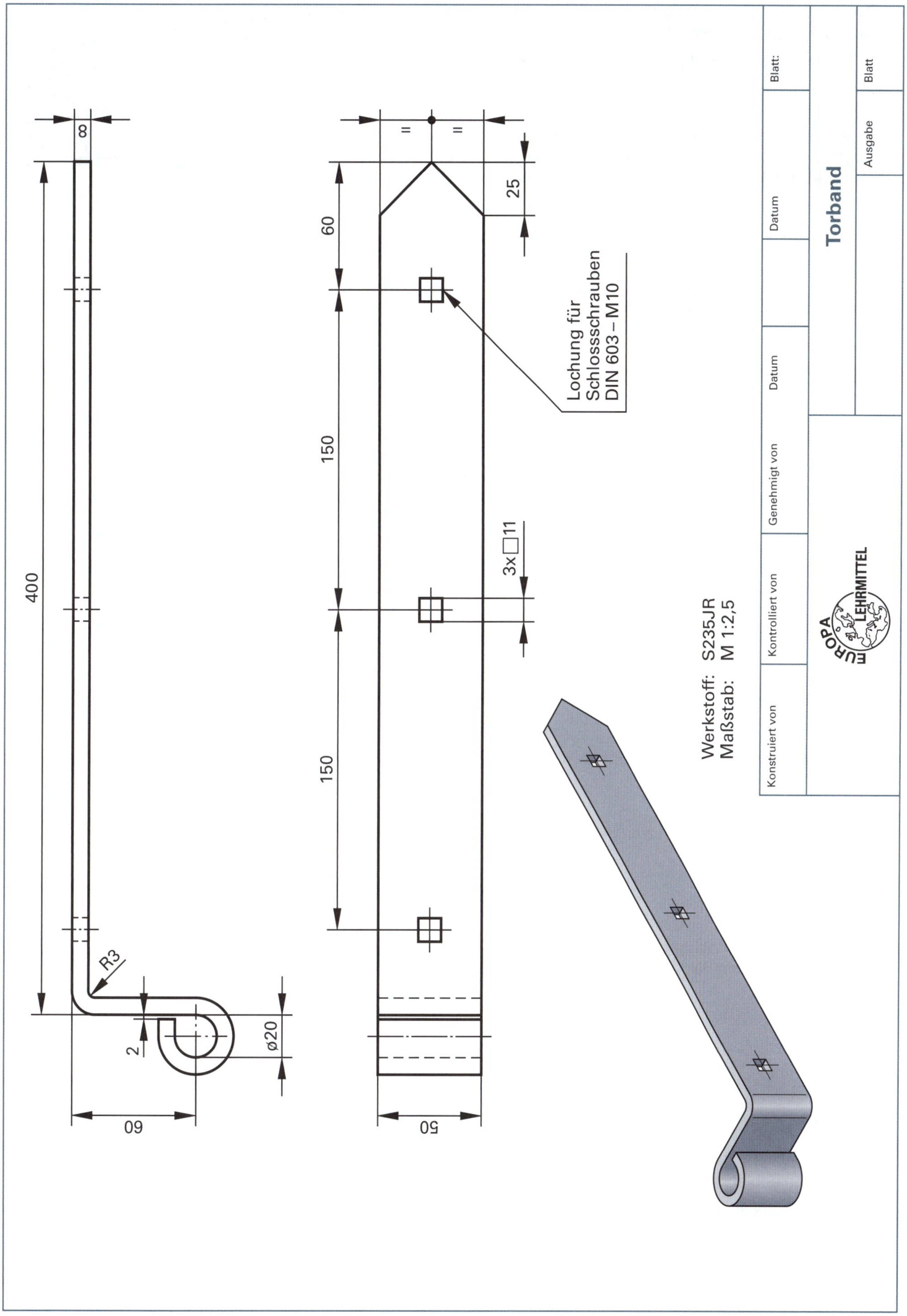

4. Der Zeichnung können Sie entnehmen, dass die Torbänder aus S235JR gefertigt werden sollen.

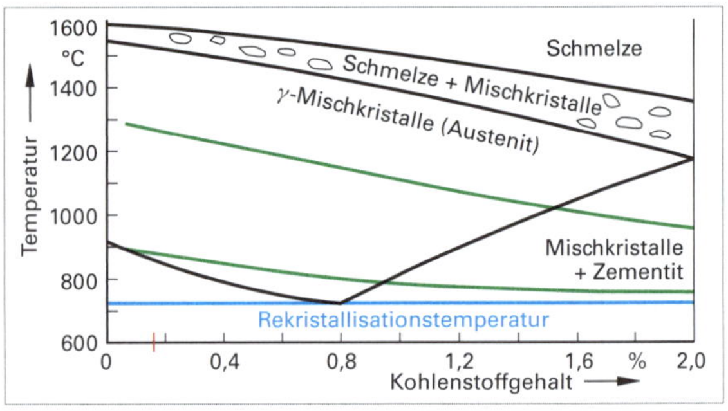

a) Welchen Kohlenstoffgehalt besitzt dieser Baustahl?

b) Beurteilen Sie anhand des nebenstehenden Bildes die Schmiedbarkeit dieses Stahls. Begründen Sie Ihre Einschätzung kurz.

c) Erklären Sie anhand des Bildes, warum es von Vorteil ist, dass der Stahl für die Torbänder einen relativ geringen Kohlenstoffgehalt hat.

d) Tragen Sie die Begriffe *Schmiedeanfangstemperatur* und *Schmiedeendtemperatur* in das Bild ein.

e) Kennzeichnen Sie in dem obigen Bild den Schmiedebereich durch Schraffur.

f) Erläutern Sie, warum das Torband in diesem Temperaturbereich geschmiedet werden muss.

g) Welche Auswirkungen kann die Über- oder Unterschreitung dieser Temperaturen haben?

5. Der umzuformende Bereich des Torbandes ist auf Schmiedetemperatur zu erwärmen. Nennen Sie verschiedene Möglichkeiten.

6. Worauf sollten Sie beim Erhitzen der Torbänder besonders achten?

7. Sie haben die Wahl zwischen Schmiedekohle und Koks als Brennstoff für das Schmiedefeuer. Entscheiden Sie sich und begründen Sie Ihre Wahl kurz.

8. Sie beobachten, dass sich in der Schmiedehitze eine Art Kruste auf dem Torband bildet, die dann beim Schmieden abblättert.

a) Nennen Sie die Ursache.

b) Welche Folgen hat der Vorgang?

Planen

9. Zur Arbeitsvorbereitung gehört die Materialbereitstellung und Kalkulation. Ermitteln Sie die dazu erforderliche Zuschnittlänge eines Torbandes.

a) Geg.: Zeichnung
Ges.: Länge der geraden Biegeschenkel l_1, l_2, l_3
Lösung:

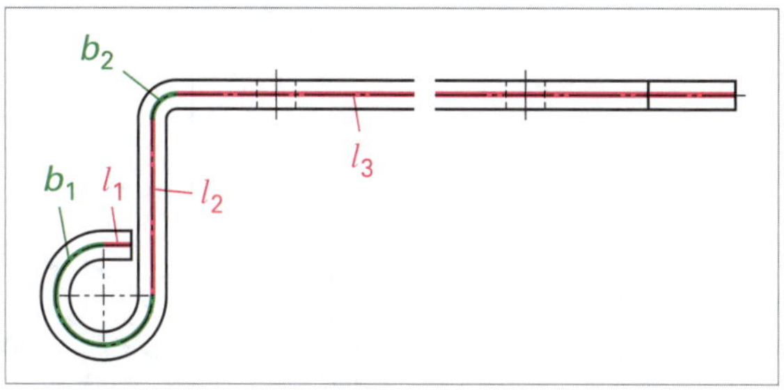

b) Geg.: d_N = 28 mm
Ges.: Länge der gebogenen Teils des Einrollendes b_1

Lösung:

c) Geg.: d_N = 28 mm
Ges.: Länge der Kröpfung b_2

Lösung:

d) Geg.: l_1; l_2; l_3; b_1; b_2
Ges.: Gesamtlänge des Zuschnitts L_{ges}

Lösung:

10. a) Die Lieferlänge des Flachstahls beträgt 4 m. Bestimmen Sie die Anzahl Nutzen pro Stange und den Materialverlust bei einer Sägeschnittbreite von 2 mm und einer Bearbeitungszugabe je Teil von 20 mm.

b) Bestimmen Sie den Materialbedarf für den Auftrag. Wie lang sind die insgesamt übrig bleibenden Reststücke?

11. Ermitteln Sie die Materialkosten, die Sie dem Kunden pro Torband berechnen müssen (Preis pro 100 kg = 147 €). Die kurzen Reststücke sind in den Preis einzubeziehen, das lange Reststück wird herausgerechnet.

längenbezogene Masse m' von Fl 50 × 8:

m_{ges} =

K_{ges} =

12. Zum Schmieden des Torbandes stehen Ihnen verschiedene Geräte zur Verfügung.

a) Benennen Sie diese.

b) Wählen Sie durch ankreuzen diejenigen aus, die für die Arbeitsaufgabe erforderlich sind.

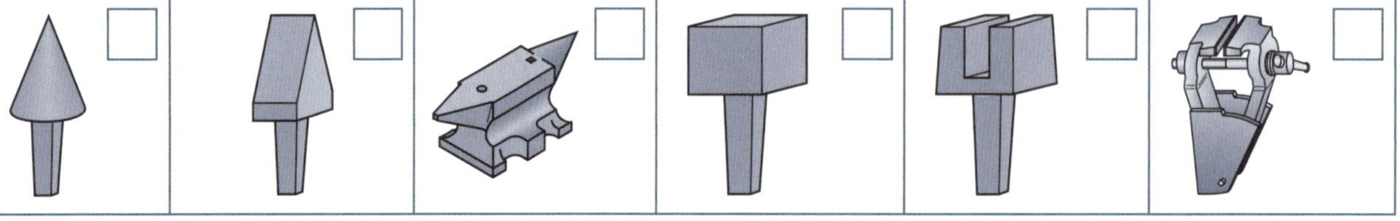

13. Beim Schmieden wird der Werkstoff durch die Kraft des herabfallenden Hammers geformt.

a) Benennen Sie die Hämmer und treffen Sie eine Auswahl für die zu erfüllende Arbeitsaufgabe.

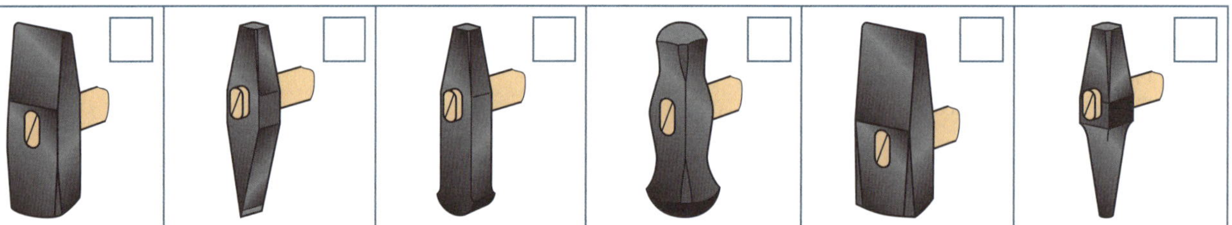

b) Beschreiben Sie kurz, wofür sie die ausgewählten Hämmer verwenden wollen.

14. Um das glühende Schmiedestück zu fassen und zu handhaben sind Schmiedezangen erforderlich. Diese wurden meist vom Schmied selbst für den jeweiligen Zweck hergestellt.

a) Benennen Sie die abgebildeten Zangen und geben Sie an, welche Werkstücke man damit fassen kann.

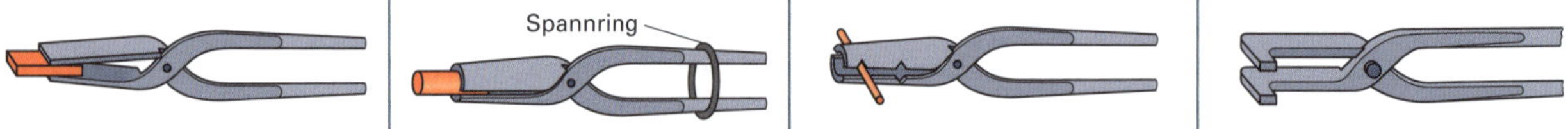

			Hakenzange
		Stäbe und Drähte fassen.	

b) Mit welcher Zange halten Sie das Torband beim Schmieden?

15. Beim Schmieden des Torbandes müssen Sie verschiedene Schmiedetechniken anwenden.

a) Benennen Sie die dargestellten Schmiedetechniken.

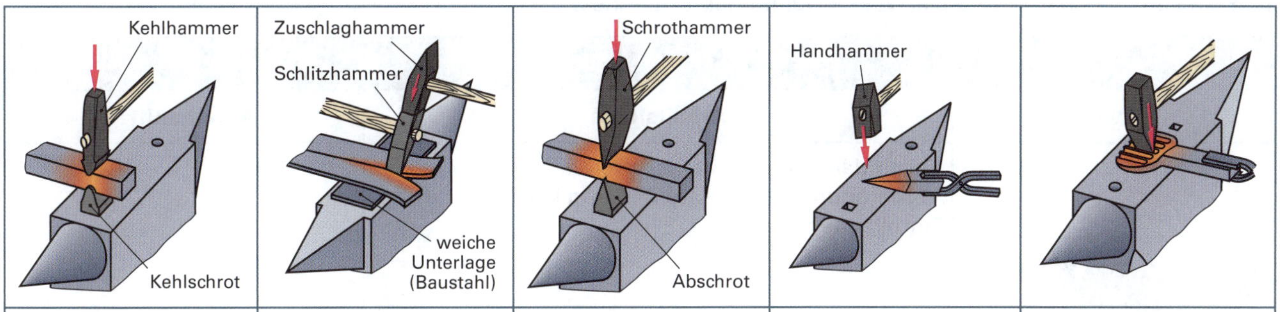

b) Wählen Sie eine Technik aus, die Sie auch beim Torband anwenden werden und beschreiben Sie, welche Formänderung Sie damit bewirken wollen.

16. Nachfolgend sind die einzelnen Arbeitsstufen beim Einrollen des Torbandes abgebildet. Benennen Sie jede Arbeitsstufe jeweils kurz.

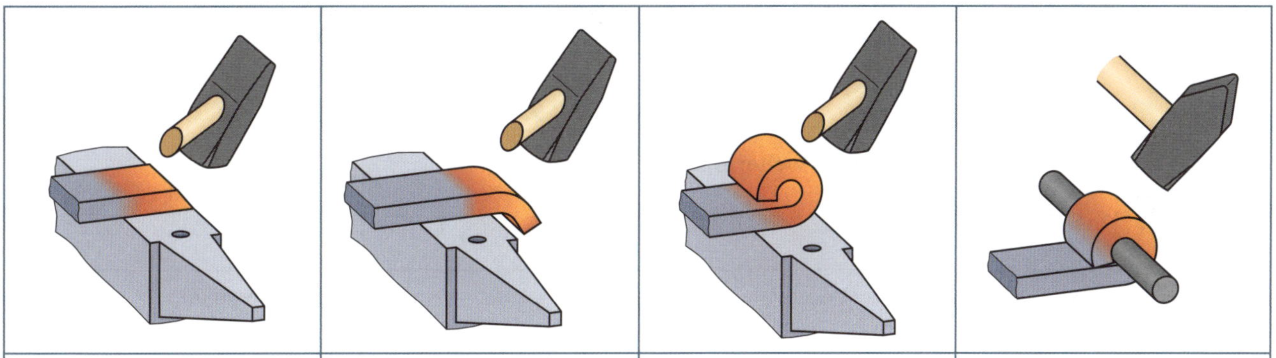

17. Im Anschluss müssen die quadratischen Löcher des Torbandes hergestellt werden. Nachdem Sie diese angerissen haben, folgen weitere Arbeitsschritte. Beschreiben Sie diese.

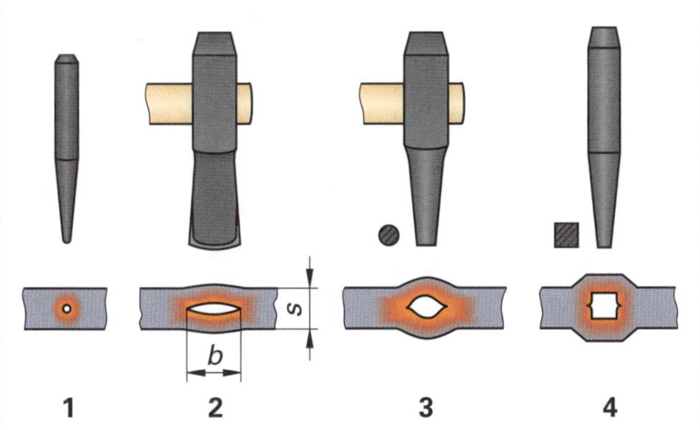

1	
2	
3	
4	

Durchführen

18. Erstellen Sie einen Arbeitsplan zur Fertigung des Torbandes.

Arbeitsplan		
Nr.	**Arbeitsfolge**	**Arbeitsmittel**
1 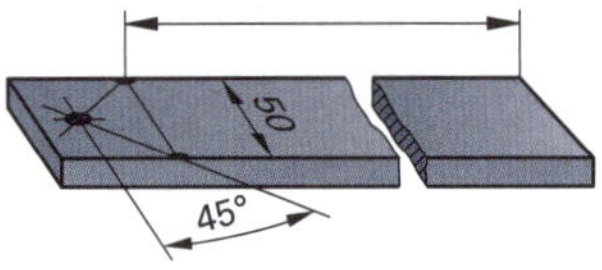	Gesamtlänge des Rohteils anreißen, Abschrägungen 45 ° anreißen und körnen, Einrollende anreißen.	
2 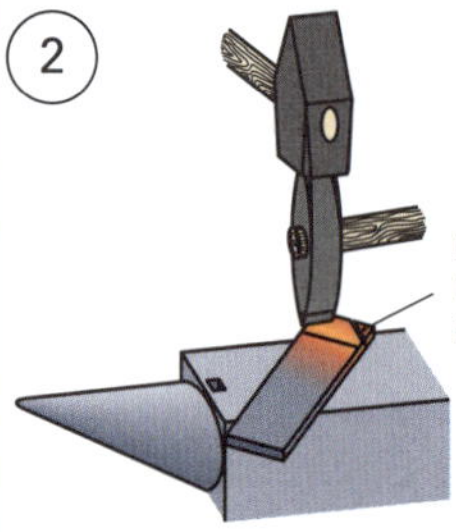	Anrissstelle gelbrot (ca. 1000 °C) erwärmen, auf Anriss ______ (alle Schnitte von derselben Seite ausführen, damit das Band gut am Torflügel anliegt.)	Schmiedeherd, Feuergeräte, Amboss,
3 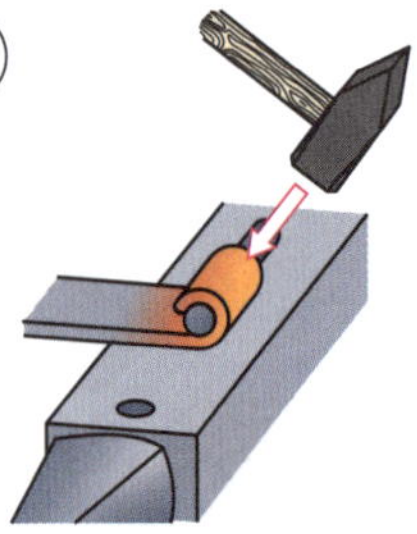	Einrollende erwärmen, Schmiedestück ______ Einrollende weiterrollen ______	Schmiedeherd, Feuergeräte, Amboss,
4 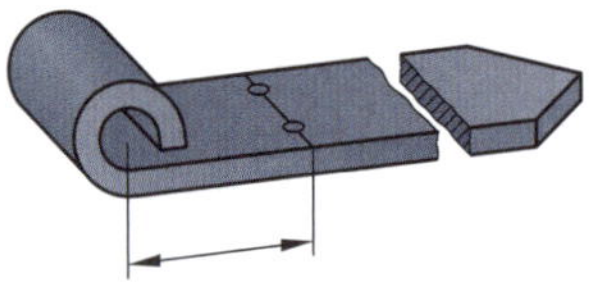		Anschlagwinkel, Stahlmaßstab,
5 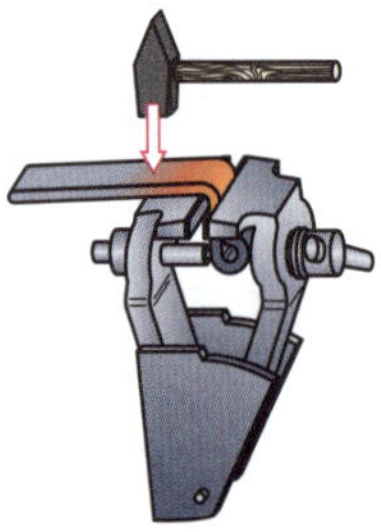	Angekörnte Biegestelle ______ erwärmen, ______	Schmiedeherd, Feuergeräte,
6 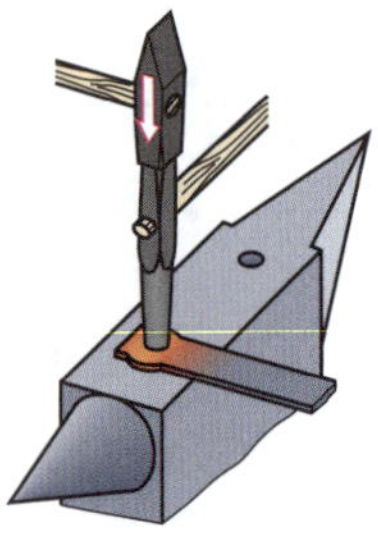	Erstes Loch anreißen, ______	Stahlmaßstab, Reißnadel, Körner,

Kontrollieren

19. Bei der Kontrolle der Vierkantlöcher stellen Sie in den Ecken kleine Risse im Material fest. Welche Ursache kann das haben?

20. Sie wollen die Schlossschrauben zur Probe in die Löcher stecken. Dabei stellen Sie fest, dass sich die Schraube in einige Löcher gar nicht einstecken lässt, in anderen klemmt. Sie haben aber nach Zeichnung einen 11er Dorn benutzt.

a) Nennen Sie die mögliche Ursache.

b) Was müssen Sie bei der Auswahl des Dornes beachten?

21. Die Prüfung der Lochabstände ergibt Abweichungen vom Soll.

a) Welchen Fehler könnten Sie gemacht haben?

b) Wie kann man ihn vermeiden?

22. Beim Prüfen der Torbänder entdecken Sie bei einigen Kröpfungen Risse an der Außenseite der Biegestellen. Was wurde falsch gemacht?

23. Sie haben die Schmiedestücke geprüft und an einigen die folgenden Fehler festgestellt. Entscheiden Sie, was mit diesen Schmiedestücken weiter geschehen soll.

Fehler	Maßnahme
Löcher am Rand eingerissen.	
Schraubenlöcher zu klein.	
Lochabstände stimmen nicht.	
Kröpfungen rissig.	

Auftrag

Für den Neubau eines Gebäudes möchte der Architekt an den Balkontüren der Obergeschosse so genannte „französische Balkone“ anbringen.

Über die gebogene Form entsteht ein kleiner Auftritt. Als Auflage soll ein Aluminiumblech mit einem Quintettmuster verwendet werden.

Die Plattform des Balkons wird aus Stahl, das Geländer inklusive Geländerpfosten aus Edelstahl gefertigt.

Die Stahlbauteile werden pulverbeschichtet, die Edelstahlbauteile erhalten einen Feinschliff.

Informieren

1. Informieren Sie sich über den Aufbau des Balkons mithilfe der nachfolgenden Zeichnungen. Ergänzen Sie im Anschluss die fehlenden Mengen in der Stückliste. Die Zuschnittlängen der gebogenen Positionen 11 und 12 sind im Abschnitt „Planen“ zu berechnen.

Pos.	Menge	Benennung	Sachnummer/Norm-Kurzbezeichnung	Werkstoff	Masse *m'* in kg/m
1		Gebogener Flachstahl	Flachstahl DIN EN 10058 Fl 120 × 10 – 1447	S235JRG2	9,42
2		Hinterer Flachstahl	Flachstahl DIN EN 10058 Fl 120 × 10 – 1400	S235JRG2	9,42
3		Anschweißlaschen Pfosten	Flachstahl DIN EN 10088 Fl 60 × 10 – 60	X5CrNi18-10	4,71
4		Querstreben	Flachstahl DIN EN 10058 Fl 40 × 10 – 65	S235JRG2	3,14
5		Querstreben	Flachstahl DIN EN 10058 Fl 40 × 10 – 151	S235JRG2	3,14
6		Querstreben	Flachstahl DIN EN 10058 Fl 40 × 10 – 208	S235JRG2	3,14
7		Querstreben	Flachstahl DIN EN 10058 Fl 40 × 10 – 240	S235JRG2	3,14
8		Querstreben	Flachstahl DIN EN 10058 Fl 40 × 10 – 250	S235JRG2	3,14
9		Aluminiumblech Quintettmuster	Blech DIN EN 1386 Bl 5,0/6,5 × 248 – 1361	AlMg3 W20	14,7 kg pro m²
10		Pfosten	Flachstahl DIN EN 10088 Fl 40 × 10 – 960	X5CrNi18-10	3,14
11		Handlauf	Rohr ISO 1127 - 42,4 × 2,0 – ______	X5CrNi18-10	2,02
12		Füllstäbe	Rundstahl DIN EN10088 - Rd12 – ______	X5CrNi18-10	0,89
13		Edelstahlronden, gelocht	Durchmesser: 100 mm, Stärke: 6 mm Art.-Nr.: 83 42 06	X5CrNi18-10	0,24 kg je Ronde

2. Berechnen Sie überschlägig die Gesamtmasse eines Balkons!

____

3. Welchen Vorteil hat die Verwendung von Aluminiumblech mit einem Quintettmuster?

____

____

4. Wie wird die Verbindung bezeichnet, wenn die Positionen 3 an die Position 1 geschweißt werden?

____

EUROPA LEHRMITTEL

Lernfeld

Herstellen von Umformteilen

Auftrag französischer Balkon

Name:		
Klasse:	Datum:	Blatt-Nr.: 69

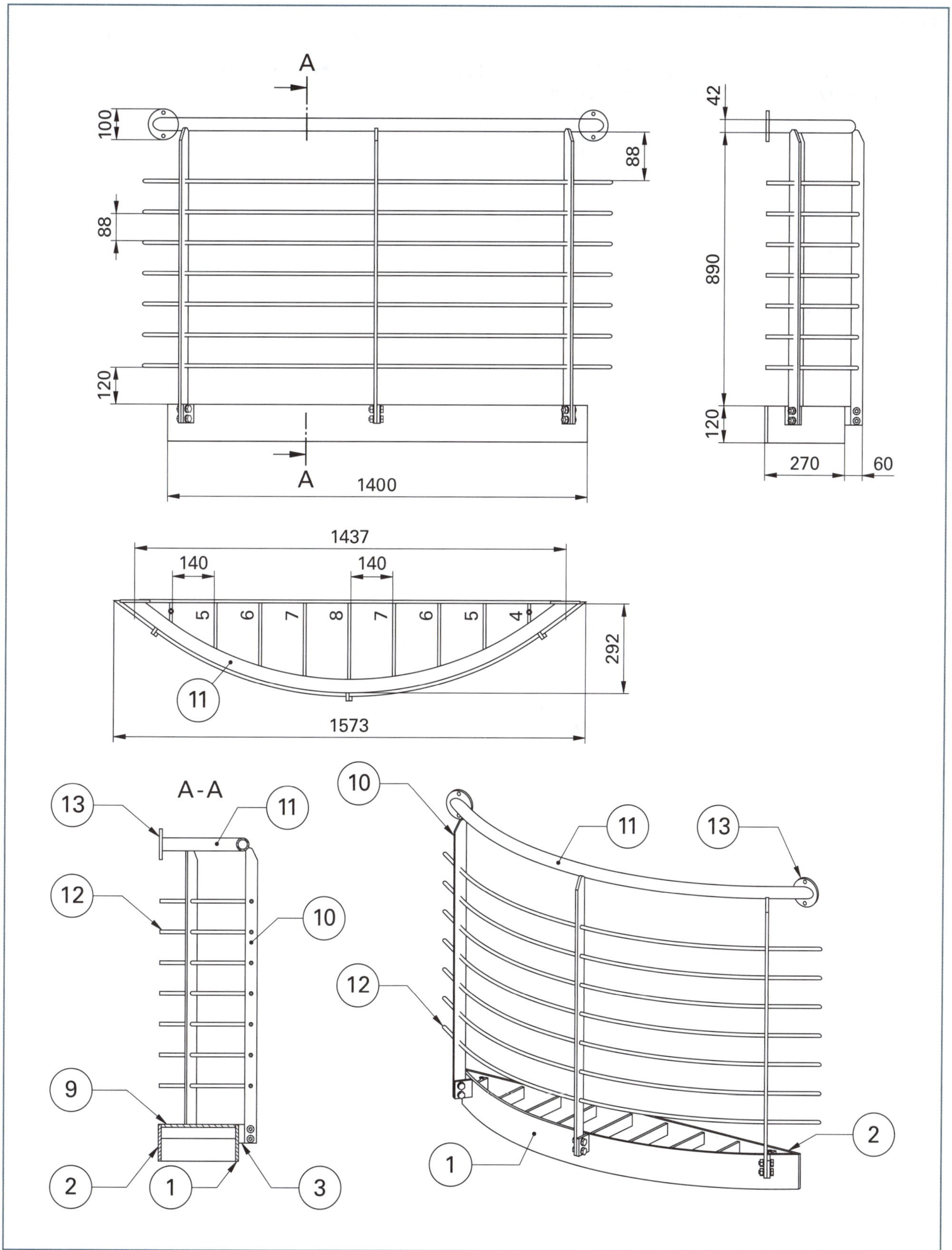

Schule	Erstellt durch	Titel, zusätzlicher Titel	Dokumentenart	
		Französischer Balkon Ansichten		
Klasse	Augabedatum		Zeichnungsnummer	Blatt

Planen

5. Berechnen Sie für den Handlauf (Pos. 11) mithilfe der Formeln für Kreisabschnitte (Breite und Sehnenlänge) den Mittelpunktwinkel α und den mittleren Radius r_m!

Geg.:

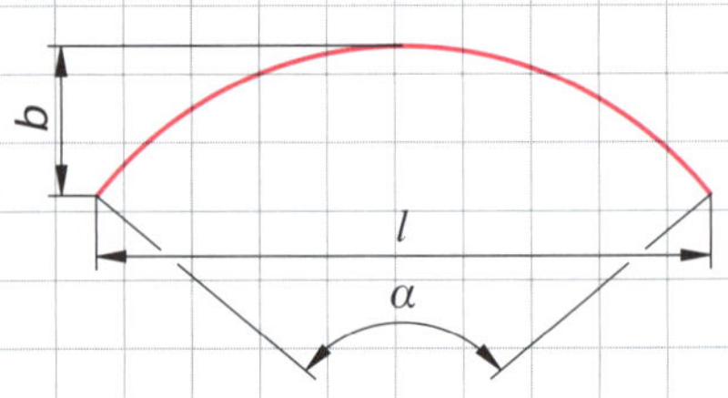

Ges.:

Lösung:

6. Berechnen Sie die Mindest-Zuschnittlänge l mithilfe der gestreckten Länge für den Handlauf (Pos. 11, ohne Berücksichtigung der Längenzugaben für das Umformen)!

Geg.:

Ges.:

Lösung:

7. Berechnen Sie die Mindest-Zuschnittlänge l für die Füllstäbe (Pos. 12), wenn deren mittlerer Radius um Δr_m = 29 mm größer ist als bei Position 11.

Geg.:

Ges.:

Lösung:

Durchführen

8. Für das Umformen von Halbzeugen stehen Ihnen verschiedene Maschinen zur Verfügung.
Benennen Sie die abgebildeten Biegemaschinen.

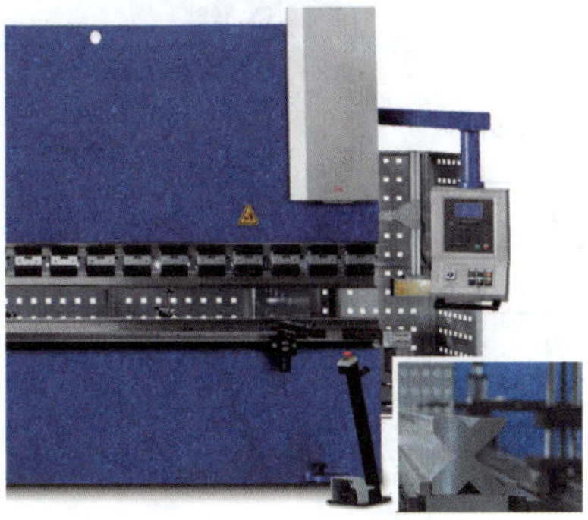

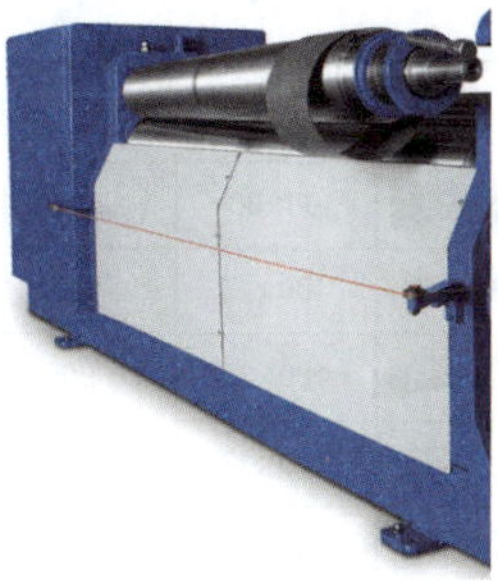

Biegemaschinen

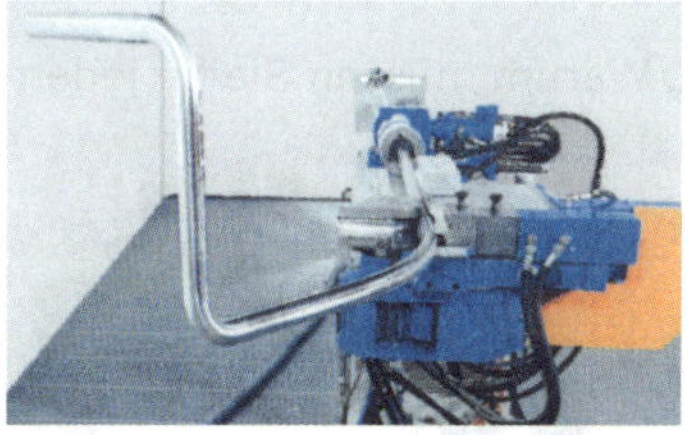

9. Welche Maschine verwenden Sie zum Herstellen der gebogenen Positionen? Begründen Sie ihre Entscheidung!

10. Worin unterscheiden sich Ringbiegemaschine und Dornbiegemaschine?

11. Ihre Firma möchte sich für diesen Auftrag eine neue Ringbiegemaschine anschaffen. In die engere Auswahl kommen die zwei nachfolgenden Maschinen. Für welche der Maschinen würden Sie sich entscheiden? Begründen Sie ihre Wahl!

Biegemöglichkeiten mit Standard-Biegerollen

Profil-Typ	max. Größe mm	min. Biege-ø mm
	60x60	700
	100x25	1500
	180x35	900
	120x13	1200
	ø70	800
	ø4"x4,5	1600

Modell	**PRM 100 DFH**
Artikel-Nr.	381 4010
€ zzgl. MwSt.	**27.589,00**
Technische Daten	
Wellen-ø obere Welle	110 mm
Wellen-ø untere Wellen	100 mm
Walzen-ø	315 mm
Geschwindigkeit	7,5 m/min
Motorleistung 400V/50Hz	11 kW
Gewicht	3360 kg
Abmessungen in mm	1750x1340x1650

Biegemöglichkeiten mit Standard-Biegerollen

Profil-Typ	max. Größe mm	min. Biege-ø mm
	35x35	1200
	60x10	800
	100x15	750
	60x7	900
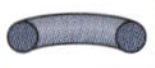	ø35	800
	ø1½"x3,2	650

Modell	**PRM 35 DF**
Artikel-Nr.	3814035
€ zzgl. MwSt.	**3.839,00**
Technische Daten	
Wellen-ø	50 mm
Walzen-ø	165 mm
Geschwindigkeit	3,6 m/min
Motorleistung 400V/50Hz	1,5 kW
Gewicht	385 kg
Abmessungen in mm	930x730x1400

Begründung:

12. Warum müssen Sie für jeden Profilquerschnitt (z. B. für Pos. 11) die passenden Biegrollen verwenden?

13. Geben Sie an, welches Biegerollenset Sie für das Biegen des Handlaufs (Pos. 11, Edelstahl, vorgeschliffen K240) zusätzlich zur Ringbiegemaschine bestellen müssen! Begründen Sie ihre Entscheidung!

Zubehör	**Artikel-Nr.**	**€ zzgl. MwSt.**
Biegerollen Stahl-Eisen*		
0–33,7 mm	388 1050	**2.579,00**
34–48,3 mm	388 1051	**2.679,00**
49–60,3 mm	388 1052	**2.679,00**
70–100 mm	388 1053	**2.779,00**
114,3–120 mm	388 1054	**2.879,00**
Kunststoffbiegerollen für Alu* und Edelstahl		
0–33,7 mm	388 1090	**1.095,00**
34–48,3 mm	388 1091	**1.145,00**
49–60,3 mm	388 1092	**1.255,00**
61–76,1 mm	388 1093	**1.389,00**
77–88,9 mm	388 1094	**1.545,00**
89–114,3 mm	388 1095	**1.679,00**
115–139,7 mm	388 1096	**1.895,00**
Zubehör	**Artikel-Nr.**	**€ zzgl. MwSt.**
hydraulische Verstellung der Richtrollen (horizontal, vertikal, lateral)	388 0970	**4.169,00**
NC-Steuerung	388 0971	**7.809,00**
NC-Steuerung inkl. hydraulische Verstellung der Richtrollen (horizontal, vertikal, lateral)	388 0972	**10.409,00**
stufenlos einstellbare Geschwindigkeit	388 0973	**1.909,00**
Digitalanzeige für seitliche Richtrollen	388 0974	**2.259,00**

Winkelrollen Stahl-Eisen		
10 x 10 mm	388 1055	**2.379,00**
20 x 20 mm	388 1056	**2.379,00**
25 x 25 mm	388 1057	**2.379,00**
30 x 30 mm	388 1058	**2.379,00**
35 x 35 mm	388 1059	**2.379,00**
40 x 40 mm	388 1060	**2.379,00**
45 x 45 mm	388 1061	**2.379,00**
50 x 50 mm	388 1062	**2.379,00**
60 x 60 mm	388 1063	**2.379,00**
70 x 70 mm	388 1064	**2.379,00**
80 x 80 mm	388 1065	**2.379,00**
90 x 90 mm	388 1066	**2.379,00**
Kunststoffwinkelrollen für Alu und Edelstahl		
50 x 50 x 6 mm	388 1097	**1.175,00**
60 x 60 x 6 mm	388 1098	**1.285,00**
70 x 70 x 7 mm	388 1099	**1.435,00**
80 x 80 x 8 mm	388 1100	**1.529,00**
100 x 100 x 10 mm	388 1101	**1.755,00**

*Preis/Rollen bezieht sich auf ein Maß aus diesem mm-Bereich. Es muss das Materialmaß, das bearbeitet werden soll, bei der Bestellung angegeben werden. Rollen werden auf dieses Maß angefertigt.

Artikel-Nr.:

Begründung:

14. Skizzieren Sie, wie sich der Profilquerschnitt eines Rohres bei der Verwendung falscher Biegerollen verformen würde.

15. Die dünnwandigen Edelstahlrohre für Handläufe sind häufig verschweißte Rohre.

a) Warum ist bei Umformen von geschweißten Rohren die Lage der Schweißnaht unbedingt zu beachten?

b) Zeichnen Sie die Lage der Schweißnaht in die vorangehende linke Skizze ein.

16. Beim Umformen mit einer Ringbiegemaschine reicht die zuvor berechnete Zuschnittlänge nicht aus.

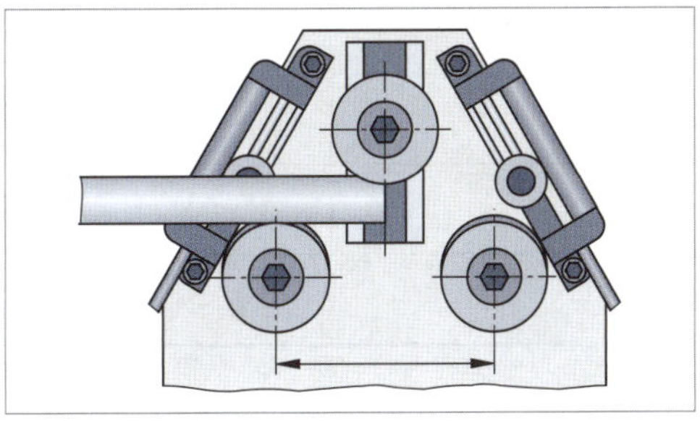

a) Begründen Sie, warum eine Längenzugabe am Profil eingeplant werden muss!

b) Wie lange muss diese Zugabe mindestens gewählt werden?

17. Was könnte passieren, wenn bei der Ringbiegemaschine die Zustellung der oberen Biegerolle pro Durchlauf zu stark vorgenommen wird?

18. Von welchen Eigenschaften der Profile hängt die benötigte Umformkraft ab?

19. Geben Sie eine Formel für die Biegebeanspruchung an, mit der die benötigte Umformkraft berechnet werden kann:

20. Je nach Profilquerschnitt ist der Widerstand gegen das gewünschte Umformen unterschiedlich groß. Dieser Widerstand wird als Widerstandsmoment bezeichnet und ist unabhängig vom Material. Die Höhe des Widerstandsmoments kann entweder aus Tabellen herausgelesen oder mithilfe von Formeln berechnet werden. Kennzeichnen Sie in den nachfolgenden drei Profilquerschnitten die Lage der angebenden Formelgrößen!

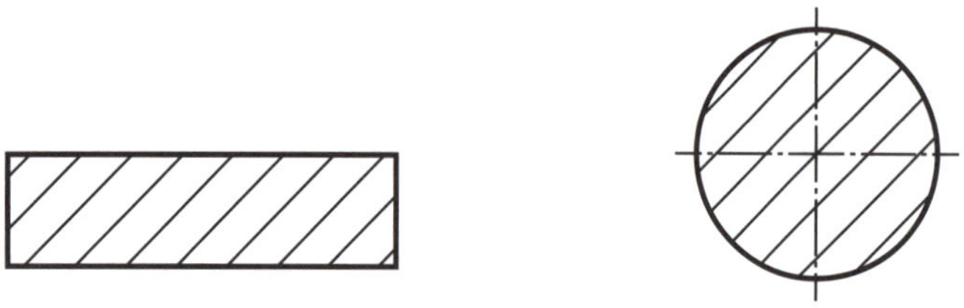

Flachstahl:

$$W_{Flachstahl} = \frac{b \cdot h^2}{6}$$

Rundmaterial:

$$W_{Rund} = \frac{r^3 \cdot \pi}{4}$$

Rohr:

$$W_{Rohr} = \frac{\pi}{32} \cdot \frac{(D^4 - d^4)}{D}$$

21. Die Materialeigenschaften spielen beim Umformen ebenfalls eine Rolle. Deren Einfluss kann aus den nachfolgenden Diagrammen ermittelt werden.

a) Wie heißen die abgebildeten Diagramme?

b) Welches stellt Baustahl S235 und welches Edelstahl X5CrNi18-10 dar?

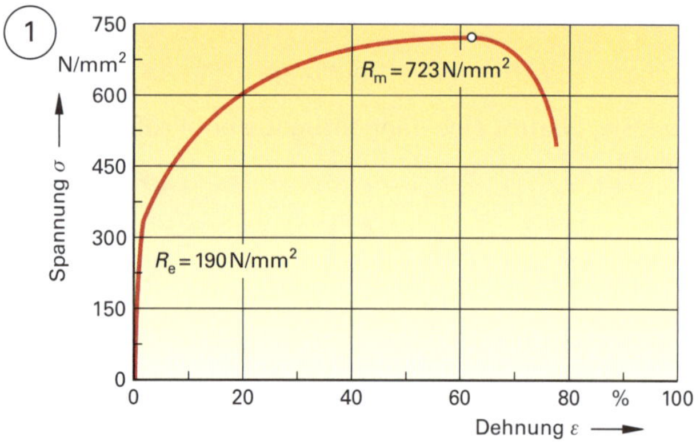

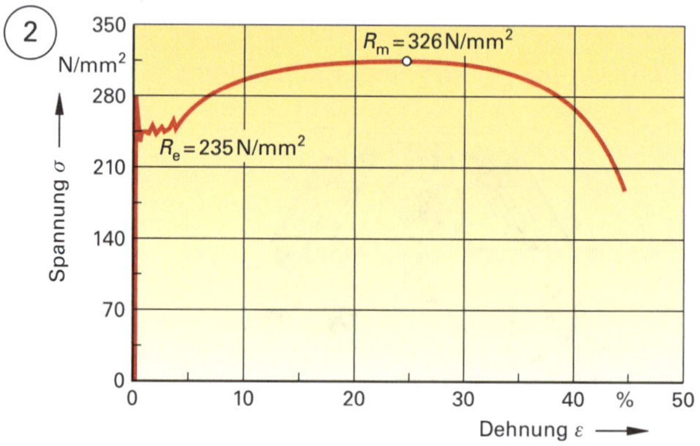

a) ______________________________

b) ______________________________

22. Welche Spannung müssen Sie beim Umformen überwinden, damit die Verformung dauerhaft bleibt?

____

____

22. Zeichnen Sie in die Skizze der Biegrollen die wirkende Umformkraft, die Auflagerkräfte und die Länge der Hebelarme ein. Wie lautet für diesen Fall die Formel für das resultierende Biegemoment?

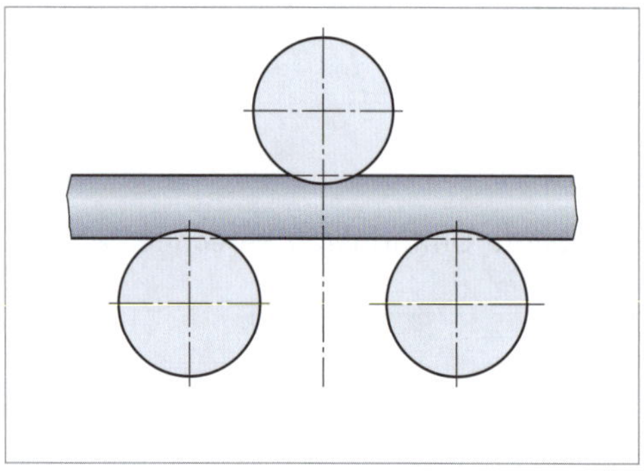

24. Berechnen Sie die notwendige Umformkraft für:

a) den Handlauf (Pos. 11, R_e = 190 N/mm²) und

b) den Flachstahl (Pos. 1; R_e = 235 N/mm²), wenn der Abstand der unteren Biegerollen 350 mm beträgt!

Geg.:

Ges.:

Lösung:

25. Beurteilen Sie, ob eine maximale Last von 3 Tonnen, welche die Maschine als Biegekraft für das Umformen von Position 11 und 12 umsetzt, ausreicht.

Kontrollieren

26. Welche Möglichkeiten haben Sie, den Biegeradius zu kontrollieren?

27. Auf den gebogenen Bauteilen sind viele kleine Einkerbungen eingedrückt. Welcher Fehler in der Fertigung liegt vor?

28. Sie haben an dem digitalen Bedienfeld ihrer neuen Ringbiegemaschine die Zustellung für geforderten Biegeradius gemäß dem Tabellenwert des Herstellers eingestellt. Bei der abschließenden Radienkontrolle stellen Sie fest, dass der tatsächliche Biegeradius nach dem Umformen größer ist. Was wurde falsch berücksichtigt?

Abbildungsbeispiel des geplanten Rotationsmischers ohne Antriebseinheit

Abbildungsbeispiel eines Rotationsmischers aus der bestehenden Produktpalette

Auftrag

Ein Pharmakonzern benötigt für das Mischen und Mengen ihrer medizinischen Substanzen mehrere der dargestellten Rotationsmischer. Ihr Produktionsteam erhält den Auftrag, einen ersten Prototypen des Mischers anzufertigen. Hierfür hat ihre Konstruktionsabteilung die bereits in ihrer Firma vorhandenen Modelle auf die speziellen Kundenwünsche angepasst.

Die Mischung der Substanzen erfolgt über die Rotation der Edelstahltrommel.

Auf der einen Seite kann die Trommel über ein abnehmbares Handrad für die Befüllung und Entleerung manuell gedreht werden.

Der Antrieb erfolgt über einen Elektromotor. Dieser treibt über einen Keilriemen die Trommel an.

Der Tragrahmen der Trommel soll so ausgeführt werden, dass unter die Trommel ein Auffangbehälter gefahren werden kann.

Sie erhalten den Teilauftrag die Baugruppen „Homogenisierer“ und „Tragrahmen“ für den Rotationsmischer herzustellen.

Informieren

1. Welche Aufgabe hat die rechts abgebildete Baugruppe „Homogenisierer“ in der Mischertrommel?

2. Warum wird für den Tragrahmen ein gekantetes U-förmiges Blechprofil 120 × 85 × 4 verwendet, anstatt z. B. Formstahl U120 nach DIN 1026?

3. Bei der Herstellung der Umformteile des Rotationsmischers kommen auch verschiedene Edelstähle zum Einsatz. Welche Eigenschaften müssen diese Stähle prinzipiell aufweisen?

4. Welche Art der Korrosion ist gerade bei den Umformteilen aus Edelstahl besonders problematisch? Begründen Sie ihre Entscheidung!

5. Für die Baugruppe 5 „Homogenisierer" und andere Bauteile kommt aufgrund der hohen Anforderung an Hygiene und Korrosionsschutz der Edelstahl X6CrNiMoTi17-12-2 (V4A; 1.4571) zum Einsatz.

a) Informieren Sie sich über die Eigenschaften der nachfolgenden Legierungsbestandteile in diesem Edelstahl und vervollständigen Sie im Anschluss die Tabelle.

b) Beurteilen Sie den Einfluss der Legierungselemente auf die Kaltumformbarkeit (Dehnung).
(+ Erhöhung / ++ starke Verbesserung/ – Verminderung/ –– starke Verschlechterung/ = gleichbleibend)

Legierungs-element	a) Eigenschaften	b) Einfluss auf Umformbarkeit
C		
Cr		
Ni		
Mo		
Ti		

6. Welche weiteren Legierungsbestandteile erhöhen bei Edelstählen die Umformbarkeit?
Nennen Sie für einen entsprechenden Edelstahl ein Normbeispiel!

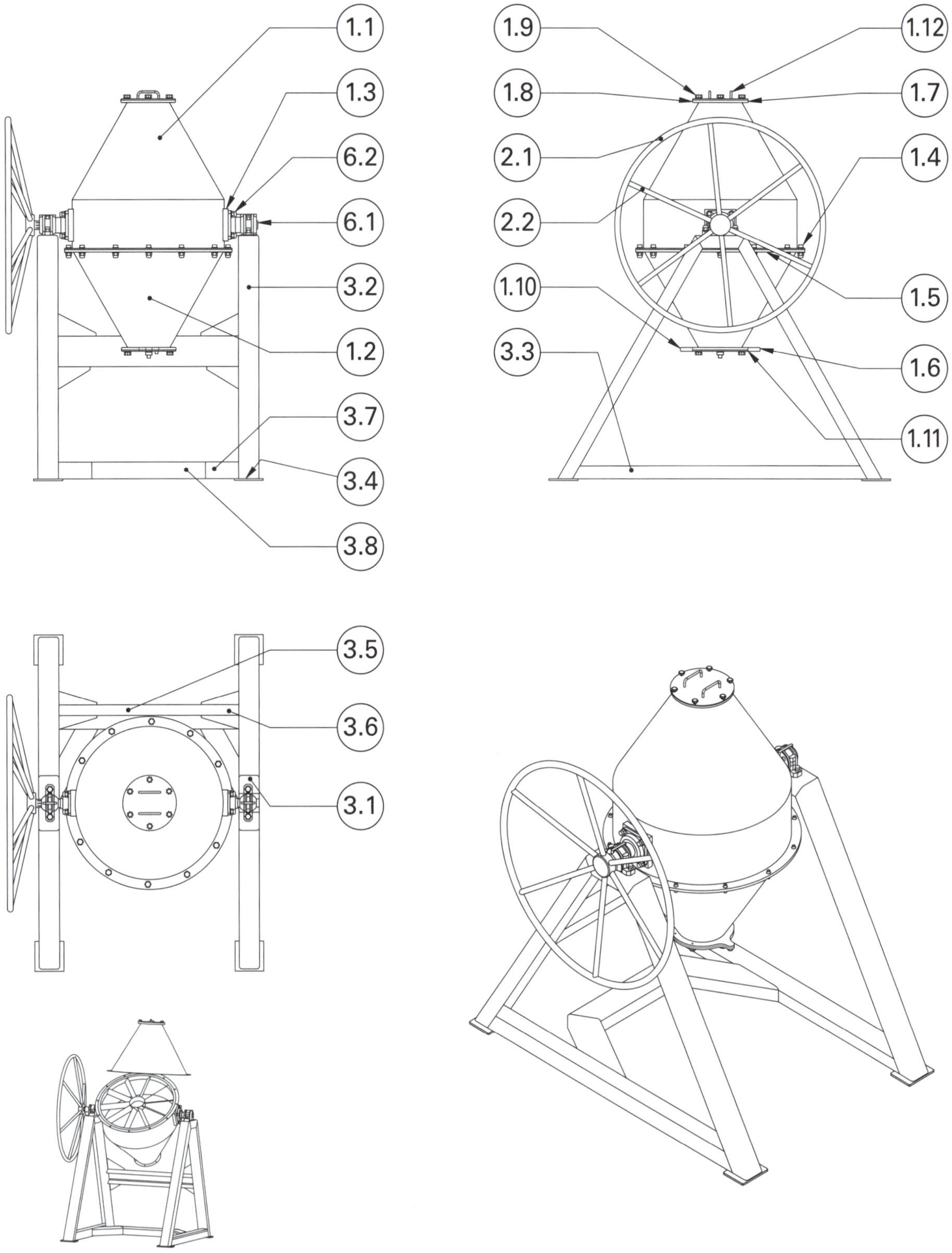

Schule	Erstellt durch	Titel, zusätzlicher Titel	Dokumentenart	
		Rotationsmischer, Ansichten (ohne Antriebseinheit)		
Klasse	Ausgabedatum		Zeichnungsnummer	Blatt

Baugruppe 2 - Handrad

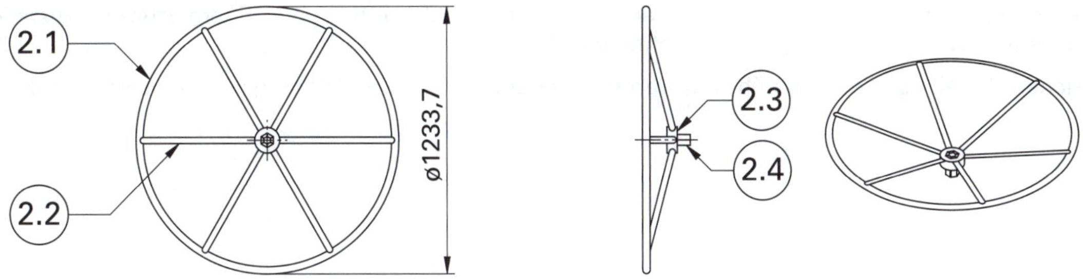

Baugruppe 3 - Tragrahmen

M 1:20

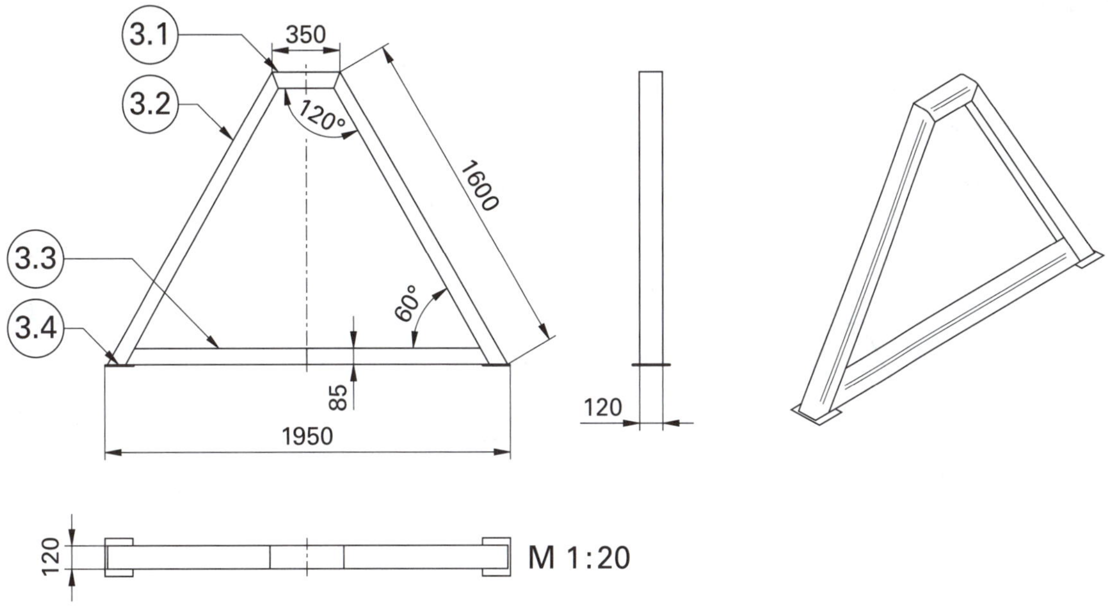

Baugruppe 5 - Homogenisierer

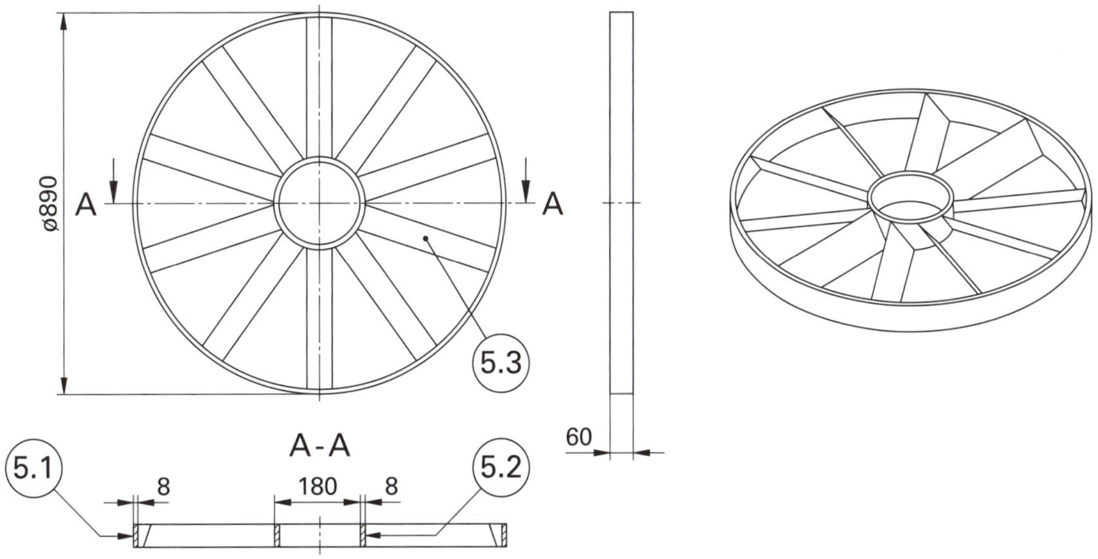

Schule	Erstellt durch	Titel, zusätzlicher Titel	Dokumentenart	
		Rotationsmischer, Baugruppen		
Klasse	Ausgabedatum		Zeichnungsnummer	Blatt

Name:

Klasse: Datum: Blatt-Nr.: 80

Planen

7. Bei der Baugruppe 3 – Tragrahmen ist geplant, die Positionen 3.1 und 3.2 aus einem Stück herzustellen. Dazu müssen zwei Ausklinkungen vorgesehen werden.

a) Welchen Vorteil hat diese Ausführungsvariante gegenüber einer vollständig verschweißten Verbindung?

b) Begründen Sie mithilfe ihrer bisherigen Erkenntnisse, warum im Wurzelbereich der Ausklinkung ein Maß *a* eingeplant werden muss!

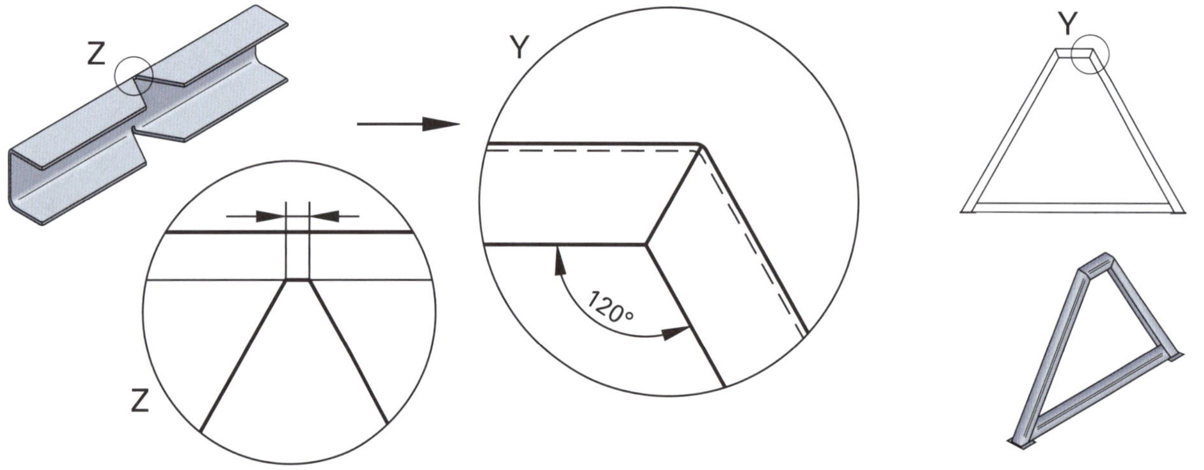

c) Ermitteln Sie den Gehrungswinkel α und das Maß *a* für die Positionen 3.1 und 3.2 der Baugruppe 3 – Tragrahmen!

Geg.:

Ges.:

Lösung:

d) Zeichnen Sie eine Ausklinkung in die nachfolgende Darstellung des Profils des Tragrahmens ein!

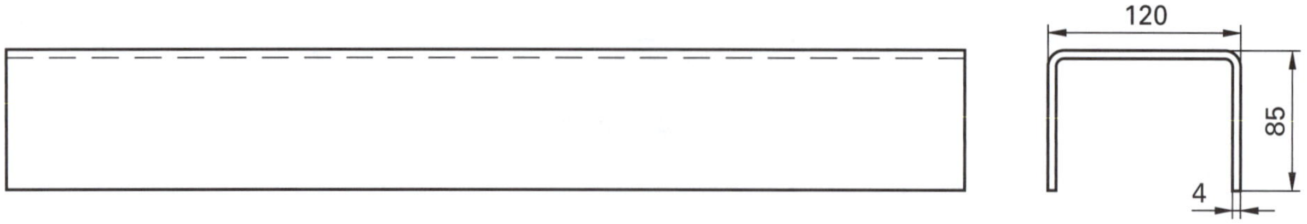

8. Ermitteln Sie für die Positionen Nr. 5.1 und 5.2 der Baugruppe 5 – Homogenisierer die erforderlichen Mindest-Zuschnittlängen!

Geg.:

Ges.:

Lösung:

Durchführen

9. Sie benötigen für die Herstellung der Umformteile des Rotationsmischers verschiedene Biegemaschinen.

a) Benennen Sie mithilfe ihrer Unterlagen nochmals die abgebildeten Biegemaschinen.

b) Überlegen Sie sich, welche der unten dargestellten Maschinen Sie zur Herstellung der Positionen der Baugruppen 3 – Tragrahmen und 5 – Homogenisierer verwenden könnten.

Abbildung Biegemaschine	Benennung	Zuordnung Positions-nummern	Abbildung Biegemaschine	Benennung	Zuordnung Positions-nummern
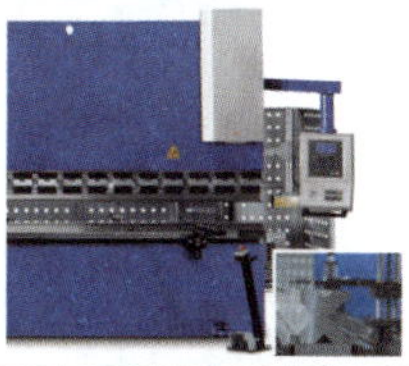					
			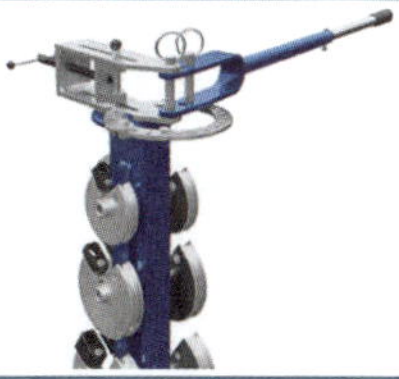		
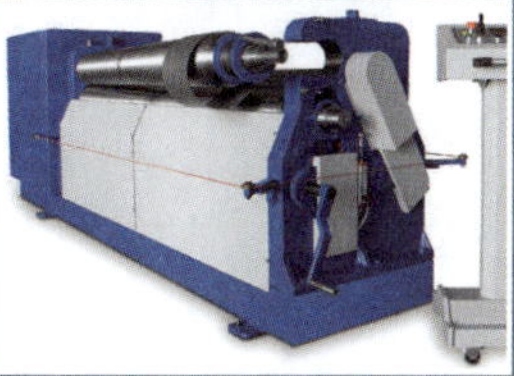			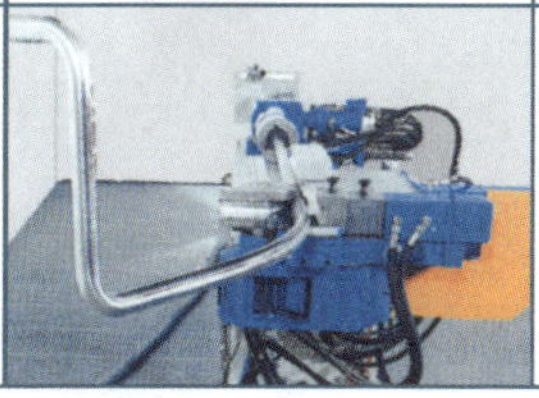		

Name:

Klasse:	Datum:	Blatt-Nr.: 82

7. Sie entscheiden sich, die Position 5.2 mithilfe der abgebildeten Handbiegemaschine anzufertigen. Dazu ist geplant, zwei Halbschalen zu biegen und diese im Anschluss zu verschweißen.

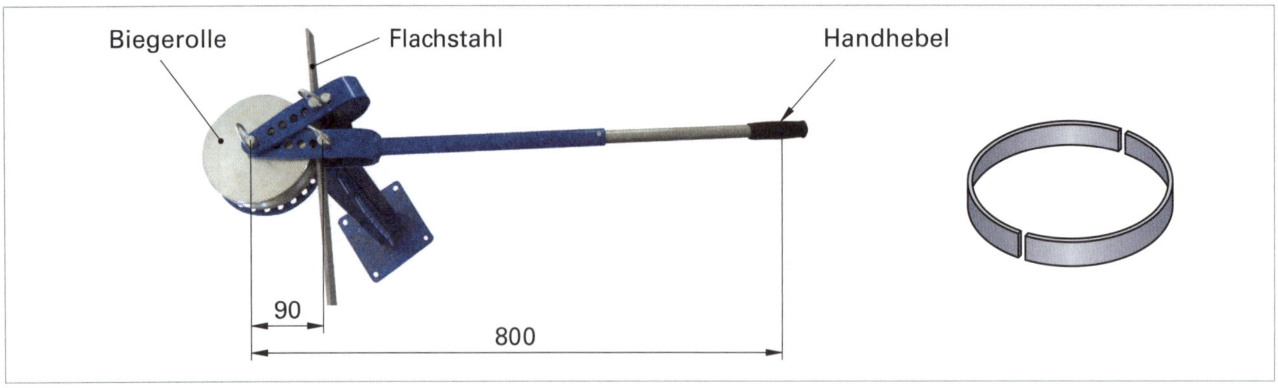

a) Wägen Sie die Vor- und Nachteile dieser Herstellungsvariante ab und nennen Sie gegebenenfalls mögliche alternative Fertigungsmöglichkeiten.

Vorteil:

Nachteil:

Alternativen:

b) Berechnen Sie die notwendige Umformkraft (Handkraft), welche Sie aufbringen müssen, um die Halbschalen auf der oben abgebildeten Handbiegemaschine umformen zu können (Pos. 5.2; $R_e = 210\ \text{N/mm}^2$) .

Geg.:

Ges.:

Lösung:

Kontrollieren

11. Sie stellen bei der Herstellung der Position 5.2 fest, dass Sie den Handhebel der Biegemaschine nur mit aller Mühe bewegen können.

a) Welche Ursachen könnten hierfür verantwortlich sein und
b) welche Möglichkeiten können hier Abhilfe schaffen?

a) ____________________

b) ____________________

12. Bei der Fertigung der Baugruppen des Rotationsmischers (z. B. Baugruppe 1 – Mischtrommel, Baugruppe 5 – Homogenisierer) muss der Korrosionsschutz sichergestellt werden.

a) Wodurch wird der Korrosionsschutz prinzipiell beeinflusst?

b) Informieren Sie sich über die Möglichkeiten der zerstörungsfreien Werkstoffprüfung, welche zum Einsatz kommen, um die vorgeschriebenen Ansprüche an Qualität und Korrosionsschutz sicher zu stellen.

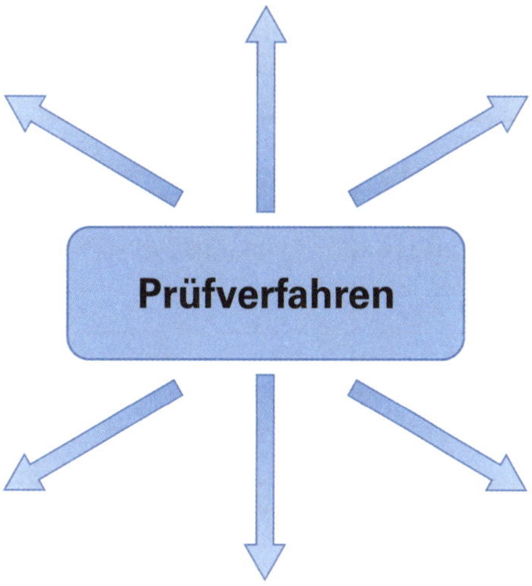

13. Diskutieren Sie, welche Verfahren Sie hier verwenden würden. Begründen Sie ihre Entscheidung!

Auftrag

Die Schulkonferenz hat zur Verbesserung der Ausstattung ihrer Schule beschlossen, den Eingangsbereich mit robusten Sitzbänken auszustatten. Die Bänke sollen gut aussehen und wenig Pflege erfordern.

Das Gestell soll aus einer einzigen Metallprofilart gefertigt werden. Für die Sitzfläche und Lehne werden Buchenholzauflagen verwendet.

Informieren

1. Informieren Sie sich über die Vor- und Nachteile von metallischen Werkstoffen, welche für den Bau des Bankrahmens verwendet werden könnten!

Werkstoff			
Typische Bezeichnungen			
Vorteile			
Nachteile			

2. Für den Rahmen wird als Werkstoff Edelstahl gewählt. Welche Gründe sprechen für diese Wahl?

3. Worin besteht der Unterschied zwischen Edelstahlsorten mit der immer noch üblichen Werkstoffnummer 1.4301 und 1.4401?

4. Informieren Sie sich über die für den Rahmen der Bank in Frage kommenden Profilquerschnitte.

a) Benennen Sie die in nachfolgender Tabelle abgebildeten Profilquerschnitte und geben Sie deren Normbezeichnung an!

b) Wählen Sie für den Rahmen einen passenden Profilquerschnitt aus und begründen Sie ihre Entscheidung!

a) Mögliche Profilquerschnitte

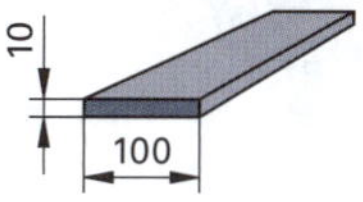

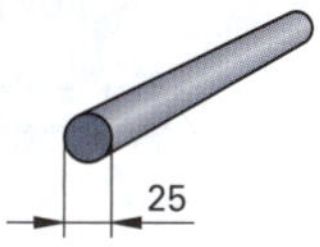

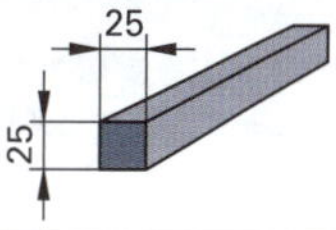

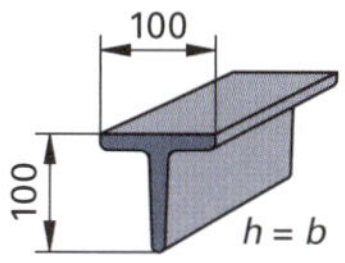

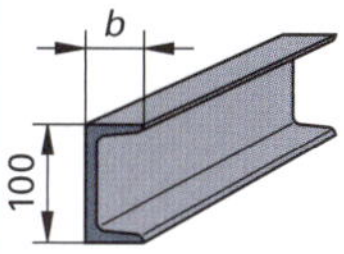

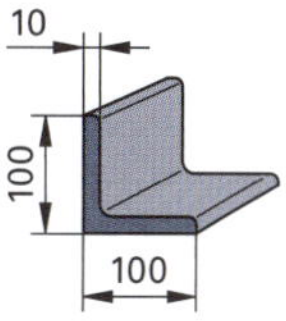

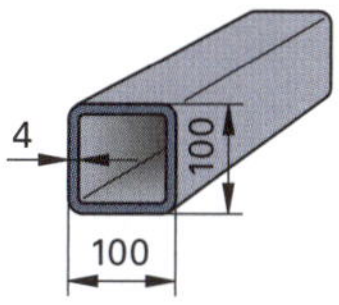

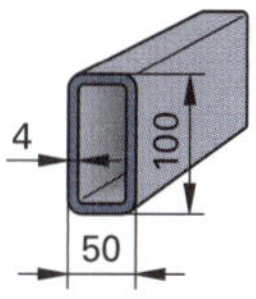

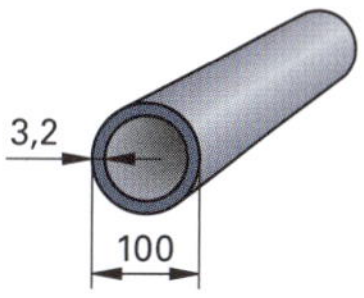

b) Profilauswahl

5. Für die Sitzbank wurde ein 40 mm breites Quadratrohr aus Edelstahl mit einer Wandstärke von 2,0 mm gewählt. Das Rohr soll bereits vorgeschliffen geliefert werden. Geben Sie die für die Bestellung notwendigen Daten an!

6. Welches sind die üblichen Lieferlängen für Halbzeuge aus Stahl und Edelstahl?

Name:		
Klasse:	Datum:	Blatt-Nr.: 86

7. Hohlprofile werden entweder gezogen oder verschweißt. Beschreiben Sie die beiden Herstellungsprozesse und nennen Sie deren Vor- und Nachteile!

Gezogene Hohlprofile	Geschweißte Hohlprofile

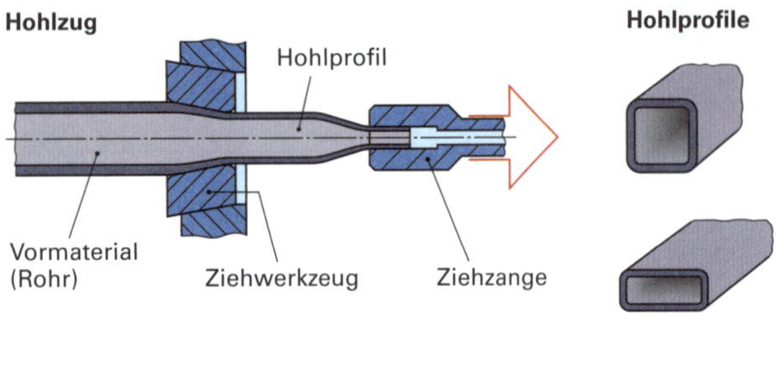

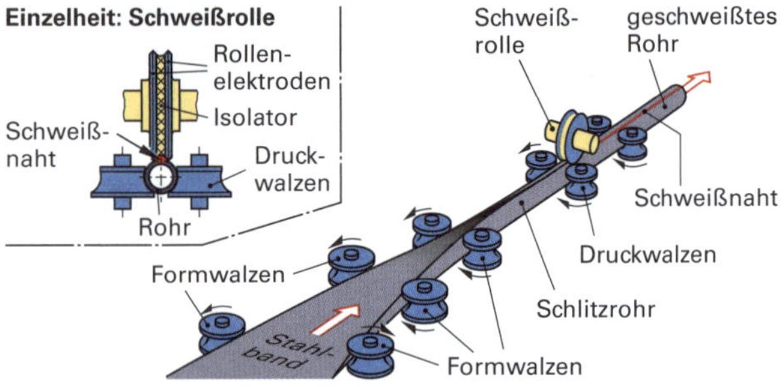

Eigenschaften/Herstellung	

Vorteile	

Nachteile	

8. Der erste Schritt in der Fertigung ist der Zuschnitt der Profile. Hierfür sind Zuschnittlisten (Sägelisten) vorteilhaft.

a) Welche Aufgabe haben diese Listen?

b) Welche Angaben enthalten diese Listen?

b) Welchen Vorteil haben diese Listen?

Lernfeld **Herstellen von Konstruktionen aus Profilen** Auftrag Sitzbank	Name:		
	Klasse:	Datum:	Blatt-Nr.: 87

Planen

9. Konstruieren Sie die Seitenansicht der Bank ohne Holzauflage und Anschweißdeckel.
Achten Sie auf eine sinnvolle Blatteinteilung! Bemaßen Sie fertigungsgerecht!

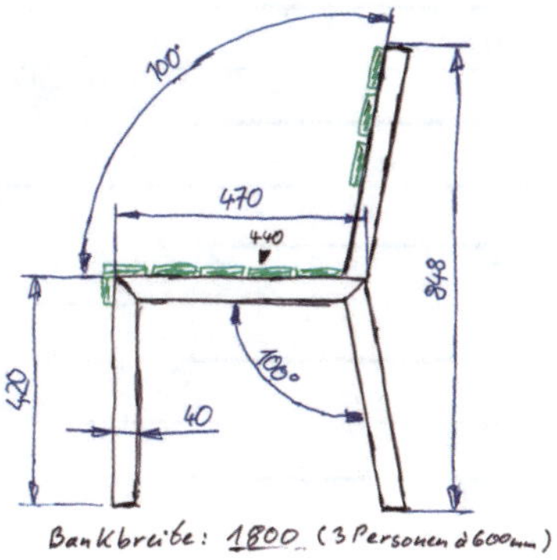

Entwurfsskizze

M 1:5

Schule	Erstellt durch	Titel, zusätzlicher Titel	Dokumentenart	
		Sitzbank		
Klasse	Ausgabedatum		Zeichnungsnummer	Blatt

10. Berechnen Sie die erforderlichen Zuschnittlängen und Winkel. Vervollständigen Sie im Anschluss die Zuschnittliste! Entnehmen Sie die fehlenden Maße der Zeichnung.

Pos.	Benennung	Norm-Kurzbezeichnung	Zuschnittlänge in mm	Zuschnittwinkel (links – rechts)
1	Lehne	Edelstahl Hohlprofil 40 × 40 × 2,0 – DIN EN 10088 X5CrNi18-10 (1.4301), geschiffen, Korn 240		
2	Auflage		470	
3	Fuß, vorne			90° 45°
4	Fuß, hinten			
5	Querstrebe			

Position 1:

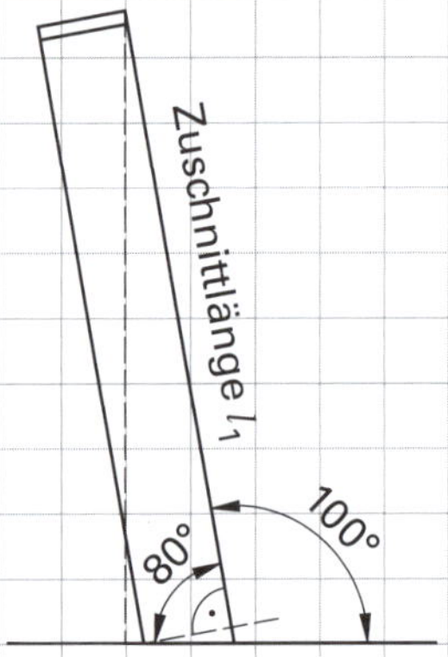

Geg.:

Ges.:

Lösung:

Position 4:

Geg.:

Ges.:

Lösung:

Position 5:

Durchführen

11. Für den Zuschnitt der Profile stehen Ihnen verschiedene Werkzeuge und Maschinen zur Verfügung. Welche Trennverfahren können mit den abgebildeten Maschinen realisiert werden?

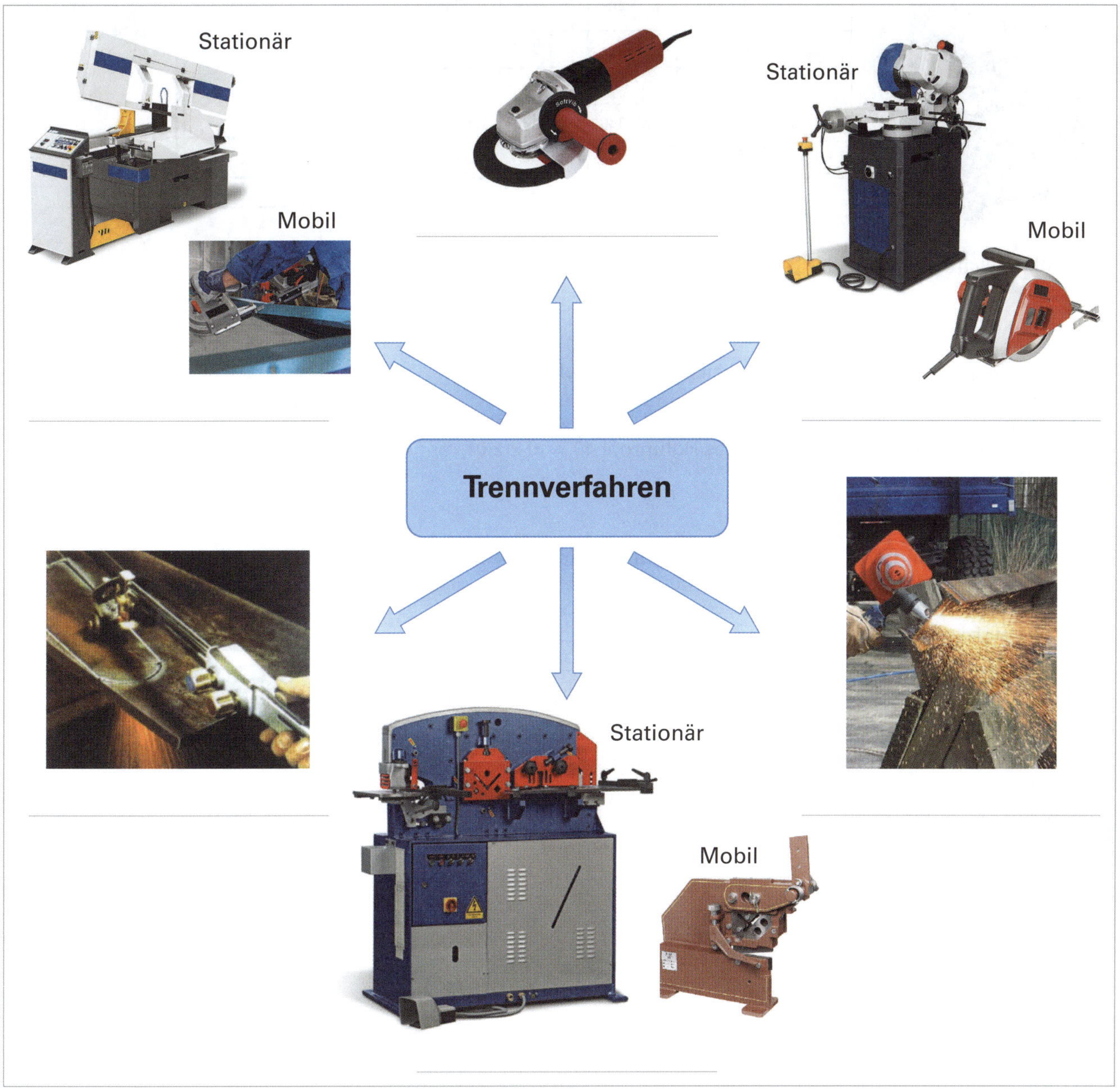

12. Für den Zuschnitt soll eine Metallbandsäge verwendet werden. Beurteilen Sie diese Entscheidung!

13. Welche Vor- und Nachteile hätte der Einsatz einer stationären Kreissäge beim Trennen der Hohlprofile?

14. Für den Zuschnitt wird die Metallbandsäge Typ MBS 240 verwendet. Entnehmen Sie aus der abgebildeten Tabelle die technischen Daten dieser Säge.

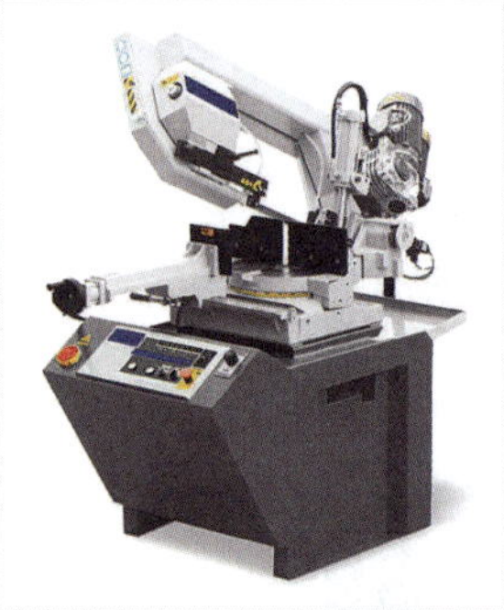

Schnittkapazitäten

mm	0°	45°	60°	45°
◎	240	180	110	190
○	150*	110*	80*	110*
▭ a x b	280 x 240	180 x 160	110 x 120	190 x 170
▯ a x b	280 x 240	170 x 240	100 x 240	150 x 240

*empfohlene Werte bei Vollmaterial

Skizze Schwenkbereich:

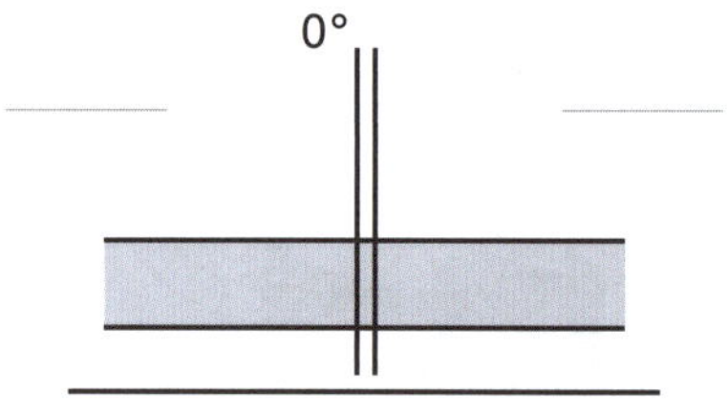

Schwenkbereich Sägearm: ______________

Schnittkapazität Quadratrohr:

0°: ______________ 45°: ______________ 60°: ______________

15. An der Säge sind zwei Geschwindigkeitsstufen einstellbar.
Stufe 1: 30 m/min
Stufe 2: 75 m/min
Wählen Sie die geeignete Stufe für das Hohlprofil 40 × 40 × 2,0!

____

16. Für die Metallbandsäge Typ MBS 240 werden die drei nachfolgenden Sägebänder angeboten. Wählen Sie ein geeignetes Band für das Hohlprofil 40 × 40 × 2,0 aus!

Bi-Metallsägebänder M 42 3000 x 27 x 0,9 mm -
passend für METALLKRAFT® Metallbandsäge MBS 232 G, MBS 332 G, MBS 332 DG

Modell	Bi-Metallsägeband M 42 3000 x 27 x 0,9 mm/Z 5-8	Bi-Metallsägeband M 42 3000 x 27 x 0,9 mm/Z 6-10	Bi-Metallsägeband M 42 3000 x 27 x 0,9 mm/Z 10-14
Artikel-Nr.	361 2308	361 2310	361 2314
EUR zzgl. MwSt	**31,00**	**31,00**	**31,00**
EUR inkl.. 19 % MwSt	**36,89**	**36,89**	**36,89**

Auswahl:

Artikel Nr.: ______________

17. Begründen Sie Ihre Auswahl mithilfe der Zahnteilung!

____

____

18. Was versteht man unter einem „Bi-Metallsägeband M42“?

____

____

19. Welche Bedeutung hat die Angabe 3000 × 27 × 0,9 mm in der Tabelle?

____

20. Welchen Vorteil hat eine variable Zahnteilung?

____

____

21. Welche Folgen könnte die Auswahl einer zu großen Zahnteilung haben?

____

22. Für die Vor- und Nachbereitung von Schweißnähten werden häufig Winkelschleifer verwendet. Hierfür stehen Ihnen verschiedene Werkzeuge zur Verfügung. Ordnen Sie den Abbildungen die Fachbegriffe zu: Rundbürste, Schwabbelscheibe, Fächerscheibe, Topfbürste, Topfscheibe und Schruppscheibe.

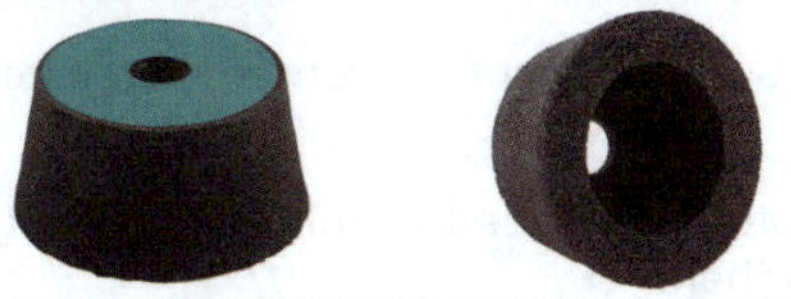	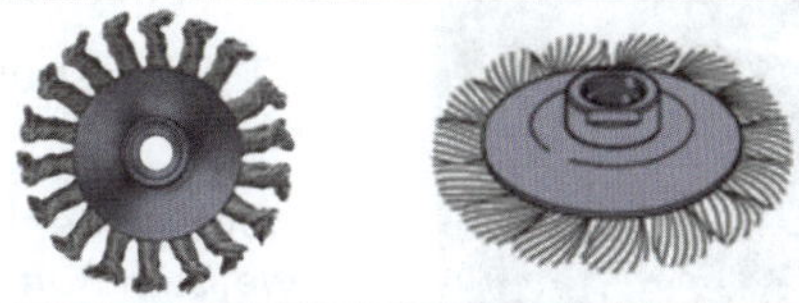	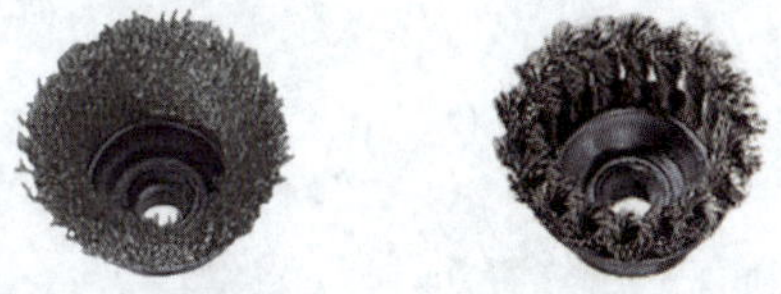
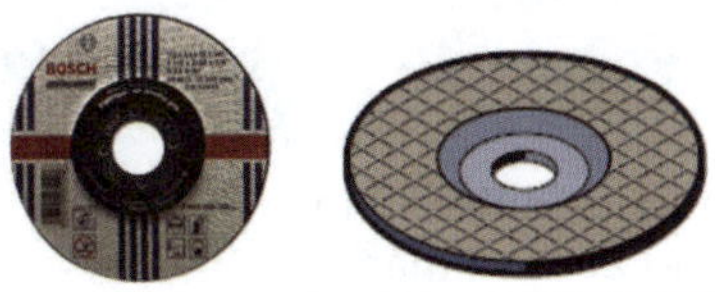	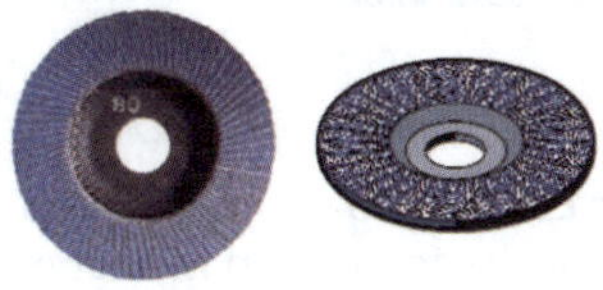	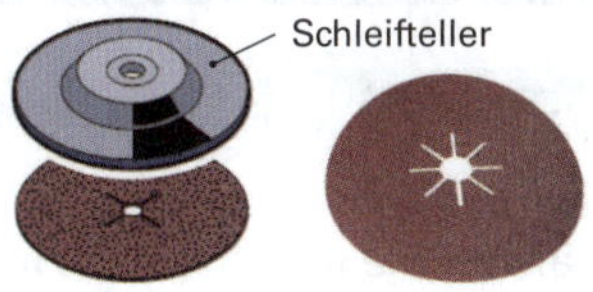

23. Was müssen Sie bei der Auswahl geeigneter Schleifmittel für Edelstahl beachten?

24. Welche der abgebildeten Werkzeuge würden Sie für die Vor- und Nachbereitung der Edelstahlrohre verwenden?

Kontrollieren

25. Am Ende der Fertigung sollte stets eine letzte Maßkontrolle erfolgen. Vervollständigen Sie das folgende Prüfprotokoll mithilfe der Werte ihrer Zeichnung im Abschnitt „Planen“. Beurteilen Sie das Arbeitsergebnis.

Nr.	Benennung	Sollmaße	Grenzabmaße inkl. Höchst- und Mindestmaße	Istmaße	Gut	Ausschuss	Nacharbeit
Längenmaße, Toleranzklasse c – DIN ISO 2768-01							
1	Banklänge			1802			
2	Gesamte Bankhöhe			850			
3	Höhe Sitzfläche			423			
Winkelmaße, Toleranzklasse v – DIN ISO 2768-01							
4	Fuß vorne – Sitzfläche			88°			
5	Fuß hinten – Sitzfläche			99°			
6	Lehne – Sitzfläche			101°			

Auftrag

Ein Architekt möchte eine exklusive Sitzgruppe aus Edelstahl in einer frei schwingenden Ausführung umsetzen.

Die Tragkonstruktion soll aus Rundrohren hergestellt werden.

Die Sitzschale besteht aus Vierkantrohren mit eingeschweißten Rundstäben.

Der Abstand der Rundstäbe ist dabei so zu wählen, dass diese beim Sitzen nicht drücken.

Informieren

1. Informieren Sie sich über den Aufbau der Edelstahlbank mithilfe der nachfolgenden Zeichnungen. Ergänzen Sie im Anschluss in der Stückliste die fehlenden Mengenangaben und Zuschnittlängen.

Nr.	Menge	Benennung	Sachnummer/Norm-Kurzbezeichnung	Werkstoff	Masse *m* in kg/Stück
		Tragrahmen aus Rundrohren			
1	______	Rahmenrohre, quer	Rohr ISO 1127 – 42,4 × 2,0 – ______	X5CrNi18-10	4,73
2	______	Rahmenrohre, längs	Rohr ISO 1127 – 42,4 × 2,0 – ______	X5CrNi18-10	1,41
3	______	Rahmenrohre, vertikal	Rohr ISO 1127 – 42,4 × 2,0 – ______	X5CrNi18-10	1,21
4	______	Anschweißbögen	Rohr ISO 1127 – 42,4 × 2,0	X5CrNi18-10	0,20
		Sitzschale			
5	______	Querrahmen, unten	Hohlprofil DIN EN 10088 – 40 × 20 × 2,0 – ______	X5CrNi18-10	2,24
6	______	Längsrahmen, unten	Hohlprofil DIN EN 10088 – 40 × 20 × 2,0 – ______	X5CrNi18-10	1,14
7	______	Lehne, Querrahmen	Hohlprofil DIN EN 10088 – 40 × 20 × 2,0 – ______	X5CrNi18-10	2,24
8	______	Lehne, links	Hohlprofil DIN EN 10088 – 40 × 20 × 2,0 – ______	X5CrNi18-10	1,09
9	______	Lehne, rechts	Hohlprofil DIN EN 10088 – 40 × 20 × 2,0 – ______	X5CrNi18-10	1,09
10	______	Füllstäbe	Hohlprofil DIN EN 10088 – Rd 12 – ______	X5CrNi18-10	1,01

Planen

2. Der Architekt möchte wissen, wie schwer die Bank werden wird. Berechnen Sie hierfür die Gesamtmasse *m* einer Bank in kg!

Geg.:

Ges.:

Lösung:

Tragrahmen:

Sitzschale:

Gesamtmasse:

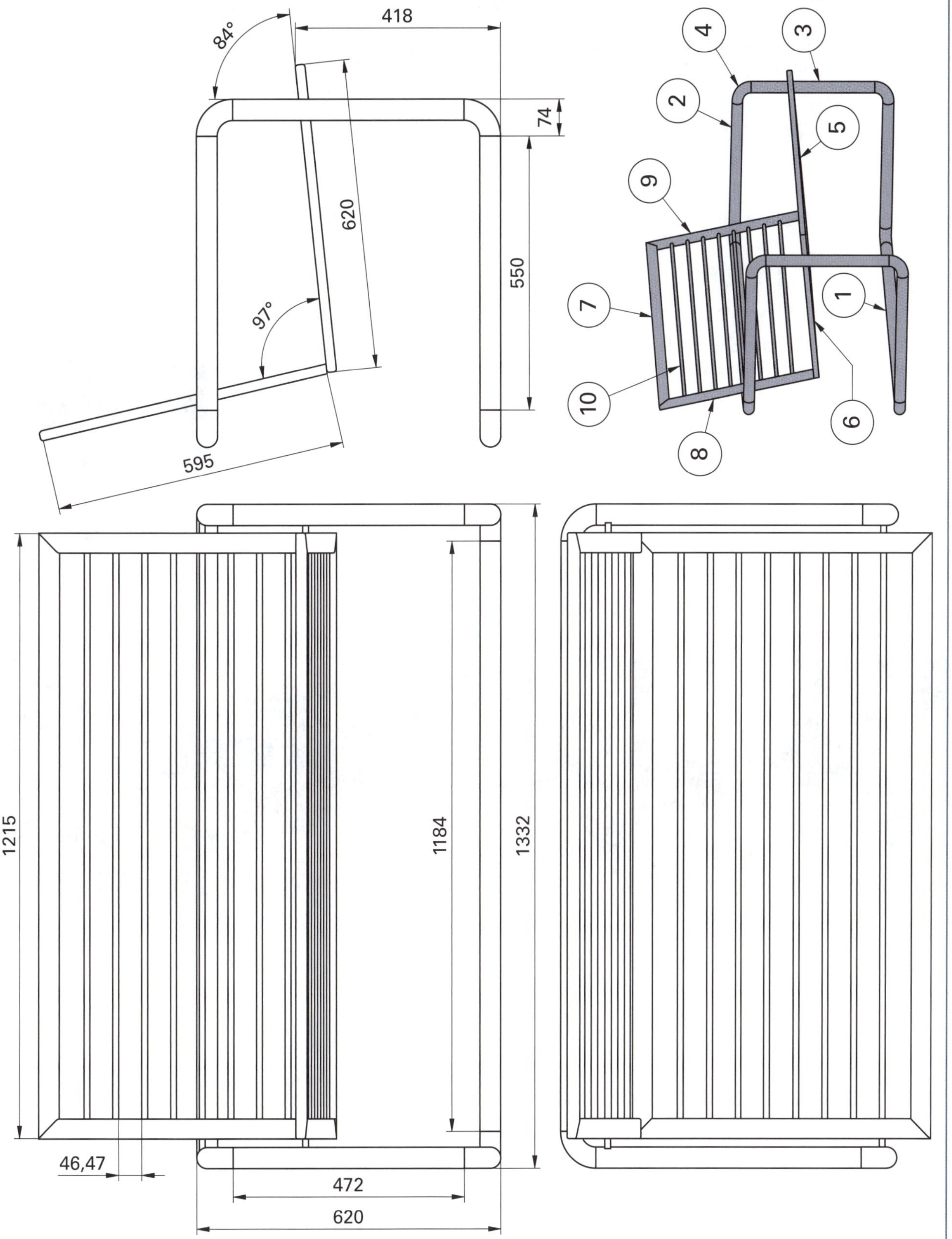

Schule	Erstellt durch	Titel, zusätzlicher Titel	Dokumentenart	
		Edelstahlbank		
Klasse	Ausgabedatum		Zeichnungsnummer	Blatt

Durchführen

3. Vor dem Verschweißen der Edelstahlprofile muss eine Schweißnahtvorbereitung erfolgen. Ermitteln Sie die für die Profile erforderliche Fugenform.

Skizze:

4. Nennen Sie Möglichkeiten, die geforderte Fugenform an den Edelstahlprofilen herzustellen!

5. Was müssen Sie hinsichtlich der Oberfläche im Bereich der Schweißnaht vor dem Verschweißen der Edelstahlprofile noch beachten?

6. Ihnen stehen die unten abgebildeten Schweißverfahren zum Fügen der Edelstahlbankprofile zur Verfügung.

a) Benennen Sie die Schweißverfahren inkl. ihrer Ordnungsnummer.

b) Beurteilen Sie die Verfahren hinsichtlich ihrer Eignung für das Verschweißen der Edelstahlprofile.

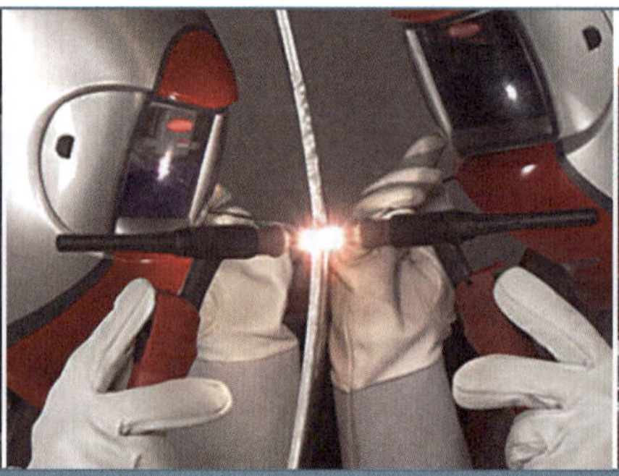

a) Schweißverfahren und ihre Ordnungsnummer		

b) Beurteilung der Eignung zum Schweißen der Edelstahlprofile		

7. Die Edelstahlbank soll verschweißt werden. Dafür soll das abgebildete WIG-Schweißgerät verwendet werden. Auf der Rückseite des Inverters befindet sich das abgebildete Typenschild. Erläutern Sie die nummerierten Angaben!

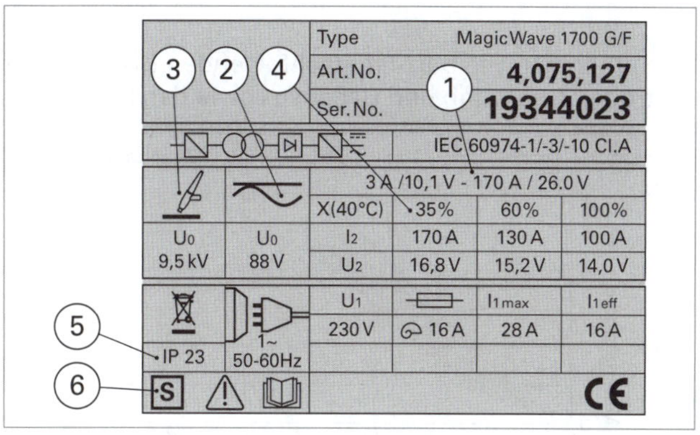

Nr.	Beschreibung
1	
2	
3	
4	
5	
6	

8. Sie lesen weiterhin auf ihrem Schweißgerät die Abkürzung „TIG". Welche Bedeutung hat diese Abkürzung?

9. Welche Schutzgase sind für das WIG-Schweißen geeignet?

10. Worin unterscheiden sich Helium und Argon als Schutzgas?

11. Warum ist Metall-Aktivgas-Schweißen für das Verschweißen der Edelstahlprofile nicht geeignet?

12. Welche Stromstärke sollte beim Verschweißen der Hohlprofile am WIG-Schweißinverter voreingestellt werden? Nennen Sie die Faustformel!

13. Entnehmen Sie aus den nachfolgenden Diagrammen die erforderlichen Größen für den Durchmesser von Elektrode, Zusatzstab und Gasdüse sowie den Schutzgasverbrauch (zum Verschweißen der Edelstahlprofile)!

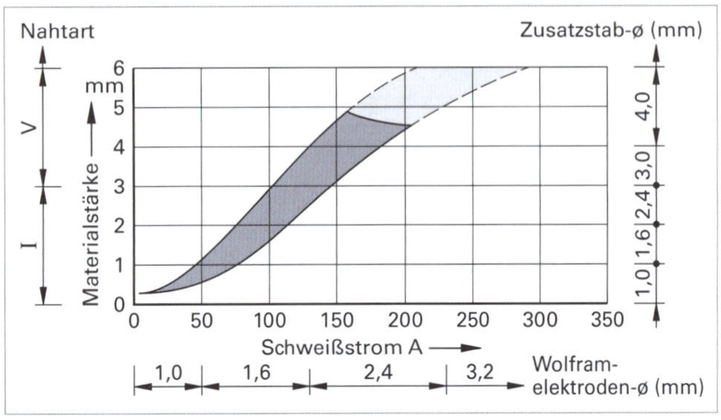

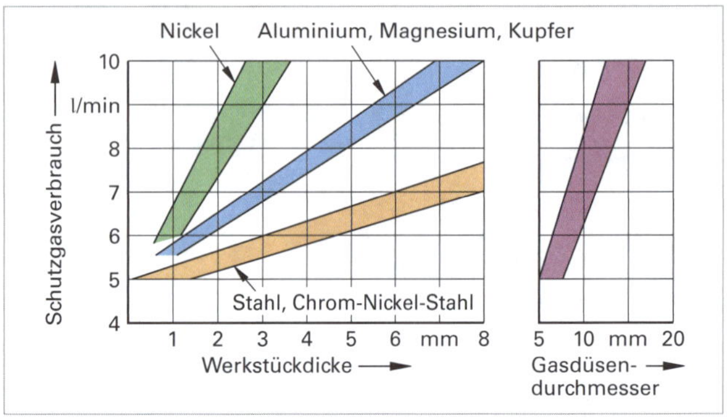

Durchmesser Elektrode:		**Gasdüsendurchmesser**	
Durchmesser Zusatzstab:		**Schutzgasverbrauch**	

14. Welches Gerät ist abgebildet und welche Funktion hat es beim Verschweißen der Edelstahlprofile?

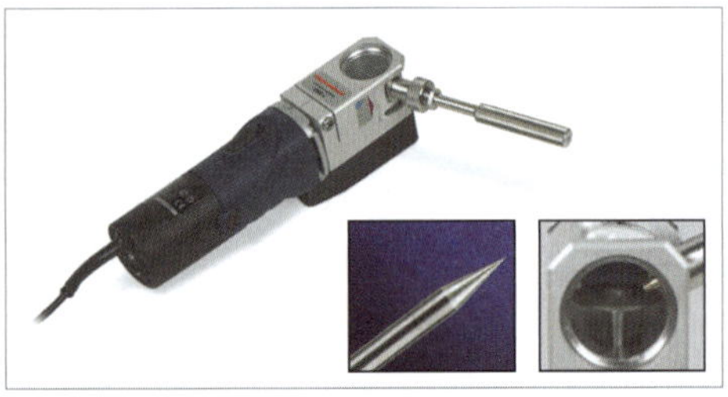

15. Worauf ist beim Anschleifen von Wolframelektroden per Hand besonders zu achten?

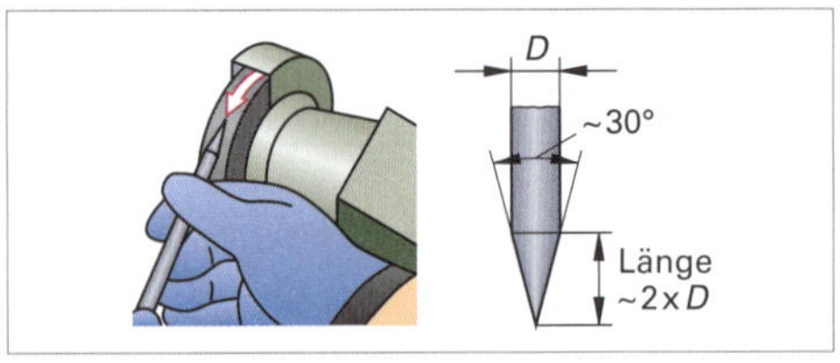

16. Worauf ist beim Umgang mit thoriumhaltigen Wolframelektroden zu achten?

17. Warum werden beim WIG-Schweißen häufig Automatik-Schweißschutzhelme als Augenschutz eingesetzt?

18. Welche Bedeutung haben die zwei Einstellmöglichkeiten am abgebildeten automatischen Schweißfilter eines Schweißhelms?

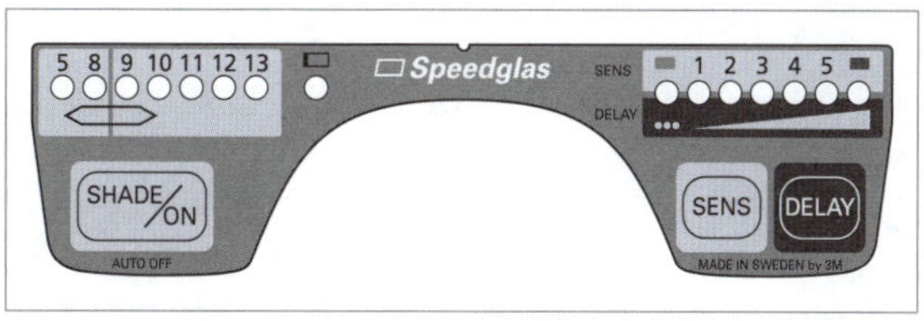

19. Ermitteln Sie die erforderliche Schweißschutzfilterklasse zum Schweißen des Bankrahmens!

20. Bevor man mit dem eigentlichen Verschweißen beginnt, sollte man sich die prinzipiellen Vorgänge beim Schweißen im Werkstoff verdeutlichen.

a) Erklären Sie, wie es aufgrund der Wärmeeinflusszone zu einer Schrumpfung im Bereich der Schweißnaht kommt.

Wärmeeinflusszone	Erklärung
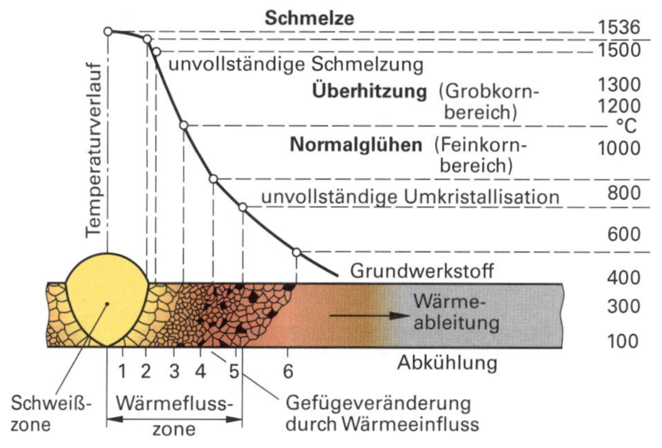	

b) Benennen Sie die möglichen Schrumpfrichtungen.

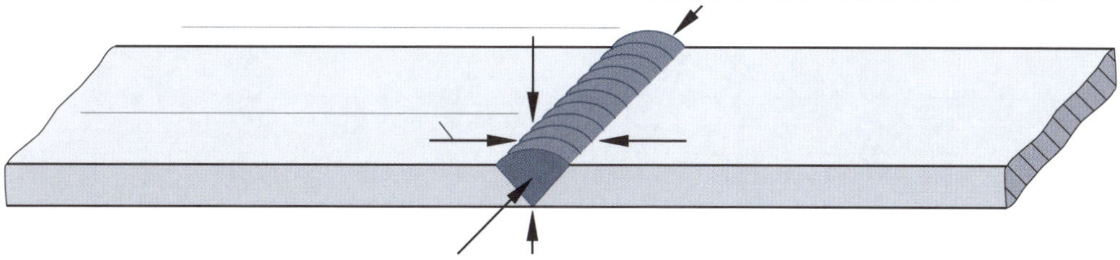

21. Häufig kommt es durch Schrumpfungen im Werkstoff zum Verzug am Werkstück.

a) Welche Schrumpfung ist hierfür maßgeblich und welche Folge hat sie?

b) Skizzieren Sie die Auswirkung dieser Schrumpfung.

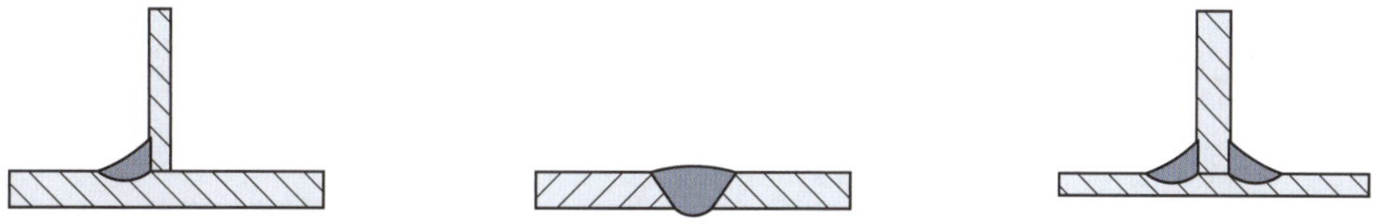

22. Ein Mitschüler möchte den Verzug verhindern, indem er das Werkstück (Sitzschale) mit mehreren Schraubzwingen während des Schweißens fest verspannt. Beurteilen Sie diese Maßnahme besonders in Hinblick auf die Verarbeitung von Edelstahl.

23. Welche Nähte führen beim Rahmen zum größten Verzug? Nennen Sie den Grund.

24. Wie erreichen Sie, dass beim Verschweißen des offenen Rahmens der Sitzschale der gewünschte Winkel eingehalten wird?

25. Beim Verschweißen des Rahmes müssen einige Regeln beachtet werden. Geben Sie jeweils eine Begründung für die folgenden Schweißregeln an.

a) Möglichst die Kehlnähte zum Schluss verschweißen.
b) Rahmenecken „über Kreuz", d. h. diagonal verschweißen.
c) Im Wärmekreis schweißen, d. h. immer so schweißen, dass sich die Konstruktion gleichmäßig erwärmt.
d) Ohne Unterbrechung schweißen, d. h. keine großen Pausen einlegen.
e) Zur Spitze hin schweißen, d. h. soweit möglich von der Kehlnaht weg schweißen.

26. Der Rahmen der Sitzschale soll verschweißt werden.

a) Erstellen Sie einen Arbeitsplan für den unteren Teil des Rahmens!

b) Zeichnen Sie die einzelnen Heft- und Schweißschritte in die Skizzen des Rahmenteils mit den zugehörigen Nummern und Schweißrichtungen ein.

Verschweißen des Sitzrahmens

Nr.:	a) Arbeitsplan
1	
2	
3	
4	
5	
6	
7	
8	

b) Skizze

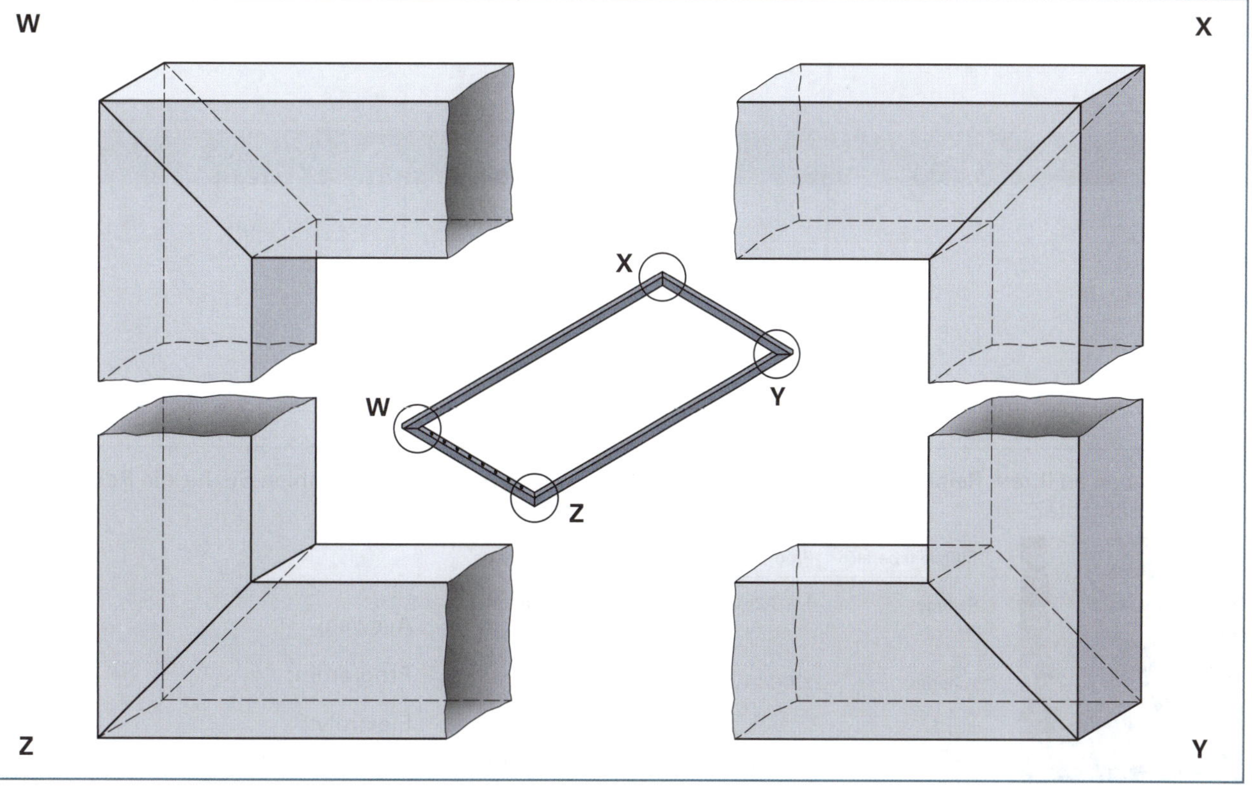

27. Warum müssen die Schweißnähte nach dem Schweißen von Oxidrückständen befreit werden?

28. Für die Reinigung der Schweißnähte stehen Ihnen verschieden Möglichkeiten zur Verfügung.

a) Benennen Sie die abgebildeten Reinigungsverfahren für Edelstahlschweißnähte.

b) Wägen Sie deren Vor- und Nachteile ab!

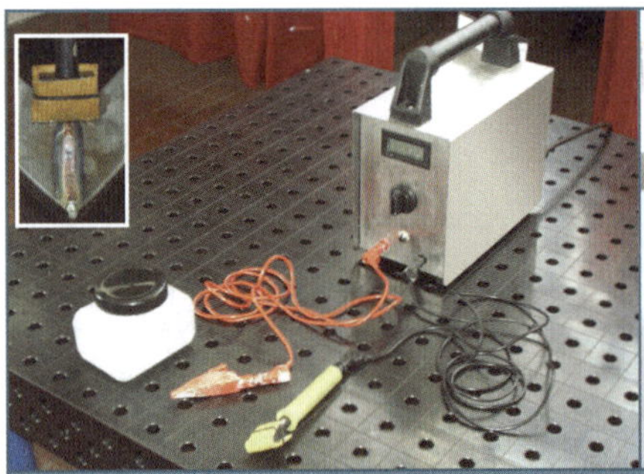

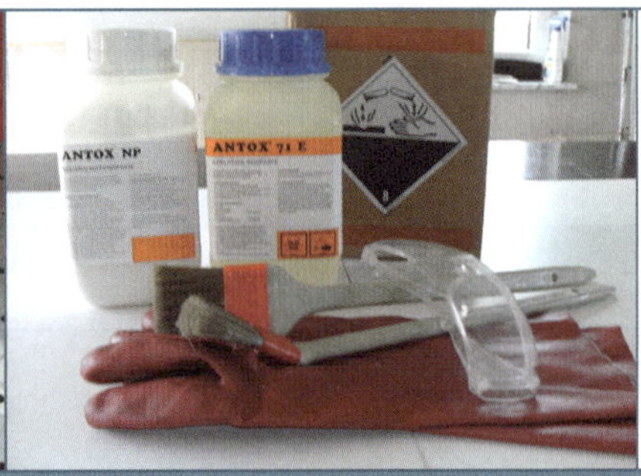

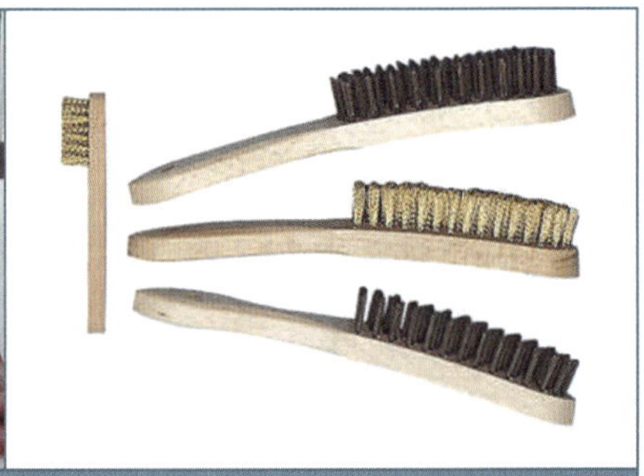

a) Reinigungsverfahren		
b) Vorteile		
b) Nachteile		

29. Sie haben an ihrem Reinigungsgerät drei Einstellungen. Welche Einstellungen wählen Sie für die Reinigung der Schweißnähte?

Tätigkeitsbereich	Programm	Elektrolyt	Tamponage
Reinigen	1/AC 24V	Elektrolyt A	weißer oder gelber Filz
Polieren	2/DC 24V	Elektrolyt C	gelber Filz
Signieren dunkel	3/AC 12V	Elektrolyt ET	weißer Filz

Auswahl

Programm: ______________________

Elektrolyt: ______________________

Kontrollieren

30. Die Schweißnähte an der Edelstahlbank weisen die nachfolgenden Schweißnahtunregelmäßigkeiten auf.

a) Wie werden die abgebildeten Schweißnahtunregelmäßigkeiten bezeichnet?

b) Welche Ursachen können die Unregelmäßigkeiten haben?

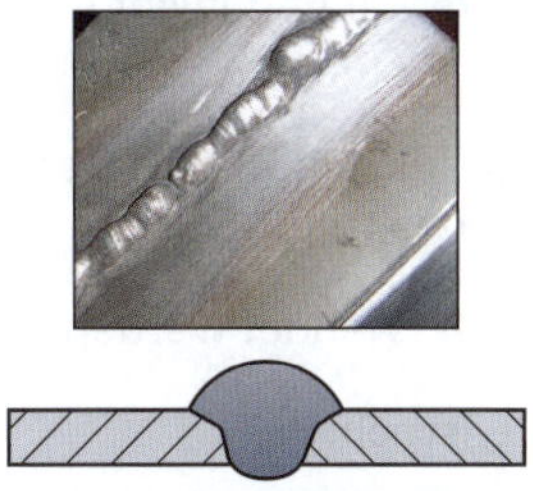	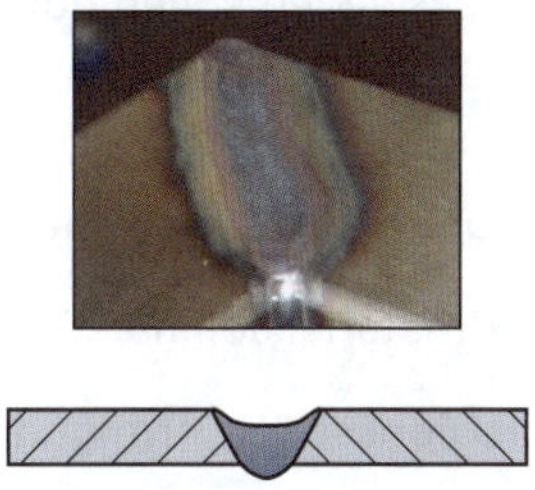	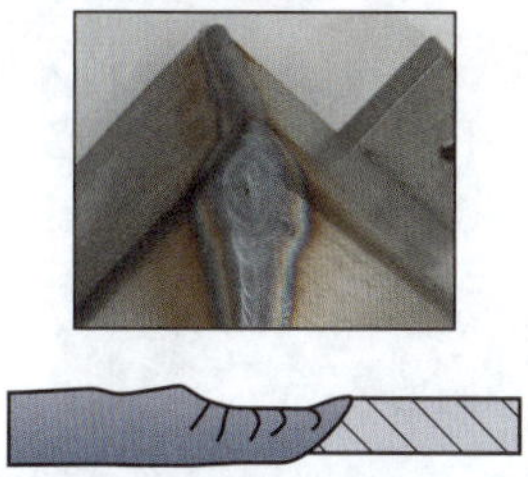
a) Nahtfehler		
b) Ursachen		

31. Am Ende der Fertigung muss wieder eine Maßkontrolle erfolgen. Vervollständigen Sie das folgende Prüfprotokoll mithilfe der Werte der Zeichnung im Abschnitt „Planen". Beurteilen Sie das Arbeitsergebnis (Der Architekt fordert die Allgemeintoleranzen nach DIN EN ISO 13920).

Nr.	Benennung	Sollmaße	Grenzabmaße inkl. Höchst- und Mindestmaße	Istmaße	Gut	Ausschuss	Nacharbeit
Längenmaße, Toleranzklasse A – DIN ISO 13920							
1	Gesamtbreite Bank			1334 mm			
2	Höhe Armlehne			619 mm			
Winkelmaße, Toleranzklasse C – DIN EN ISO 13920							
3	Innenwinkel Sitzschale			96,4°			
4	Winkel zwischen Pos. 2 und Pos. 3			89,5°			
Eiheits- und Parallelitätstoleranz, Toleranzklasse E – DIN EN ISO 13920							
5	Ebenheit Fußraum (Pos. 2 und Pos.1)			2 mm			
6	Parallelität Positionen 3			4 mm			

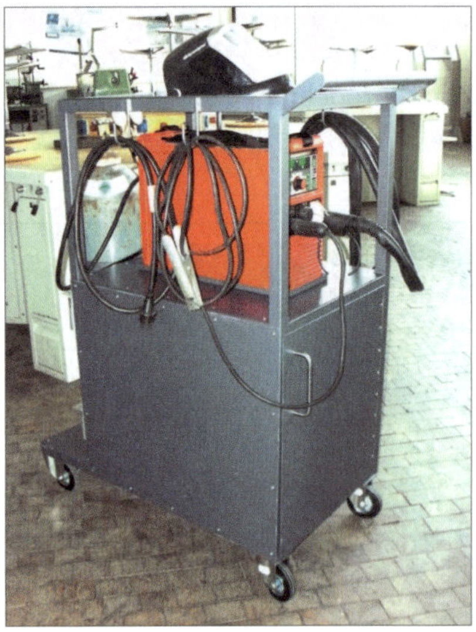

Auftrag

Für eine Lehrwerkstatt sind für den sicheren Transport von WIG – Schweißinvertern und der zugehörigen Schutzgasflasche acht Schweißwagen herzustellen.

Die Schweißwagen sollen durch vier Laufrollen mobil und leicht in der Werkstatt verschiebbar sein.

Weiterhin sollen sie eine Ablage, eine Halterung für den Schweißbrenner sowie Aufnahme für verschiedene Schweißdrähte besitzen.

Als Grundmaterial soll herkömmlicher Baustahl verwendet werden.

Der Korrosionsschutz erfolgt durch einen Lackanstrich.

Informieren

1. Beschreiben Sie die Funktion der gekennzeichneten Bauteile.

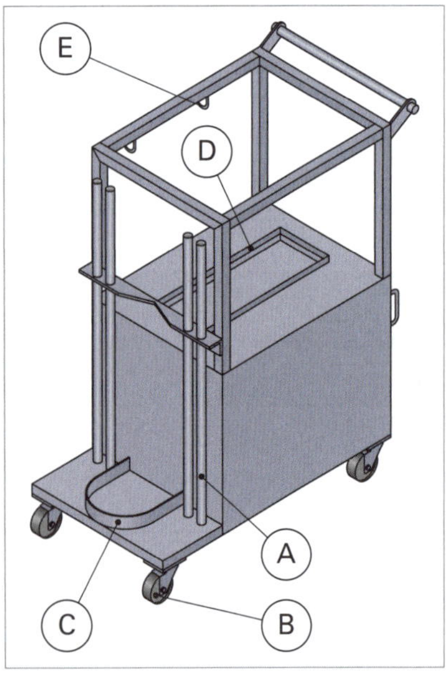

A:

B:

C:

D:

E:

2. Sie wollen die Profile für den Schweißwagen bestellen. Geben Sie hierfür die fachgerechte Normbezeichnung an!

a) Warmgefertigtes quadratisches Rundrohr mit einem Außendurchmesser von 30 mm und einer Wandungsstärke von 2 mm.

b) Flachstahl mit einer Breite von 40 mm und einer Materialstärke von 5 mm.

c) Stahlwinkel mit einer Schenkellänge von 50 mm und einer Materialstärke von 5 mm.

d) Rundrohr aus Edelstahl mit einem Durchmesser von 26,9 mm und einer Wandungsstärke von 2 mm.

3. Erklären Sie die einzelnen Teile der Profilbezeichnung von Position 5: **L DIN EN 10056-1-50 × 50 × 5 – S235JR!**

4. Was versteht man unter „schwarzem" und „weißem" Stahl?

5. Quadratische und rechteckige Hohlprofile aus Stahl sind im Eckenbereich nicht scharfkantig. Erklären Sie, woher die Rundungen an den Profilen stammen.

6. Geben Sie für die zwei nachfolgenden Stahlprofile des Schweißwagens die Eckradien an!

Hohlprofil 30 × 30 × 2: Winkel 50 × 50 × 5:

7. Welchen Einfluss haben die Eckradien bei dem skizzierten Stumpfstoß am Rahmen des Schweißwagens auf die Schweißnahtvorbereitung?

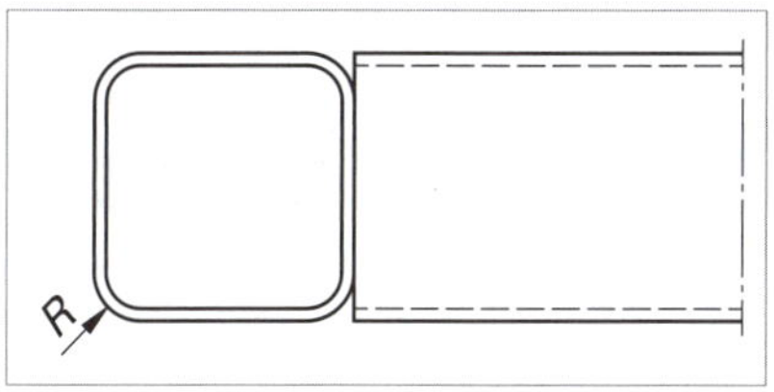

Planen

8. Für Herstellung, Transport und die Preiskalkulation ist die Gesamtmasse des Schweißwagens von Bedeutung.

a) Was wird bei Halbzeugen unter der „längenbezogenen" Masse *m'* verstanden?

b) Wie kann mit der längenbezogenen Masse *m'* die Gesamtmasse einer Konstruktion ermittelt werden?

9. Ermitteln Sie mithilfe von Tabellen für die folgenden Profile die längenbezogene Masse *m'*!

a) L 50 × 50 × 5 – DIN EN 10056-1 – S235JR

b) Rohr 26,9 × 2,0 – DIN EN ISO 1127 – X5CrNi18-10

c) Rd 8 – DIN EN 10060 – S235JR

d) Fl 40 × 5 – DIN EN 10058 – S235JR

10. Vervollständigen Sie den nachfolgenden Auszug aus der Zuschnittliste für den Schweißwagen mithilfe der nachfolgenden Zeichnungen!

Pos.	Menge	Benennung	Norm-Kurzbezeichnung	Zuschnitt-länge in mm	Zuschnittwinkel (links – rechts)
1		Rahmen, vorne	Hohlprofil 30 × 30 × 2 – DIN EN 10210-2		45° – 45°
2	4	Rahmen, quer	Hohlprofil 30 × 30 × 2 – DIN EN 10210-2	500	45° – 45°
3	2	Rahmen, unten	Hohlprofil 30 × 30 × 2 – DIN EN 10210-2		90° – 45°
4		Rahmen, unten	Hohlprofil 30 × 30 × 2 – DIN EN 10210-2	200	90° – 90°
5	2	Rahmen, hinten	Hohlprofil 30 × 30 × 2 – DIN EN 10210-2	970	90° – 45°
6	4	Rahmen, Seiten	Hohlprofil 30 × 30 × 2 – DIN EN 10210-2	585	90° – 90°
7	5	Querstreben	Hohlprofil 30 × 30 × 2 – DIN EN 10210-2		90° – 90°
8	4	Schweißdrahtrohr	Rohr 25 × 2 – DIN EN 755-2 – AlMgSi 0,5	900	90° – 90°
9		Halteplatten Rollen	Flachstahl DIN EN 10058 – Fl 100 × 6	85	90° – 90°
10		Seitenteile Griff	Flachstahl DIN EN 10058 – Fl 40 × 6	120	30° – 90°
11		Haltewinkel Rohre	Winkel DIN EN 10056-1 L 50 × 50 × 5		90° – 90°
12	2	Haken	Rundstahl DIN EN 10060 Rd 8	150	90° – 90°
13		Griffrohr	Rohr DIN EN 10305-126,9 × 2,0	540	90° – 90°

11. Berechnen Sie die Gesamtmasse der acht Schweißwagenrahmen! Verwenden Sie hierfür die obige Zuschnittliste!

Pos.	Menge	Norm-Kurzbezeichnung	Zuschnittlänge in m	Masse *m'* in kg/m	Gesamtmasse *m* in kg
1		Hohlprofil DIN EN 10210-1 – S235JR – 30 × 30 × 2			
2					
3					
4					
5					
6					
7					
				Gesamtmasse für einen Rahmen	
				Gesamtmasse für acht Rahmen	

12. Berechnen Sie den Gesamtverbrauch an Halbzeug für den Rahmen (Pos. 1 – Pos. 7) unter Berücksichtigung eines möglichst geringen Verschnitts (Stablänge 6,03 m).

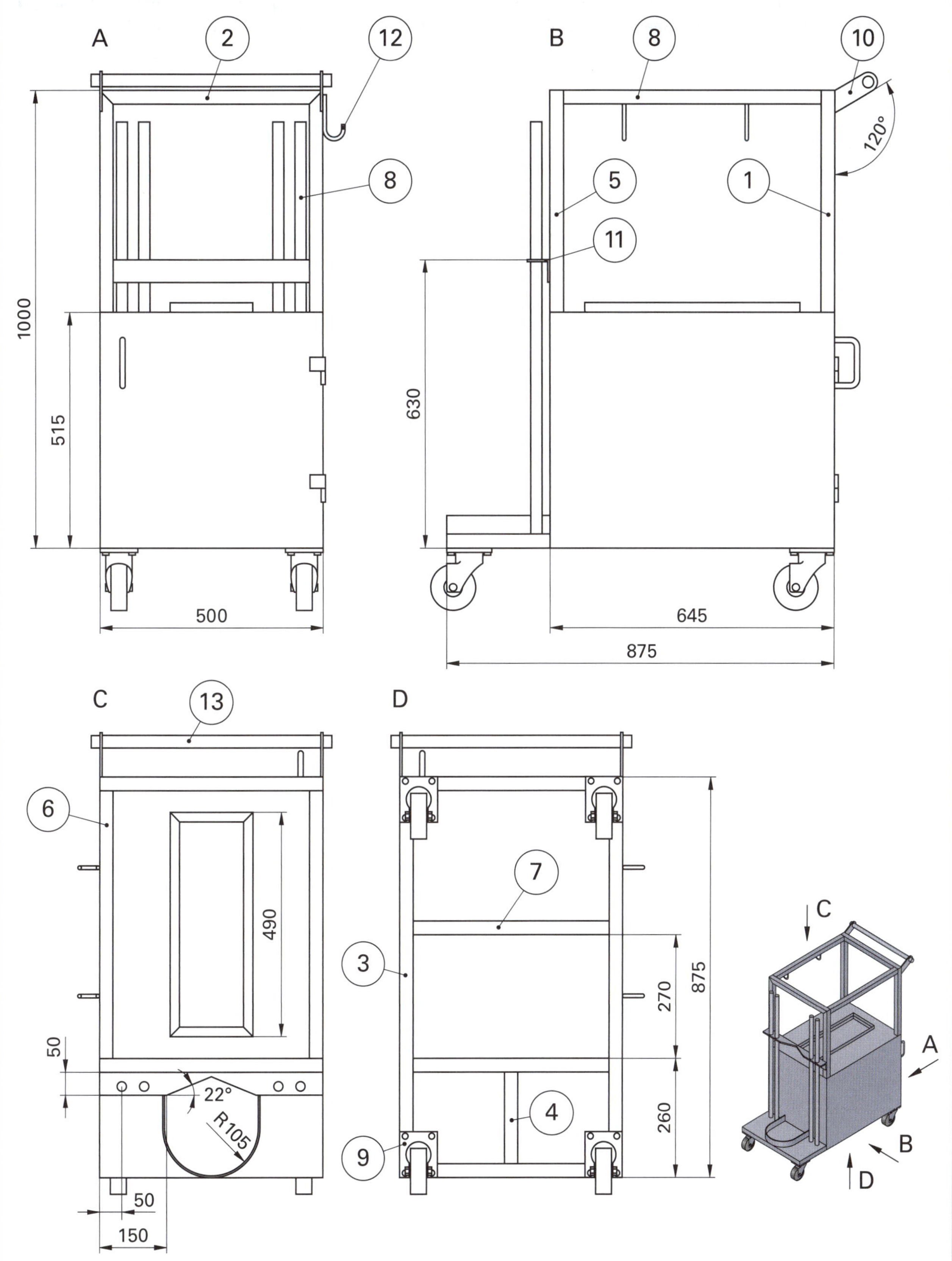

Schule	Erstellt durch	Titel, zusätzlicher Titel	Dokumentenart	
		Schweißwagen, Ansichten		
Klasse	Ausgabedatum		Zeichnungsnummer	Blatt

13. Fertigen Sie von der Position 10 (Maßstab 1:1) die Position 11 (Hälfte mit Spiegelachse, Maßstab 1:2) eine fertigungsgerechte Zeichnung an! Beachten Sie die vorgeschriebenen Rand- und Achsabstände für Bohrungen!

Schule	Erstellt durch	Titel, zusätzlicher Titel	Dokumentenart	
Klasse	Ausgabedatum	**Schweißwagen, Teile 10 u. 11**	Zeichnungsnummer	Blatt

14. Berechnen Sie die Zuschnittlänge *l* der unteren Flaschenhalterung!

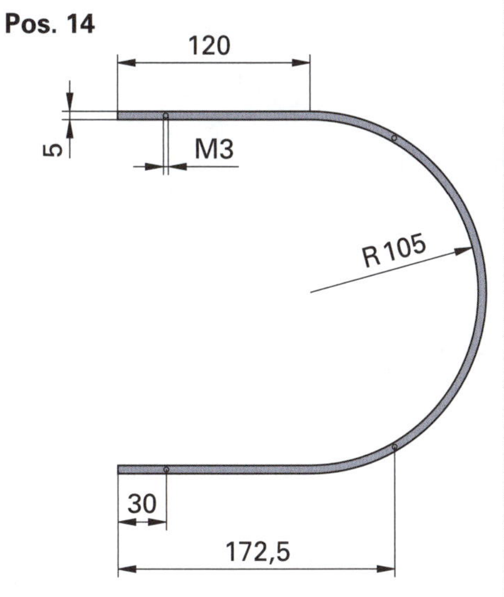

Geg.:

Ges.:

Lösung:

Durchführen

15. Für das Fügen des Rahmens wird ein Metallaktivgas- (MAG) Schweißgerät verwendet. An herkömmlichen MAG-Geräten sind in der Regel Schweißspannung und Drahtvorschub noch einstellbar. Je nach Gerätetyp und Schweißdrahtdurchmesser ergibt sich in Abhängigkeit von den Einstellungen der gewünschte Schweißstrom und die resultierende Lichtbogenart.
Ordnen Sie im nachfolgenden Diagramm den Bereichen die drei nummerierten Lichtbogenarten zu!

Beispiel für ein Kennlinienfeld (Drahtdurchmesser d = 1,0 mm)

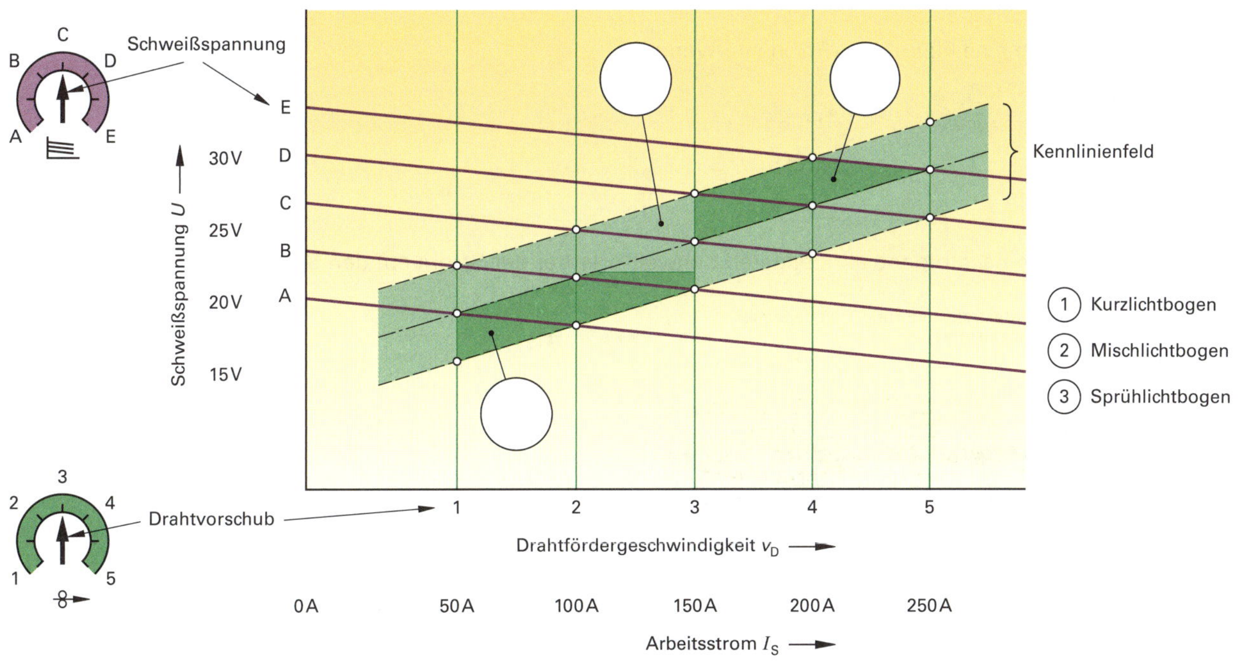

16. Wovon hängt die sich einstellende Lichtbogenart ab?

17. Welche Folgen hätte es, wenn Sie den Drahtvorschub auf „5" und die Schweißspannung auf „A" stellen?

16. Welche Einstellungen wählen Sie mithilfe des zuvor dargestellten Kennlinienfeldes beim Schweißen der Rahmenprofile (Faustformel MAG: Erforderliche Stromstärke = 40 - 50 A · Blechdicke in mm)?

17. Welcher Lichtbogen liegt bei diesen Einstellungen an und woran erkennen Sie ihn?

18. Welche Schutzfilterklasse muss das Schweißschild beim Fügen des Rahmens haben?

19. Sie haben für ihr Gerät neben einer 1,0 mm Drahtelektrode noch weitere Elektroden mit unterschiedlichen Durchmessern zur Auswahl.

a) Ermitteln Sie mithilfe geeigneter Tabellen bei einer Spannung von 25 V den resultierenden Schweißstrom für die nachfolgenden Drahtelektrodendurchmesser:

ø 0,8: ____ ø 1,2: ____ ø 1,6: ____

b) Welchen Drahtdurchmesser würden Sie beim Schweißen des Rahmens wählen? Begründen Sie ihre Auswahl!

20. Wann würden Sie eine Fülldrahtelektrode verwenden?

21. Wie wird bei dem nachfolgend abgebildeten Schweißbrenner der Strom auf den Schweißdraht übertragen?

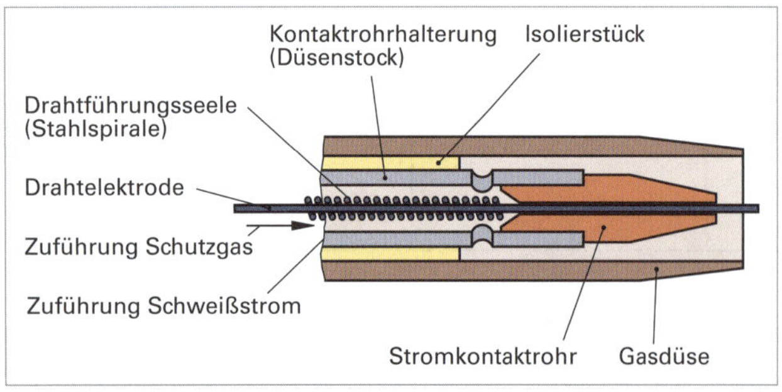

22. Welche Auswirkung hat eine zu lange oder zu kurze Drahtführungsseele?

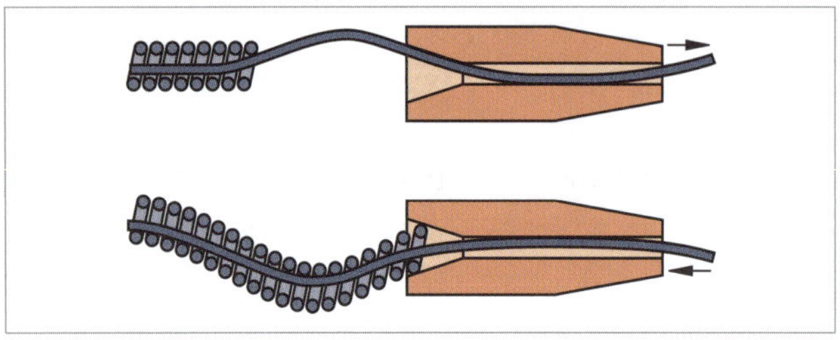

23. Welchen Vorteil hat die Verwendung des abgebildeten Vierrollenantriebs gegenüber einem Zweirollenantrieb?

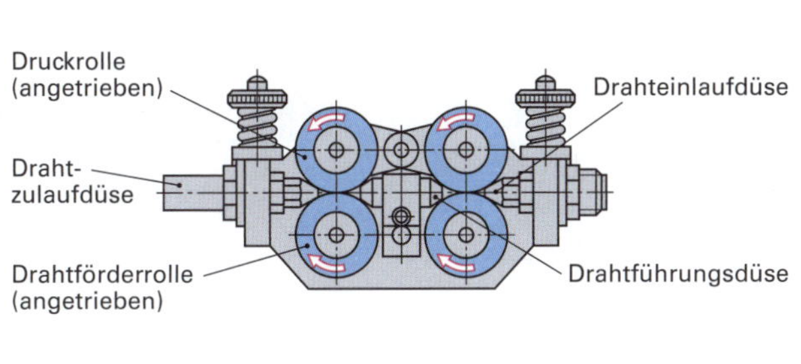

24. Wie können Sie feststellen, ob der Schweißdraht richtig im Drahtvorschubsystem eingeklemmt ist?

25. Die Brennerführung hat bei unveränderter Geräteeinstellung maßgeblich Einfluss auf den Schweißvorgang und das Schweißergebnis. Vervollständigen Sie die nachfolgende Tabelle, indem Sie die Eigenschaften der jeweiligen Brennerführung zuordnen.

Brenner wird geschoben	Brenner ist senkrecht	Brenner wird gezogen
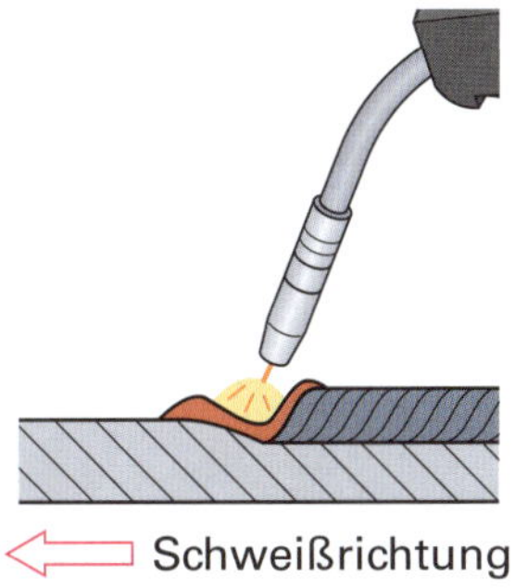	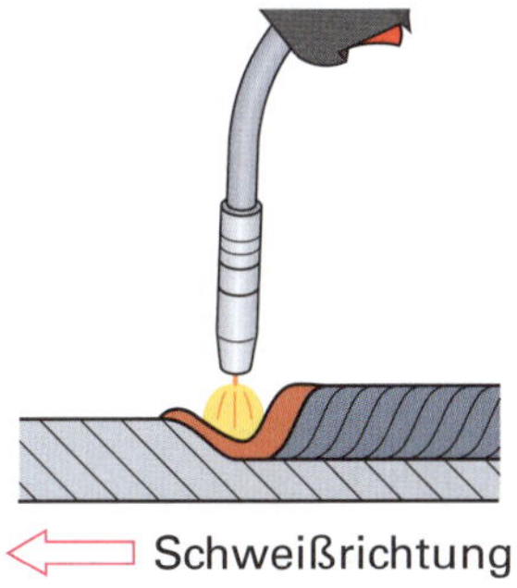	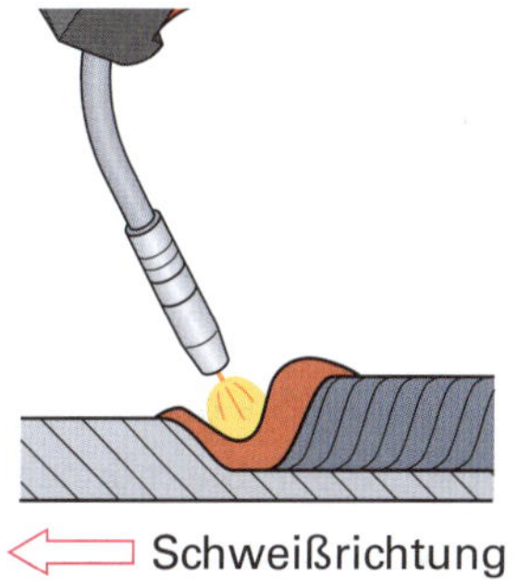
Kurzbezeichnung		
Einbrand (tief, mittel, flach)		
Nahtbreite (breit, mittel, schmal)		
Spritzerbildung (weniger, mittel, mehr)		
Skizze Nahtform		
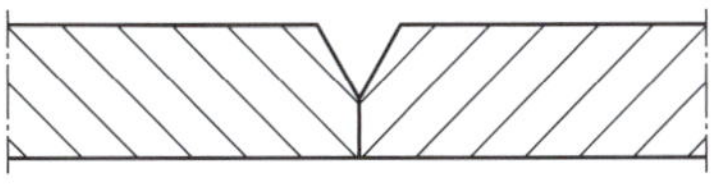	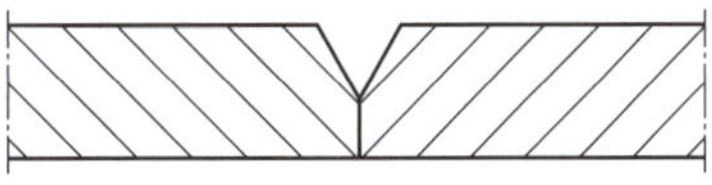	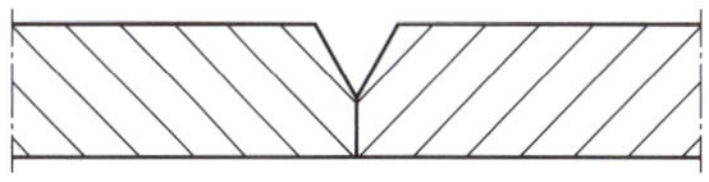

26. Welche Brennerführung wählen Sie beim Verschweißen des Rahmens?

26. Beim Rahmen können einige Schweißnähte auch in steigender Position geschweißt werden. Geben Sie das entsprechende Kurzzeichen für diese Schweißposition an und zeichnen Sie die richtige Brennerführung in die Skizze ein!

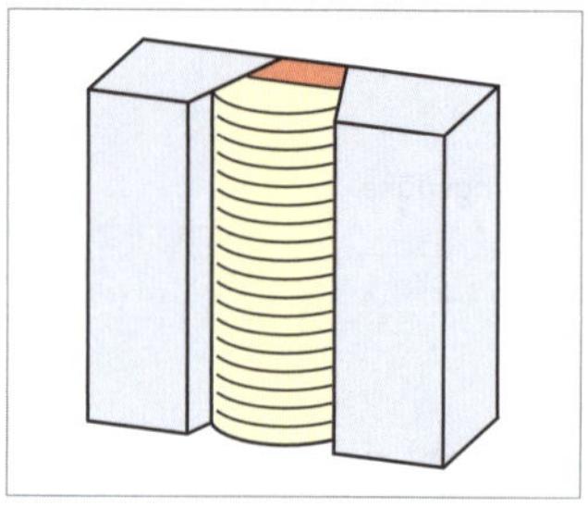

Kurzzeichen:

28. Mit welcher „Faustformel" kann die benötigte Schutzgasmenge überschlägig berechnet werden?

Beispiel: Erforderliche Gasmenge bei einem Drahtdurchmesser von 1,0 mm:

29. Welche Schutzgase werden beim MAG-Schweißen angewendet?

Kontrollieren

30. Die von Ihnen geschweißten Nähte weisen Aufgrund falscher Brennerführung die nachfolgenden Schweißnahtunregelmäßigkeiten auf.

a) Benennen Sie die abgebildeten Fehler!

b) Beschreiben Sie mögliche Abhilfemaßnahmen.

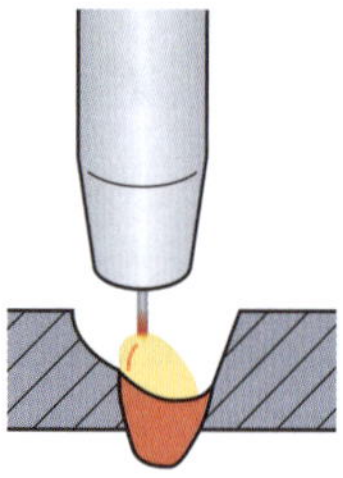	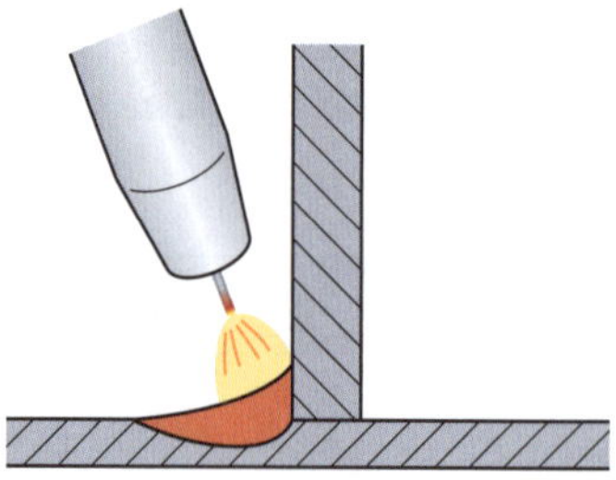	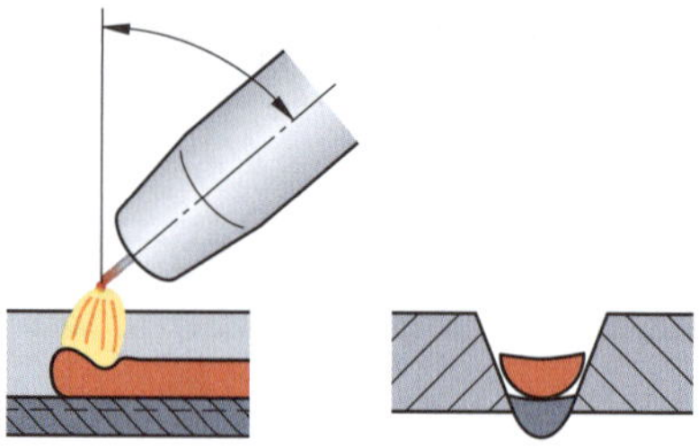
a) Fehler		
b) Abhilfemaßnahmen		

Auftrag

Ihr Metallbaubetrieb erhält den Auftrag zur Produktion und Errichtung von Treppenanlagen an einer Sporthalle. Treppe und Podest werden bereits in der Rohbauphase an den zu dem Zeitpunkt noch ungedämmten Bauwerkswänden verankert, während die Treppenkonstruktion erst nach Fertigstellung der Fassadenverkleidung aufgebaut wird.

Dazu werden spezielle Treppenauflager für die Befestigung des Eingangspodestes benötigt, die direkt an der ungedämmten Gebäuderohbauwand in Höhe der Betondeckenkonstruktion mit Dübeln befestigt werden. Diese Auflager leiten die Lasten von Treppe und Podest direkt ins Bauwerk ab.

Mit der Fertigungsvorbereitung dieser Treppenauflager werden Sie beauftragt.

Informieren

1. Informieren Sie sich zunächst anhand der Zeichnungen und der Stückliste auf den folgenden Seiten über den Aufbau der Treppenanlage. Tragen Sie die fehlenden Positionsnummern in die Zeichnungen ein.

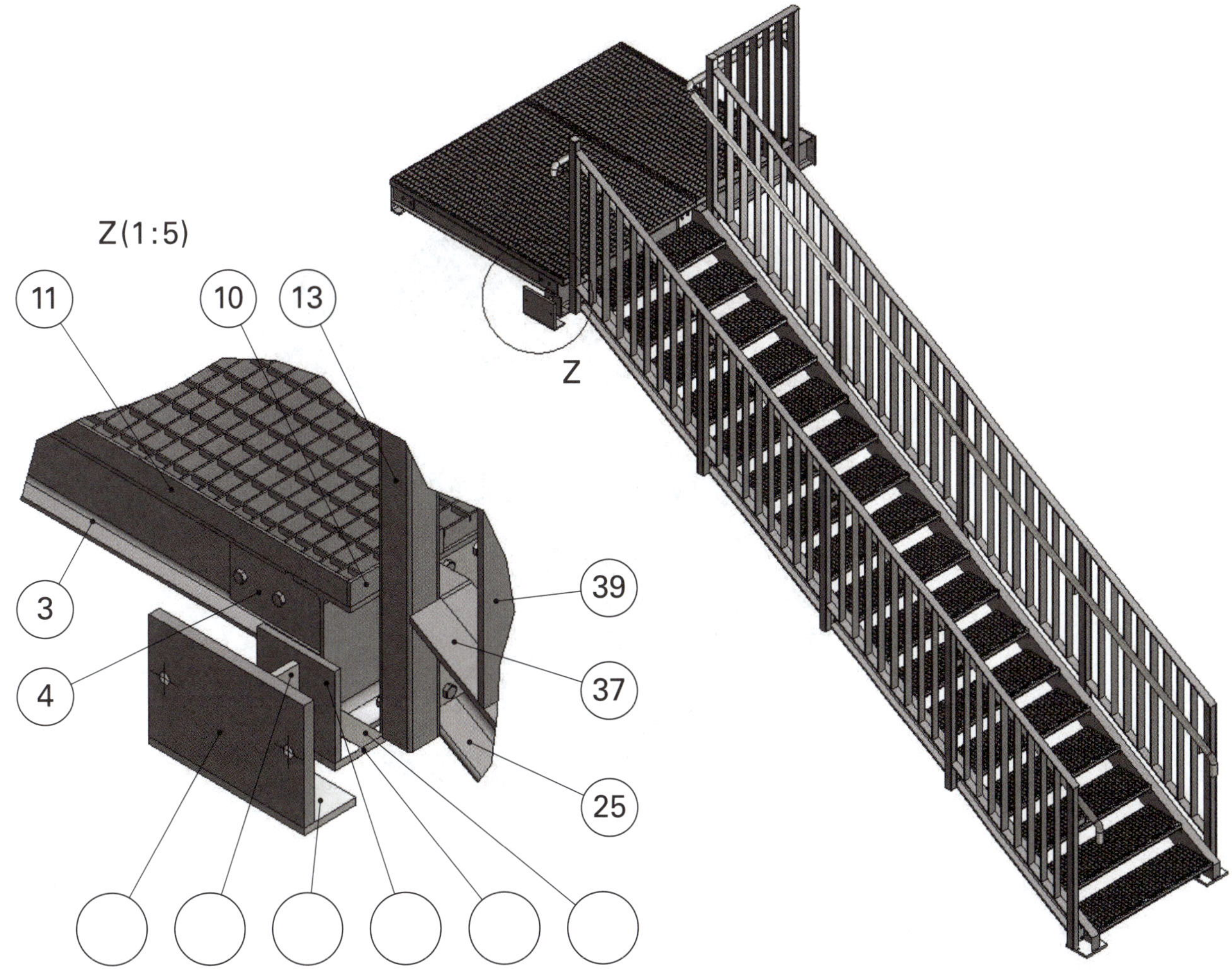

Baugruppe Treppenpodest (1:25)

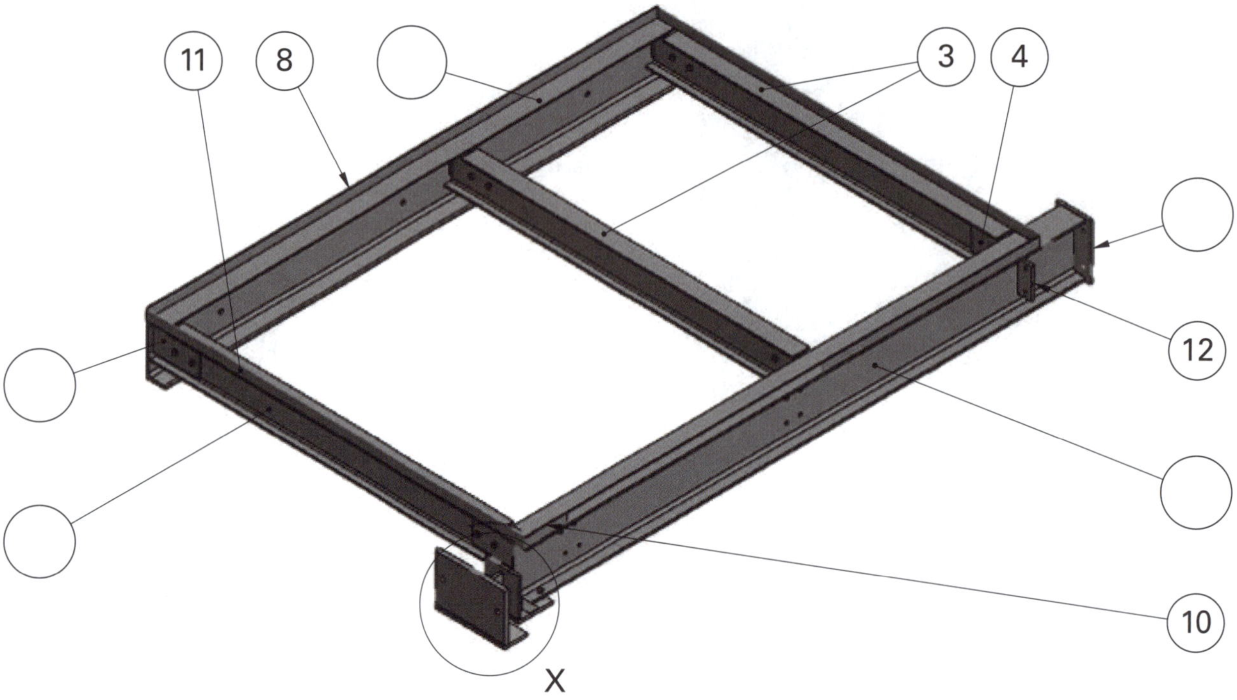

Podestecke mit Baugruppe Wandlager

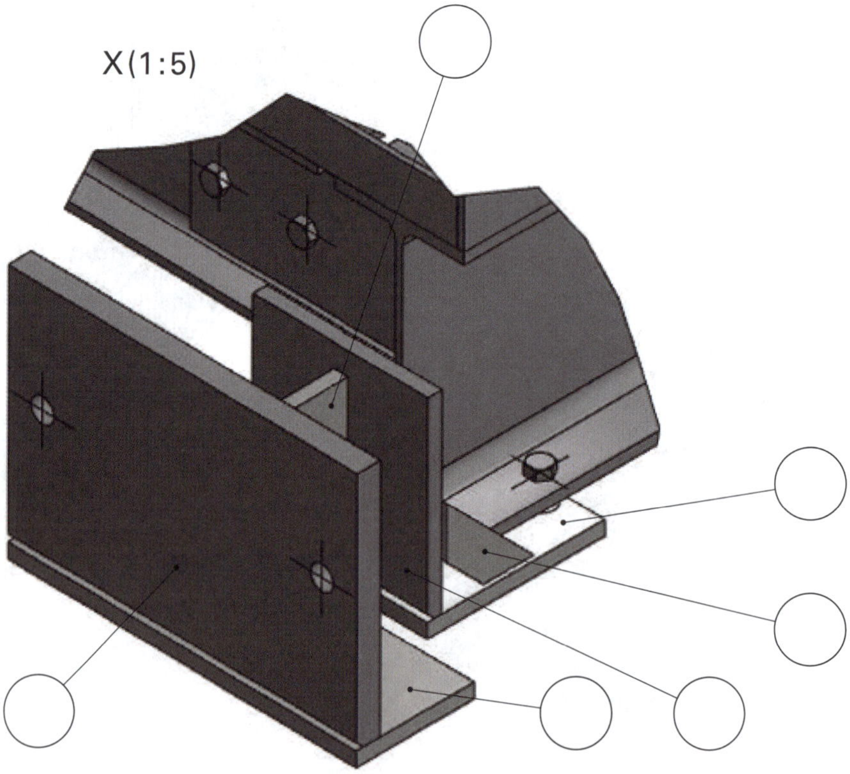

Konstruiert von	Kontrolliert von	Genehmigt von	Datum		Datum	M 1:5 (1:25)
EUROPA LEHRMITTEL			**Baugruppe Treppenpodest**			
					Ausgabe	Blatt

EUROPA LEHRMITTEL

Lernfeld
Herstellen von Konstruktionen aus Profilen
Auftrag Treppenauflager

Name:		
Klasse:	Datum:	Blatt-Nr.: 113

Stückliste

1	2		3	4	5	6	7	8
Pos.	Menge	Einh.	Einheitsmasse	Benennung	Sachnummer/Kurzbezeichnung	Werkstoff	Masse kg/Einheit	Masse kg/Pos.
1	1	Stck.	26,9*	Rahmenträger vorn	DIN 1025 – IPE 220 – 2420	S235JR	65,10	65,10
2	1	Stck.	30*	Rahmenträger hinten	DIN 1026 – U 220 – 2220	S235JR	66,60	66,60
3	3	Stck.	13,2*	Rahmenquerträger	DIN 1025 – IPE 140 – 1570	S235JR	20,70	62,10
4	6	Stck.	7,85	Anschweißfahne	DIN EN 10058 – Fl 100 × 10 – 200	S235JR	1,57	9,42
5	3	Stck.	32,62	Distanzstück	Hohlprofil DIN EN 10210 – 140 × 140 × 8 – 60	S235JR	1,96	5,88
6	3	Stck.	78,5	Druckplatte	DIN EN 10029 – Bl 10 × 160 × 160	S235J2	2,00	6,00
7	1	Stck.	94,2	Stirnplatte	DIN EN 10029 – Bl 12 × 150 × 230	S235J2	3,25	3,25
8	1	Stck.	1,57	Rahmenschiene	DIN EN 10058 – Fl 40 × 5 – 2220	S235JR	3,49	3,49
9	1	Stck.	1,57	Rahmenschiene	DIN EN 10058 – Fl 40 × 5 – 930	S235JR	1,46	1,46
10	1	Stck.	1,57	Rahmenschiene	DIN EN 10058 – Fl 40 × 5 – 180	S235JR	0,28	0,28
11	2	Stck.	1,57	Rahmenschiene	DIN EN 10058 – FL 40 × 5 – 1655	S235JR	2,60	5,20
12	22	Stck.	94,2	Fahnenblech	DIN EN 10029 – Bl 12 × 60 × 130	S235J2	0,73	16,06
13	1	Stck.	5,187	Treppenpfosten oben links	Hohlprofil DIN EN 10219-2 – 60 × 60 × 3 – 1398	S235JR	7,25	7,25
14	1	Stck.	5,187	Treppenpfosten oben rechts	Hohlprofil DIN EN 10219-2 – 60 × 60 × 3 – 1398	S235JR	7,25	7,25
15	1	Stck.	5,187	Podestgeländerpfosten	Hohlprofil DIN EN 10219-2 – 60 × 60 × 3 – 1001	S235JR	5,19	5,19
16	1	Stck.	4,71	Podestgeländer Untergurt	DIN EN 10058 – Fl 60 × 10 – 675	S235JR	3,18	3,18
17	1	Stck.	4,71	Podestgeländer Handlauf	DIN EN 10058 – Fl 60 × 10 – 735	S235JR	3,46	3,46
18	5	Stck.	4,71	Podestgeländer Füllstab	DIN EN 10058 – Fl 60 × 10 – 1069	S235JR	5,03	25,15
19	1	Stck.	94,8	BG Wandlager Auflageblech	DIN EN 10088-2 – Bl 12 × 100 × 300	X5CrNi18-10	2,84	2,84
20	1	Stck.	158	BG Wandlager Anschlussplatte	DIN EN 10088-2 – Bl 20 × 200 × 300	X5CrNi18-10	9,48	9,48
21	1	Stck.	94,8	BG Wandlager Stegblech	DIN EN 10088-2 – Bl 12 × 127 × 130	X5CrNi18-10	1,57	1,57
22	1	Stck.	94,2	BG Treppenlager Auflageschuh	DIN EN 10029 – Bl 12 × 150 × 150	S235J2	2,12	2,12
23	1	Stck.	94,2	BG Treppenlager Anschlussplatte	DIN EN 10029 – Bl 12 × 150 × 162	S235J2	2,29	2,29
24	2	Stck.	2,355	BG Treppenlager Aussteifung	DIN EN 10058 – Fl 30 × 10 – 120	S235JR	0,28	0,56
25	2	Stck.	22,5*	Treppenholm	DIN 1026 – U 180 – 5822	S235JR	131	262,00
26	2	Stck.	22,5*	Fußstück	DIN 1026 – U 180 – 120	S235JR	2,7	5,40
27	2	Stck.	141,3	Fußplatte	DIN EN 10029 – Bl 18 × 200 × 200	S235J2	5,65	11,30
28	2	Stck.	5,495	Kopfteildeckplatte	DIN EN 10058 – Fl 70 × 10 – 97	S235JR	0,53	1,06
29	2	Stck.	94,2	Podestanschlussplatte	DIN EN 10029 – Bl 12 × 150 × 200	S235J2	2,83	5,66
30	1	Stck.	2,975	Handlauf innen rechts	Rohr DIN EN ISO 1127 – 48,3 × 2,6 – 7120	X5CrNi18-10	21,18	21,18
31	1	Stck.	2,975	Handlauf innen links	Rohr DIN EN ISO 1127 – 48,3 × 2,6 – 6300	X5CrNi18-10	18,74	18,74
32	10	Stck.	78,5	Handlaufträger	DIN EN 10029 – Bl 10 × 40 × 78	S235J2	0,25	2,50
33	10	Stck.	0,888	Handlaufhalter	EN 10060 – Rd 12 – 91	S235JR	0,08	0,80
34	10	Stck.	11,8	Handlaufbefestigung	DIN 10130 – Bl 1,5 × 40 × 50	DC04	0,02	0,20
35	3	Stck.	78,5	Abdeckblech für Pfosten	DIN EN 10029 Bl 10 × 60 × 60	S235J2	0,28	0,84
36	8	Stck.	5,187	Pfosten Treppengeländer	Hohlprofil DIN EN 10219 – 2 – 60 × 60 × 3 – 1341	S235JR	6,96	55,8
37	8	Stck.	4,71	Untergurt Treppengeländer	DIN EN 10587– Fl 60 × 10 – 1340	S235JR	6,31	50,48
38	2	Stck.	4,71	Handlauf Treppengeländer	DIN EN 10058 – Fl 60 × 10 – 5590	S235JR	26,33	52,66
39	64	Stck.	4,71	Füllstab Treppengeländer	DIN EN 10058 – Fl 60 × 10 – 1150	S235JR	5,42	346,88
40	17	Stck.	–	Trittstufen	DIN 24531 – 1 – P-40 – 33,3 – 1100 × 320	S235JR	11	187,00
41	1	Stck.	37,8	Gitterrost Podest links	DIN 24537 – 1 – P-40 – 33,3 – T 1314 × 1656	S235JR	82,25	82,25
42	1	Stck.	37,8	Gitterrost Podest rechts	DIN 24537 – 1 – P-40 – 33,3 – T 905 × 1656	S235JR	56,65	56,65

Abteilung	Techn. Referenz	Dokumentenart	Dokumentenstatus			
Eigentümer EUROPA LEHRMITTEL	Erstellt durch	Titel, zusätzlicher Titel **Nebentreppe Sporthalle**	Zeichnungsnummer			
	Genehmigt durch		Änd.	Ausgabedatum	Spr.	Blatt

Gültig ist die **VOB Vergabe- und Vertragsordnung für Bauleistungen Teil C:** Allgemeine Technische Vertragsbedingungen für Bauleistungen (ATV), Metallbauarbeiten, **vgl. DIN 18360**

Danach sind für die Abrechnung zu Grunde zu legen:
- Für sonstige Metallbauteile deren Maße.
- Bei Abrechnung von Einzelbauteilen nach Flächenmaß (m^2) gelten die Maße des kleinsten umschriebenen Rechtecks.

* Handelsgewicht

Bei Abrechnung nach Gewicht (kg) sind folgende Grundsätze anzuwenden: Es sind anzusetzen:
- bei genormten Profilen das Gewicht nach DIN-Normen,
- bei anderen Profilen das Gewicht aus den Profilbüchern der Hersteller,
- bei Blechen und Bändern
- bei genormten Profilen das Gewicht nach DIN-Normen,
- bei anderen Profilen das Gewicht aus den Profilbüchern der Hersteller,
- bei Blechen und Bändern
  - aus Stahl 7,85 kg, - aus Edelstahl 7,9 kg,
  - aus Aluminium 2,7 kg, - aus Kupfer, Messing 9 kg je 1 m^2 Fläche und 1 mm Dicke.
- Bei Kleineisenteilen bis 15 kg Einzelgewicht darf das Gewicht durch Wiegen ermittelt werden.
- Verbindungsmittel, z. B. Schrauben, Niete, Schweißnähte, bleiben unberücksichtigt.
- Bei verzinkten Stahlkonstruktionen werden den Gewichten 5 % für die Verzinkung zugeschlagen.

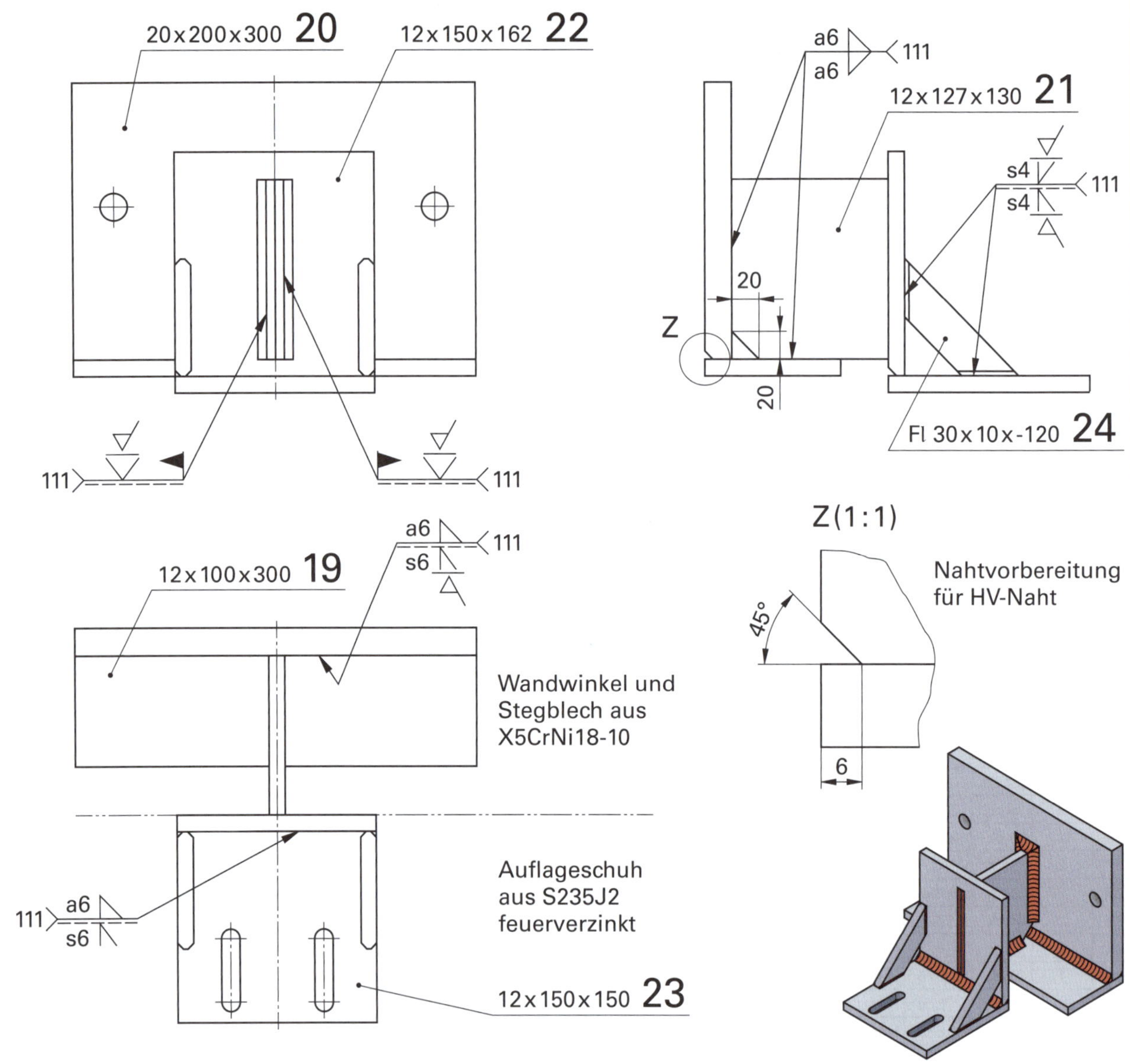

Allgemeintoleranzen für Schweißkonstruktionen nach DIN EN ISO 13920-B
Elektroden: für Montagenaht DIN EN ISO 3581-A: E 29 9 R 12
für Edelstahlbaugruppe: DIN EN ISO 3581-A: E 19 9 L R 32
für Auflageschuh: ISO 2560-A: E 42 0 RR 12
Alle Schweißnähte Bewertungsgruppe C nach DIN EN ISO 5817
Mechanische Bearbeitung nach dem Schweißen.

Pos.	Menge	Benennung	Norm-/Kurzbezeichnung	Werkstoff
24	2	Aussteifung	DIN EN 10058-Fl 30x10-120	S235J2
23	1	Auflageschuh Anschlussplatte	DIN EN 10029-Bl 12x150x150	S235J2
22	1	Rückwand Auflageschuh	DIN EN 10029-Bl 12x150x162	S235J2
21	1	Wandlager Stegblech	DIN EN 10088-2-Bl 12x127x130	X5CrNi18-10
20	1	Wandwinkel Anschlussplatte	DIN EN 10088-2-Bl 20x200x300	X5CrNi18-10
19	1	Wandwinkel Auflageblech	DIN EN 10088-2-Bl 12x100x300	X5CrNi18-10

Konstruiert von	Kontrolliert von	Genehmigt von	Datum	Datum	M 1:5
EUROPA LEHRMITTEL	**Treppenauflager**			Ausgabe	Blatt

2. Sie lesen in der Stückliste für die Teile 19, 20, 21 (wandseitiger Teil der Wandkonsole) die Werkstoffangabe X5CrNi18-10.

a) Geben Sie den Chrom- und Nickelgehalt des Stahls an.

b) Welcher Stahlsorte ist der Werkstoff zuzuordnen?

3. Nennen Sie den Grund für die Verwendung dieser Stahlsorte für das Wandlager (Pos. 19, 20, 21).

4. Der äußere Teil der Wandkonsole, der Auflageschuh (Pos. 22, 23, 24) wird dagegen aus S235J2 gefertigt. Zu welcher Stahlsorte gehört dieser Stahl und welche Eigenschaften in Bezug zur Herstellung der Treppe sind hervorzuheben?

Stahlsorte	
Streckgrenze	
Umformbarkeit	
Schweißbarkeit	
Verzinkbarkeit	

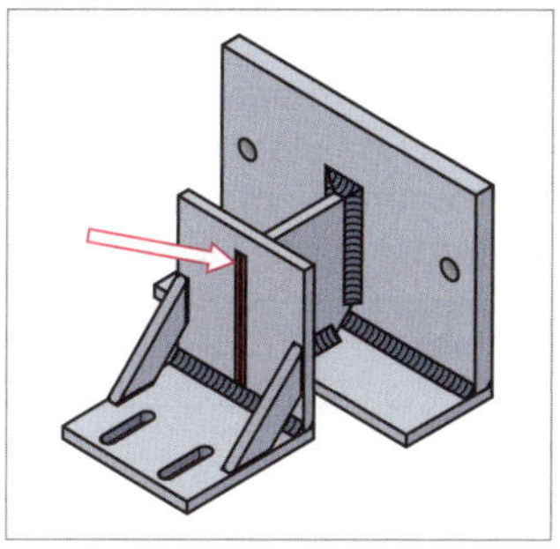

5. Die Schweißzeichnung weist eine Montagenaht aus.

a) Nennen Sie das Besondere an dieser Verbindung.

b) Wie nennt man solche Verbindungen?

6. Was ist hinsichtlich der Auswahl des Schweißzusatzes für diese Verbindung besonders zu beachten? Informieren Sie sich bei einem Elektrodenhersteller.

7. Für die Herstellung der Montagenaht als auch der Werkstattnähte hat man sich für die Anwendung des Lichtbogenhandschweißens entschieden. Nennen Sie mögliche Gründe dafür.

8. Der Teil des Treppenauflagers, auf dem das Podest ruht, wird vor dem Schweißen der Baustellennaht verzinkt. Worauf ist zu achten, bevor die Montagenaht geschweißt werden kann?

9. In Ihrem Betrieb sind für diese Montageaufgabe nur Beschäftigte verfügbar, die die Schweißerprüfung für E-Handschweißen (111) abgelegt haben. In der Werkstatt wird durch E-Handschweißen zunächst die Edelstahlbaugruppe (Pos. 19, 20, 21) vorgefertigt, um dann auf der Baustelle wandseitig vormontiert zu werden. Die Schweißnähte sind nach den Angaben der Zeichnung auf S. 117 auszuführen. Erläutern Sie die Bedeutung der Schweißsymbole.

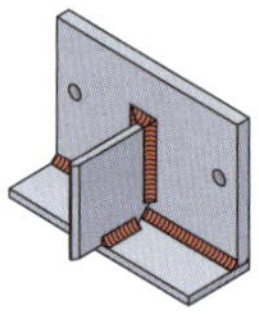

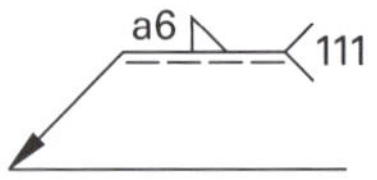	
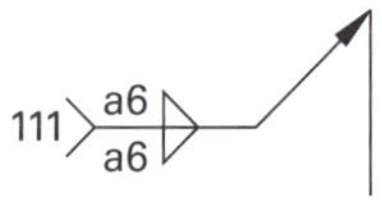	
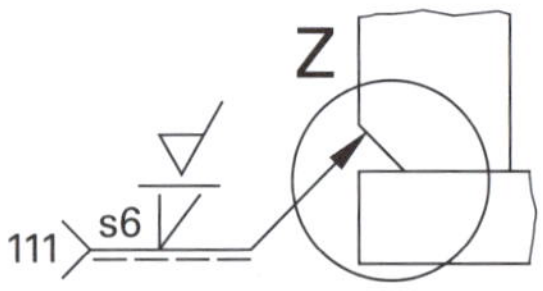	

Planen

10. Fertigen Sie auf der Grundlage der Angaben der Zeichnung 2011 – 800:100-003 und der Stückliste eine Schweißzeichnung zur Fertigung des Wandlagers (Pos. 19, 20, 21) an. Verwenden Sie das Arbeitsblatt der folgenden Seite.

11. Finden Sie anhand der Schweißzeichnung die zu verwendende Elektrode für das Schweißen des Wandwinkels aus Edelstahl.
Tragen Sie hier die Elektrodenbezeichnung ein und Erläutern Sie diese.
Informieren Sie sich dafür (z. B. im Internet) bei einem Elektrodenhersteller.

E	
19	

12. Welche Aufgaben hat die Umhüllung dieser Elektrode?

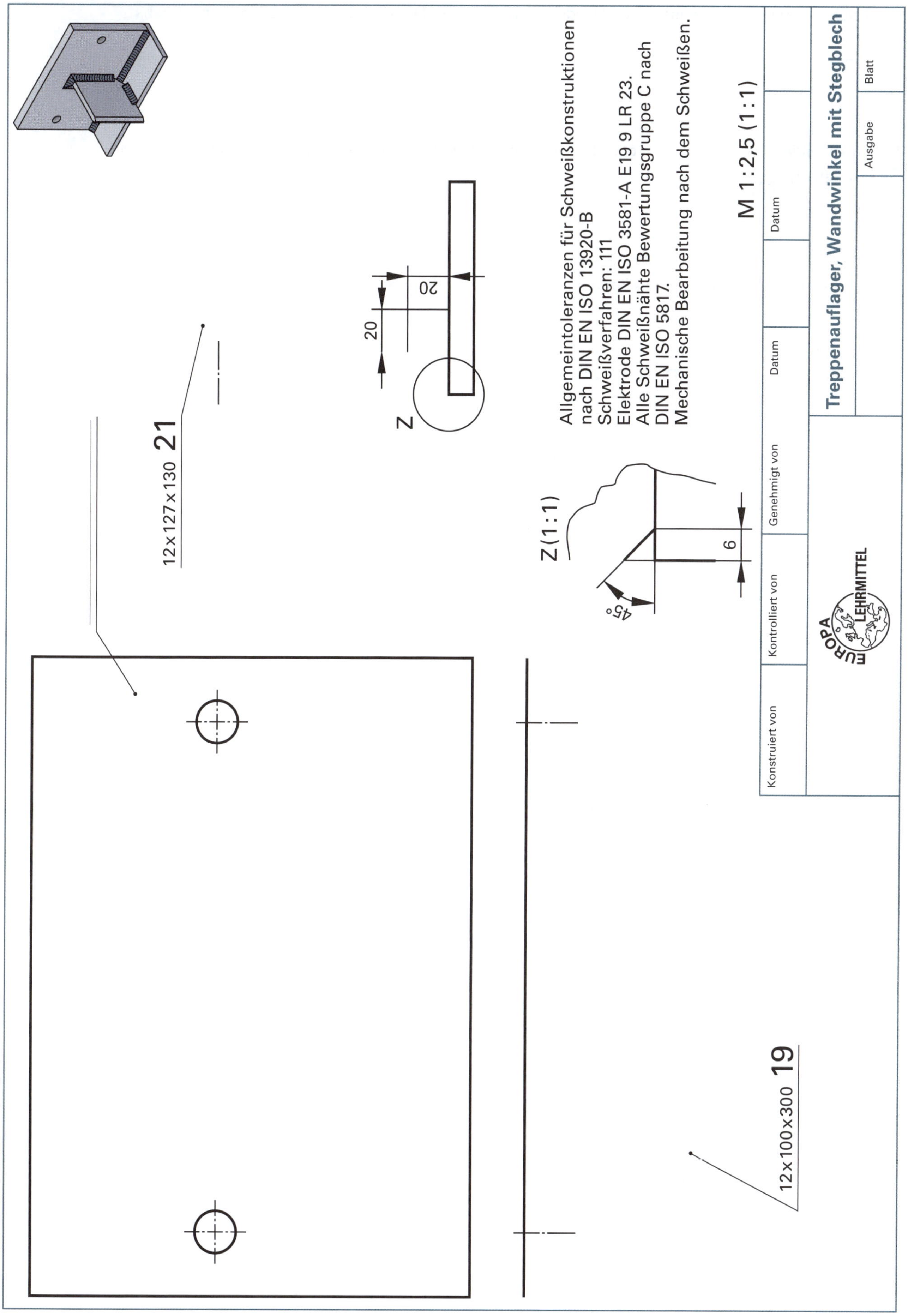
12x127x130 21
20
20
Z
Allgemeintoleranzen für Schweißkonstruktionen nach DIN EN ISO 13920-B
Schweißverfahren: 111
Elektrode DIN EN ISO 3581-A E19 9 LR 23.
Alle Schweißnähte Bewertungsgruppe C nach DIN EN ISO 5817.
Mechanische Bearbeitung nach dem Schweißen.
M 1:2,5 (1:1)
Z (1:1)
6
45°
12x100x300 19
Konstruiert von
Kontrolliert von
Genehmigt von
Datum
Datum
Treppenauflager, Wandwinkel mit Stegblech
Ausgabe
Blatt
EUROPA LEHRMITTEL

13. Welche Vorteile hat es, dass die Elektrode, die Sie verwenden, gerade diesen Umhüllungstyp hat?

14. Ihr Ausbilder hat Ihnen erklärt, dass Sie die original verpackten Elektroden trocken lagern müssen.

a) Weshalb ist das so wichtig?

b) Was ist zu tun, wenn die Elektroden dennoch feucht geworden sind?

15. Welchen Elektrodendurchmesser wählen Sie für das Schweißen der Kehlnähte aus?

Nahtplanung für lichtbogengeschweißte Nähte

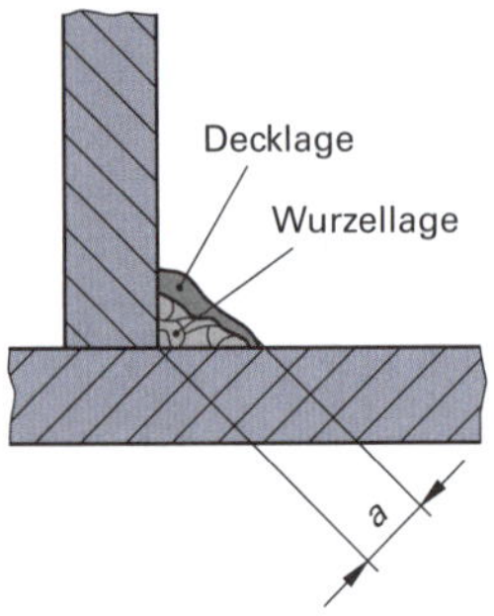

Nahtdicke *a* in mm	Spalt *s* in mm	Art und Anzahl der Lagen	Elektrodenabmessung $d \times l$	spez. Elektrodenbedarf z_S in Stck/m	Nahtmasse in g/m je Lage m_S	Nahtmasse in g/m gesamt m
3	–	1	3,2 × 450	3,2	80	80
4	–	1	4 × 450	3,6	140	140
5	–	3	3,2 × 450	8,6	215	215
6	–	3	4 × 450	8	310	310
8	–	1 W	4 × 450	3	120	550
		2 D	5 × 450	7	430	
10	–	1 W	4 × 450	3	120	865
		4 D	5 × 450	12,3	745	
12	–	1 W	4 × 450	3	120	1245
		4 D	5 × 450	18,5	1125	

1) *W* Wurzellage; *F* Fülllage; *D* Decklage

16. Ermitteln Sie die Anzahl der Elektroden, die für den Auftrag benötigt werden.

a) Stellen Sie aus den Angaben der Schweißzeichnung und der Stückliste die Länge der zu schweißenden Kehlnähte an einem Wandwinkel (Pos. 19, 20, 21) fest.

Nr.	Teil Nr. an Teil Nr.	Nahtart	Nahtlänge	Summe
1	19 an 20	Kehlnaht		
2	21 an 19	Doppel-Kehlnaht		
3	21 an 20	Doppel-Kehlnaht		
			Summe der Nahtlängen	

b) Berechnen Sie die erforderliche Elektrodenanzahl für die Kehlnähte, wenn vier Wandwinkel (Pos. 19, 20, 22) gefertigt werden sollen. (Elektrodenlänge aus Tabelle Aufgabe 15 entnehmen.)

Geg.: Aus der Tabelle Aufgabe 15: spezifischer Elektrodenbedarf
errechnete Nahtlängen aus Aufgabe 16 a); Werte für K_E, K_L, K_W aus dem Tabellenbuch;

Ges.: Elektrodenbedarf für 4 Wandwinkel

Lösung:

16. c) Die HV-Naht an der Eckverbindung von Teil 19 mit Teil 20 wird mit den gleichen Elektroden geschweißt. Errechnen Sie hierfür den Bedarf aus dem Volumen der Schweißnaht und dem nutzbaren Volumen einer Elektrode. (Stummellänge = 50 mm)

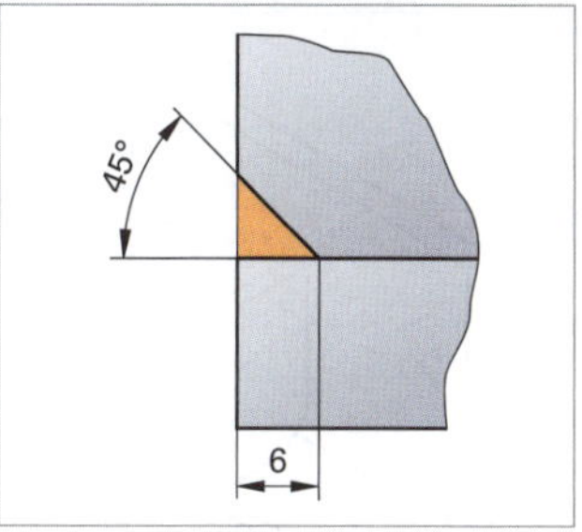

Nahtquerschnitt:

Nahtvolumen:

Elektrodenvolumen:

Elektrodenbedarf:

d) Entnehmen Sie den Katalogangaben eines Elektrodenherstellers, wie viele Packungen welchen Artikels Sie bestellen müssten, um für den Auftrag genügend Elektroden zu haben.

Stromstärke, Verpackungsangaben

Artikel-Nr.	Dm./Länge mm	Stromstärke	kg/Paket	Stk./Paket	kg/1000 Stk.
00.723.200	2,00/300	40 – 60	4,0	343	11,7
00.723.250	2,50/300	50 – 80	4,0	226	17,7
00.723.323	3,25/350	80 – 110	5,0	142	35,2
00.723.403	4,00/450	100 – 140	5,5	94	53,2
00.723.504	5,00/450	130 – 180	6,0	54	111,1

e) Ermitteln Sie die Elektrodenkosten für die Fertigung der 4 Edelstahlbaugruppen des Auftrags.

DIN EN 1600: E 29 9 R 12		Stück/ Schachtel	kg/ Schachtel	Preis/kg in €
00.723.200	2,0x300	1 x 343	1 x 4,0 RTZ, LZ	**110,77**
00.723.250	2,5x300	1 x 226	1 x 4,0 RTZ, LZ	**81,64**
00.723.323	3,2x350	1 x 142	1 x 5,0 RTZ, LZ	**74,77**
00.723.403	4,0x450	1 x 94	1 x 5,5 RTZ, LZ	**74,66**
00.723.504	5,0x450	1 x 54	1 x 6,0 RTZ, LZ A	**64,84**

Durchführen

17. Vor dem Herstellen der HV-Naht, die die Teile 19 und 20 der Edelstahlbaugruppe des Wandlagers verbinden soll, muss eine Nahtvorbereitung erfolgen.

a) Folgende Verfahren kommen dafür in Betracht. Tragen Sie die fehlenden Benennungen ein.

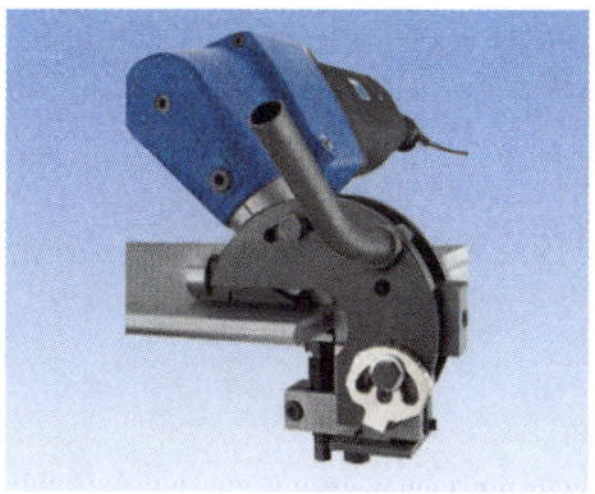			
		Plasmaschneiden	Wasserstrahlschneiden

b) Für welches Verfahren würden Sie sich in Anbetracht der geringen Stückzahl entscheiden?

18. Vor dem Schweißen sind Überlegungen zur Schweißreihenfolge anzustellen, um weitgehend zu vermeiden, dass sich die Baugruppe nach dem Schweißen verzieht. Die Baugruppe ist zu heften. Tragen Sie die Orte und die Reihenfolge der Heftpunkte in die Skizzen ein.

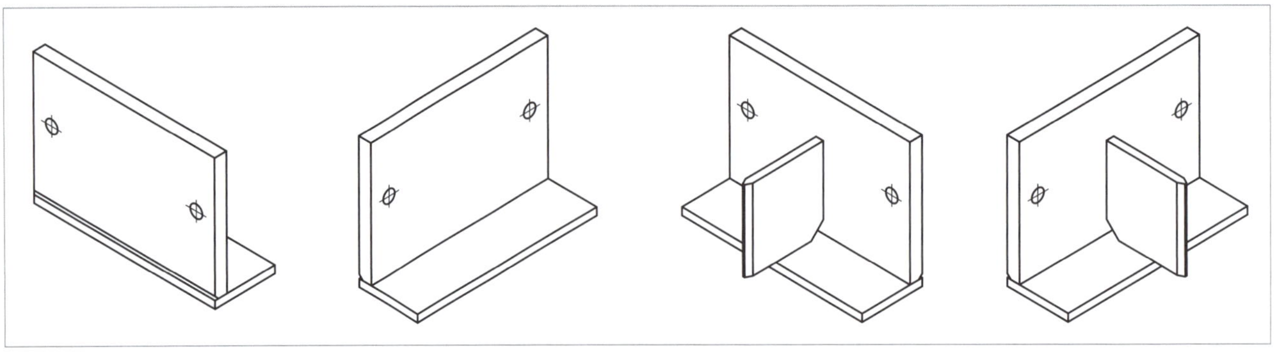

19. Tragen Sie die zu schweißenden Nahtabschnitte mit Kennzeichnung der Reihenfolge in die Skizzen ein.

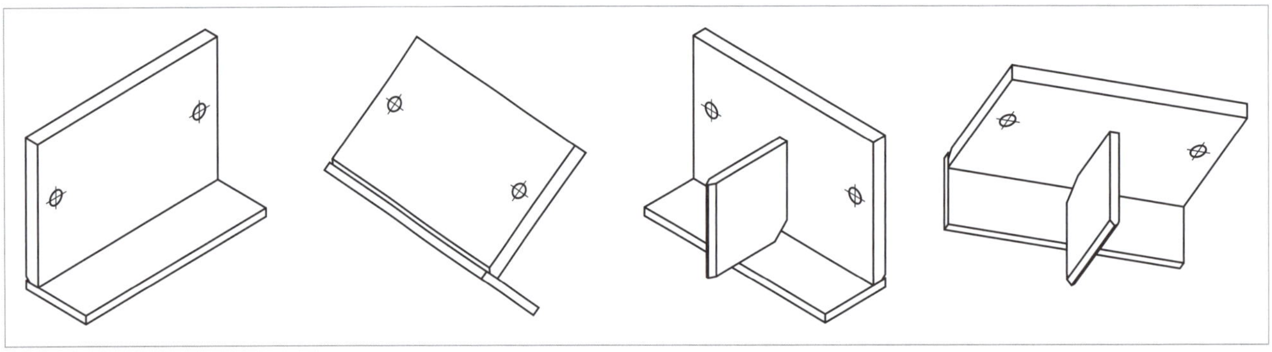

Kontrollieren

20. Tragende Schweißnähte wie die des Wandlagers müssen bestimmte Qualitätsanforderungen erfüllen. Das Bild zeigt ein Verfahren, mit dessen Hilfe Nahtunregelmäßigkeiten unter Baustellenbedingungen erkannt werden können. Nennen Sie das Verfahren. Welche Fehler können entdeckt werden?

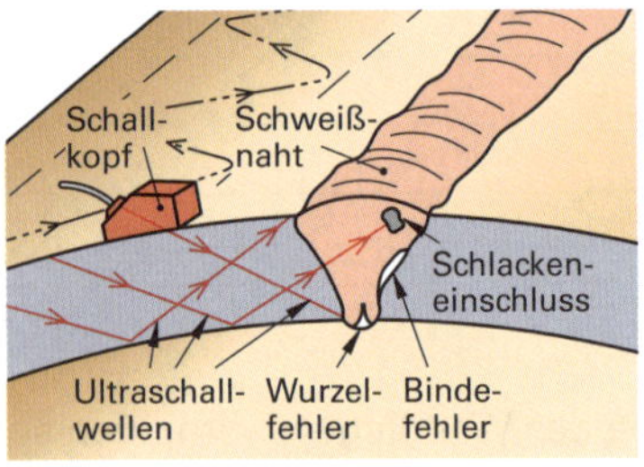

Verfahren:

Zu entdeckende Fehler:

21. Bei der Montage des Treppenpodestes zeigt sich, dass die Bohrlöcher für die Schrauben nicht fluchten, sodass die Schrauben nicht durchgesteckt werden können.

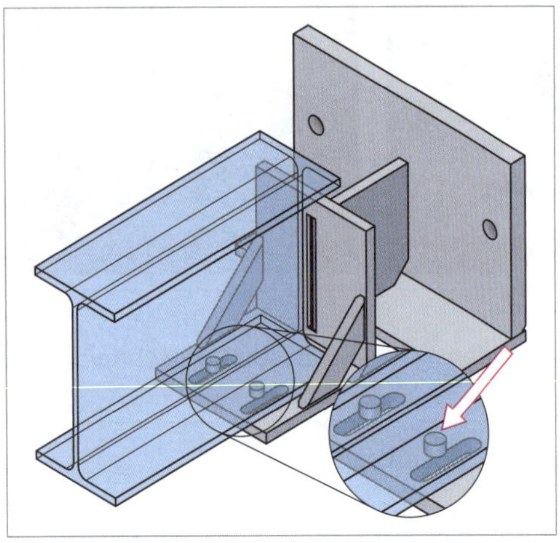

a) Welcher Fehler kann vorliegen?

b) Wie können Sie die Situation retten und die Schraubenverbindung letztlich trotzdem fügen?

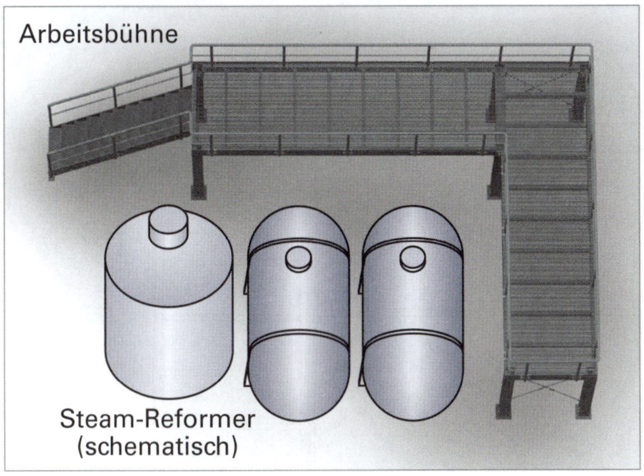

Auftrag

Auf dem Werksgelände einer Steam-Reformer-Anlage zur Gewinnung von Wasserstoff aus Erdgas soll eine zusätzliche Arbeitsbühne um einen neuen Reaktor errichtet werden.

Ihre Firma wird beauftragt diese Bühne herzustellen.

Auf dem Gelände um die Reaktoren ist das Schweißen strengstens verboten.

Aus diesem Grund müssen die Bühnen vor Ort ausschließlich durch Schraub- und Steckverbindungen montierbar sein.

Da die Bühnen im Außenbereich stehen, ist auf den Korrosionsschutz besonders zu achten.

Informieren

1. Informieren Sie sich über den Aufbau der Arbeitsbühne mithilfe der nachfolgenden Zeichnungen. Vervollständigen Sie im Anschluss den Ausschnitt der nachfolgenden Stückliste.

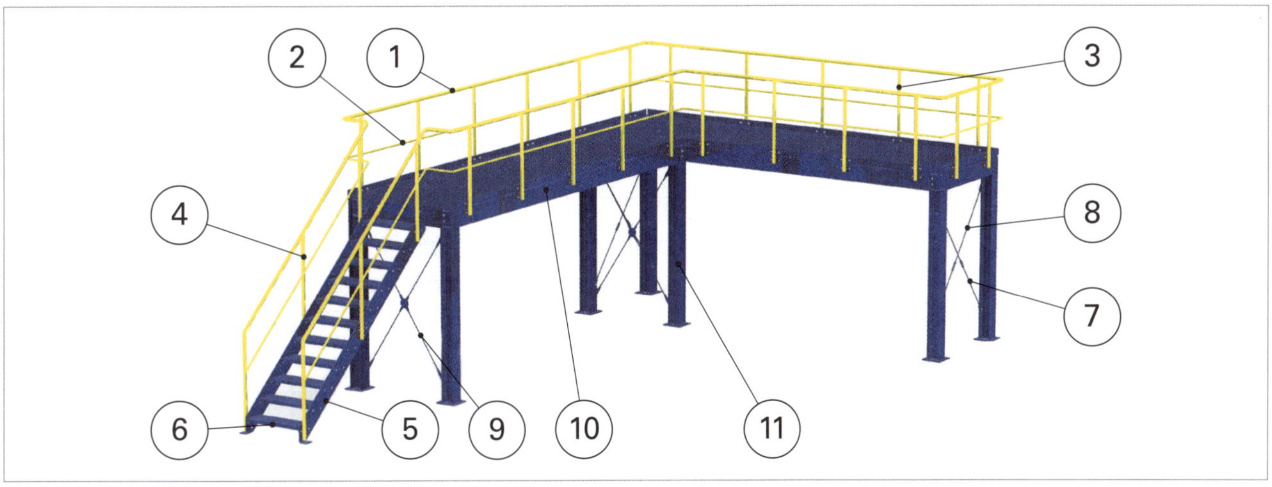

Pos.	Menge	Benennung	Sachnummer/ Norm-Kurzbezeichnung	Werkstoff	Masse m' in kg/m
1	1	Handlauf	Rohr – DIN EN 10210 - 48,3 × 3,2 – 5572	S235JRG2	
2	5	Knieleiste	Rohr – DIN EN 10210 - 26,9 × 2,6 – 1020	S235JRG2	
3		Bühnenpfosten	Rohr – DIN EN 10210 - 48,3 × 3,2 – 1083	S235JRG2	
4		Treppenpfosten	Rohr – DIN EN 10210 - 48,3 × 3,2 – 1192	S235JRG2	
5		Treppenwange	Breitflachstahl DIN EN 59200 BFl 240 × 10 – 3676	S235JRG2	
6		Treppenstufe	DIN 2534-1 -SP 40 - 38,1 - 800 × 270 – 800	S235JRG2	13,12
7		Zugstab, unten	Rundstahl DIN EN 10060 – Rd 12 – 1095	S335JRG3	
8		Zugstab, oben	Rundstahl DIN EN 10060 – Rd 12 – 1175	S335JRG3	
9	8	Muermann Zugstabsystem	6-0112H-972	S335JRG3	0,90
10	1	Rahmenträger	U-Profil DIN 1026-1 – U 220 – 5080	S235JRG2	
11		Stütze	I-Profil DIN 1025-3 – HE-A 180 – 2400	S235JRG2	

Lernfeld **Herstellen von Konstruktionen aus Profilen** Auftrag Arbeitsbühne	Name:		
	Klasse:	Datum:	Blatt-Nr.: 122

Draufsicht

A-A, 90° gedreht

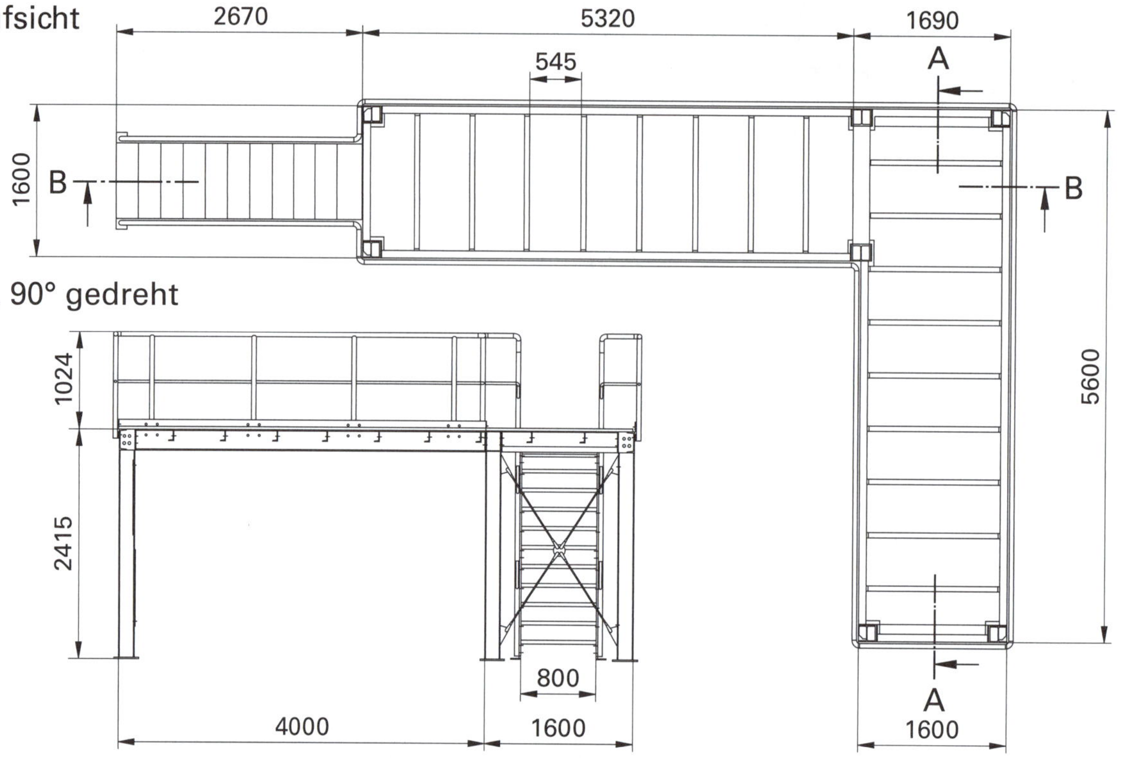

B-B

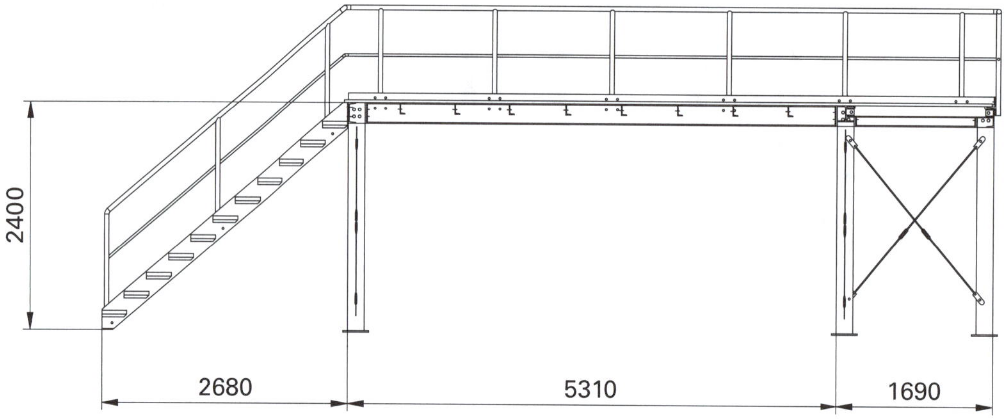

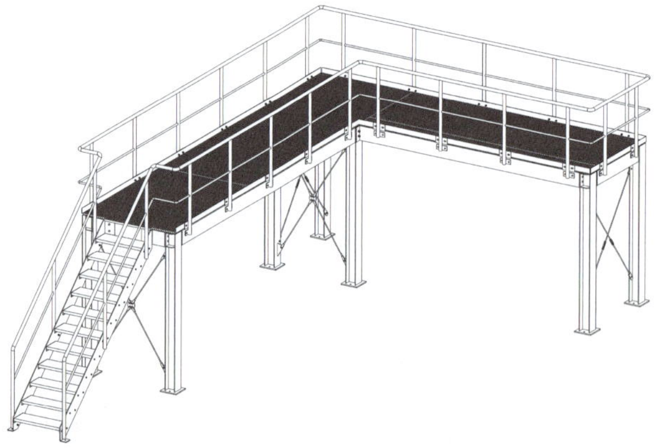

Schule	Erstellt durch	Titel, zusätzlicher Titel	
		Arbeitsbühne	
Klasse	Ausgabedatum		Zeichnungsnummer / Blatt

2. Für die Stützen (Pos. 11) stehen Ihnen verschiedene Profile der H-Reihe zur Verfügung.

a) Geben Sie für die nachfolgenden Profile jeweils die geforderten Werte an!

Profilart	IPE 180	HEB 180	HEA 180	HEM 180	HEAA 180
Trägerhöhe *h* in mm					
Flanschbreite *b* in mm					
Stegstärke *s* in mm					
Flanschstärke *t* in mm					
Längenbezogene Masse *m'* in kg/m					
Widerstandsmoment W_x in cm^3					

b) Welchen Vor- bzw. Nachteil hätte der Austausch des HEA 180-Profils durch ein IPE 180-Profil?

Vorteil:

Nachteil:

Planen

3. In den Rahmen der Bühne aus U220 Profilen sollen U120 Querträger mittels Anschweißlaschen eingeschraubt werden.

a) Warum müssen diese Anschweißlaschen kleiner sein als die Steghöhe der Querträger?

b) Welche Höhe würden Sie für die Laschen wählen?

c) Warum müssen die Querträger am oberen Flansch ausgeklinkt werden?

4. Skizzieren Sie die Seitenansicht des abgebildeten Anschlussdetails der Arbeitsbühne (U220 Rahmenträger mit Anschweißlasche und angeschraubten U120 Querträger)!

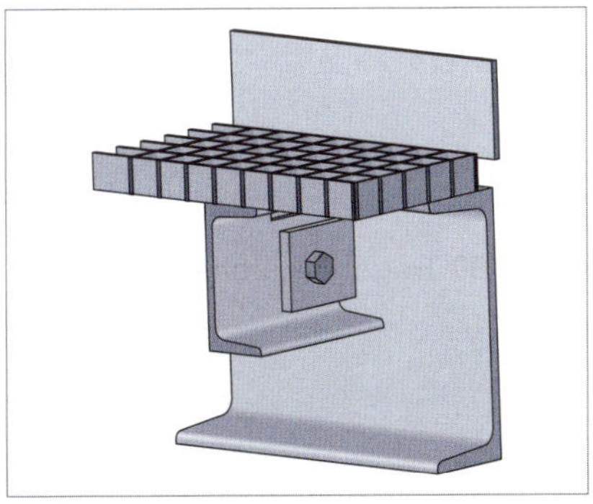

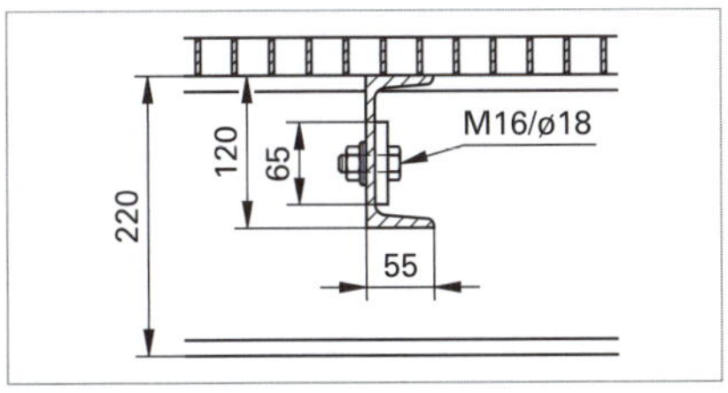

5. Für die Preiskalkulation und die Berechnung der Verzinkungskosten muss die Masse der Arbeitsbühne berechnet werden.

a) Vervollständigen Sie den nachfolgenden Ausschnitt der Kalkulationstabelle für die angegebenen Positionen!

Pos.	Menge	längenbezogene Masse m' in kg/m	Zuschnittlänge l in m	Gesamtmasse m je Stück	Gesamtmasse m je Position	Stahlpreis (netto) in €/kg	Nettostahlpreis je Position in €
5							
7							
8							
10							
11							

b) Berechen Sie den Bruttostahlpreis für die Stützen (Pos. 11)!

Geg.:

Ges.:

Lösung:

6. Berechnen Sie den Bedarf an Stäben und den resultierenden Verschnitt V in mm für die Stützen (Pos. 11)! Berücksichtigen Sie dabei einen sinnvollen Zuschnitt bei einer Stablänge von 6,03 m!

Geg.:

Ges.:

Lösung:

7. Wie groß wäre der Massenunterschied, wenn Sie die Stützen (Pos. 11) aus HE-M180 Träger herstellen würden?

Beurteilen Sie Ihr Ergebnis!

Durchführen

8. Im Außenbereich müssen die Bauteile der Arbeitsbühne vor Korrosion geschützt werden. Erklären Sie, warum Stahl im Freien korrodiert.

____

____

9. Benennen Sie die nachfolgend abgebildeten Erscheinungsformen der Korrosion.

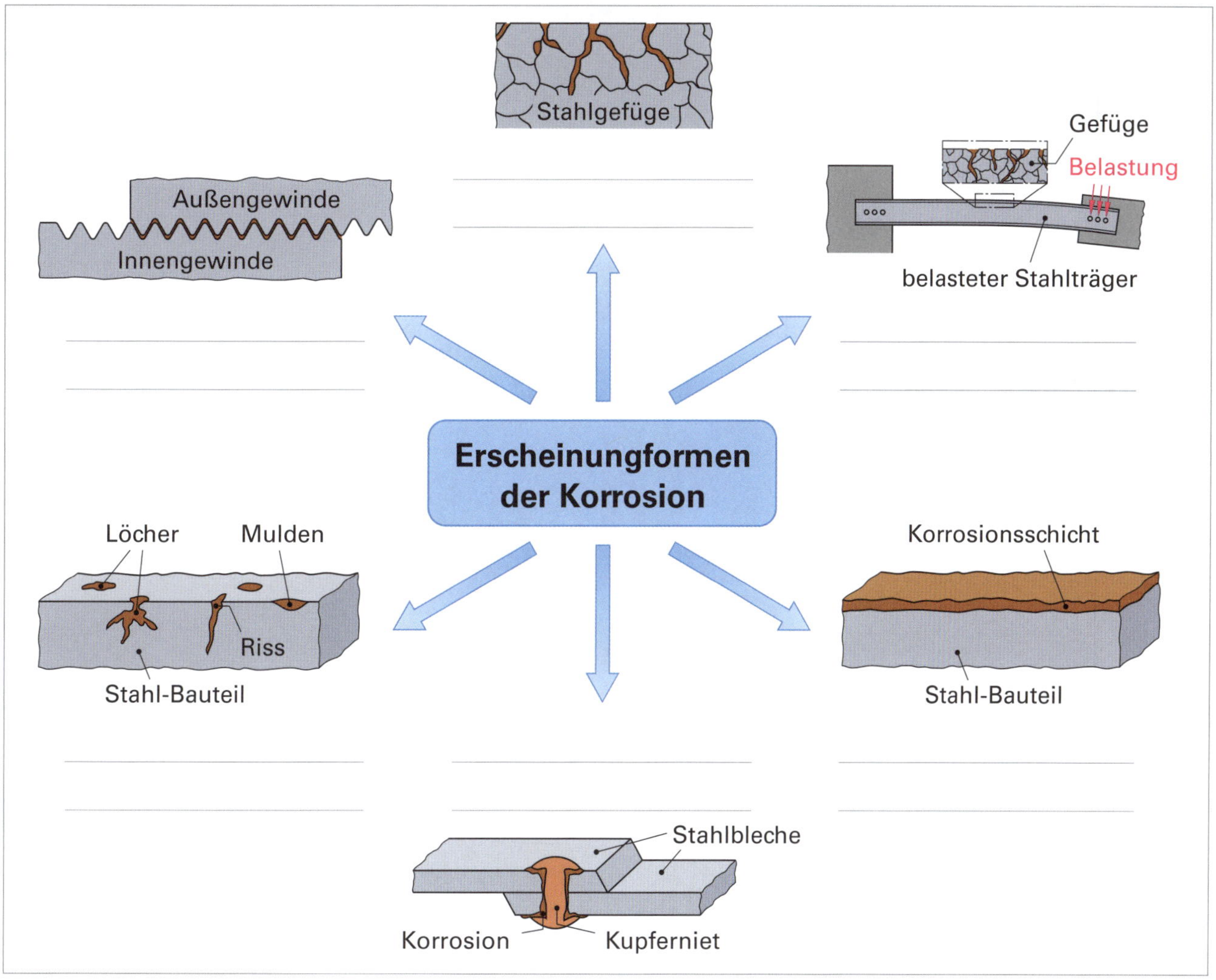

10. Welche Erscheinungsform der Korrosion tritt bei der Arbeitsbühne auf? ______________________________

11. Warum korrodiert verzinkter Stahl nicht an kleinen Stellen, an denen die Zinkschicht beschädigt ist?

____

____

12. Warum können verschiedene Metallkombinationen zur Korrosion führen?

____

____

13. Welche Metallkombinationen sind kritisch?

____

14. Es stehen zahlreiche Möglichkeiten des Korrosionsschutzes zur Verfügung. Informieren Sie sich über diese und vervollständigen Sie das Mind-Map „Korrosionsschutz“.

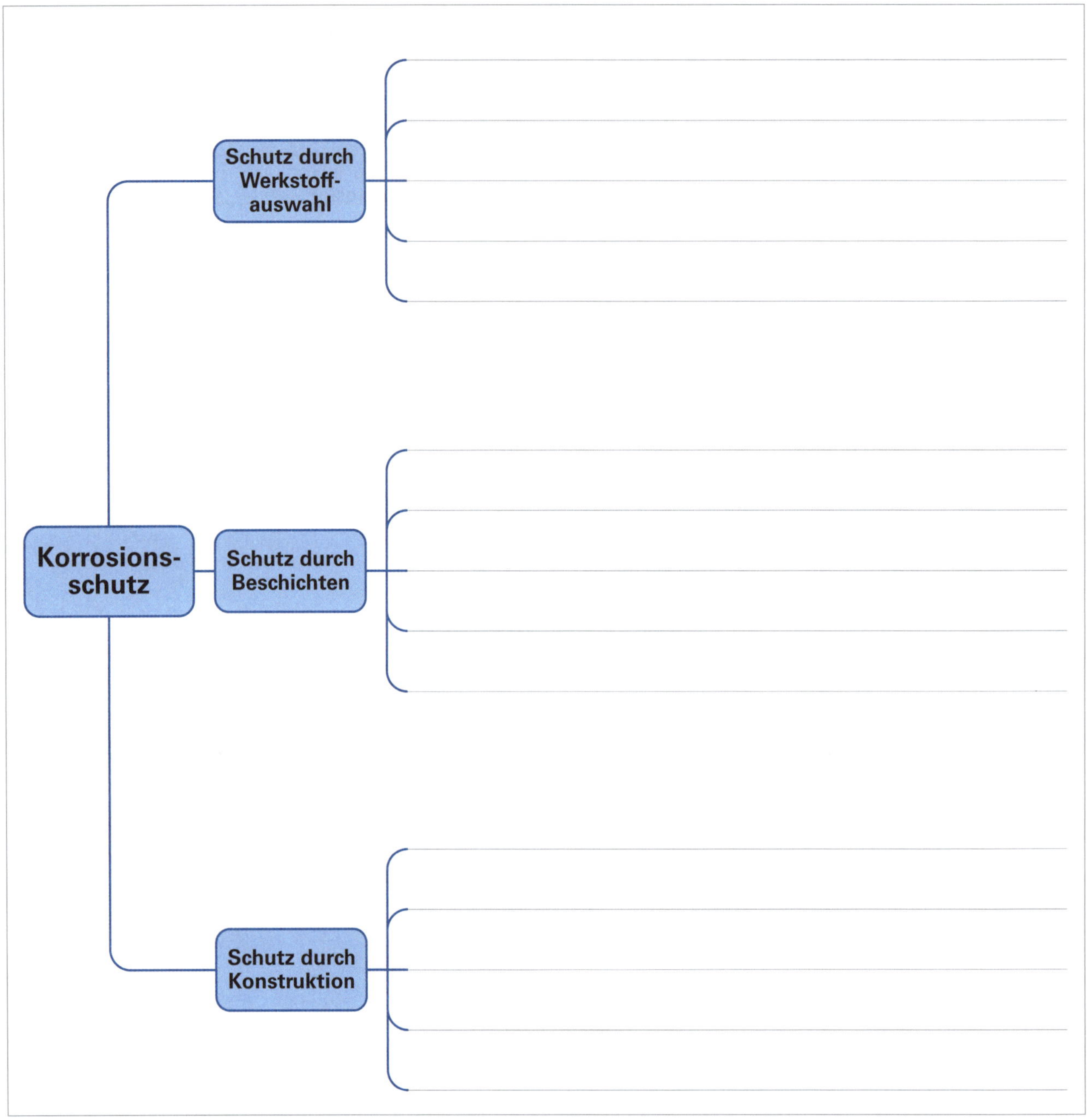

15. Welche Schutzmaßnahmen können bei der Arbeitsbühne umgesetzt werden?

16. Was versteht man unter einer „Duplex“- Beschichtung?

17. Welchen Vorteil hätte eine „Duplex“- Beschichtung bei der Arbeitsbühne?

18. Sämtliche Bauteile der Arbeitsbühne sollen feuerverzinkt werden. Woher rührt der Begriff „Feuerverzinken"?

19. Ordnen Sie den nachfolgenden Arbeitsschritten beim Feuerverzinken die Begriffe richtig zu:
(Spülbad, Zinkbad, Beizbad, Entfettungsbad, Kühlung/Kontrolle, Flussmittelbad und Trockenofen)

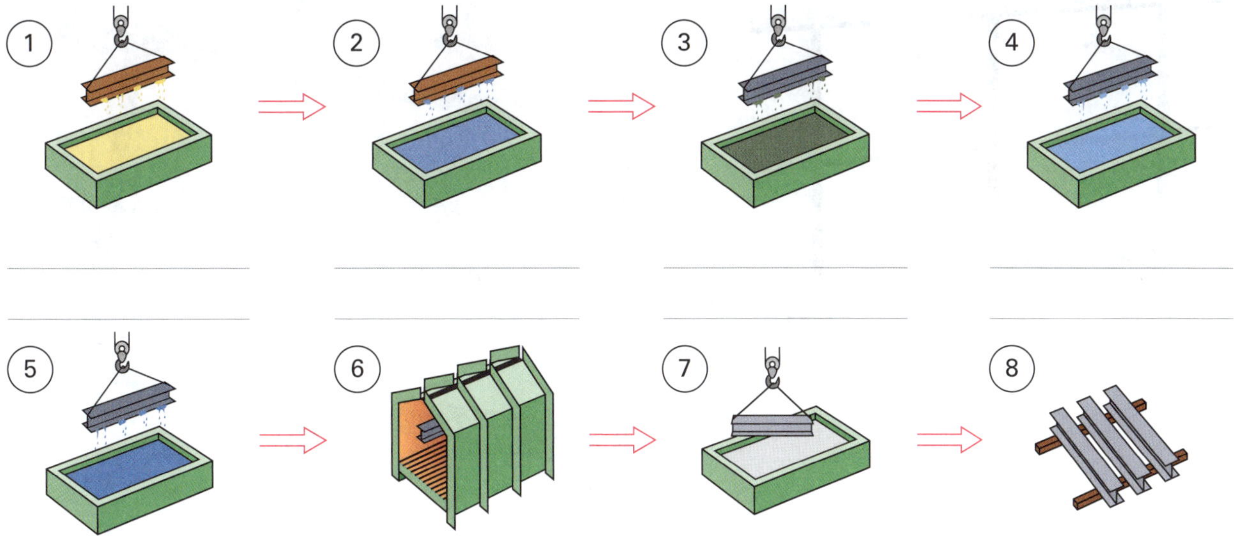

20. Ordnen Sie den Abbildungen jeweils eine kurze Merkregel für feuerverzinkungsgerechtes Konstruieren zu!

Merkregeln für feuerverzinkungsgerechtes Konstruieren		
1 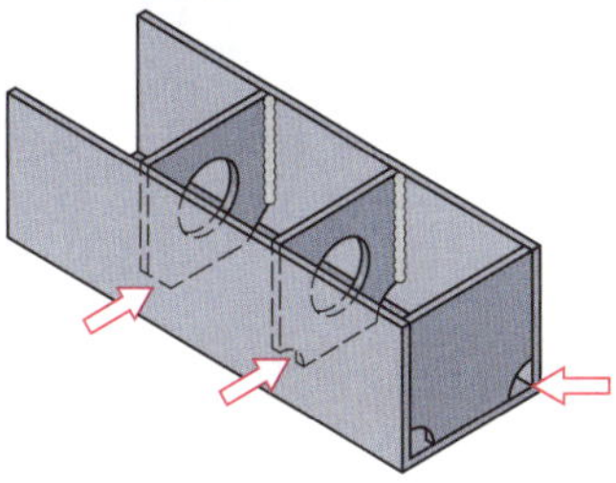	2 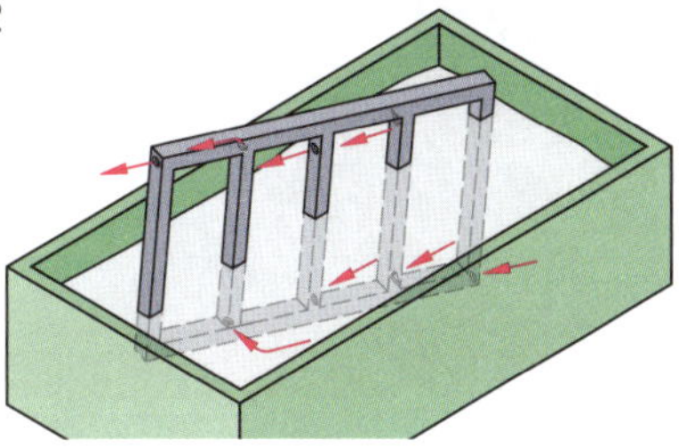	3 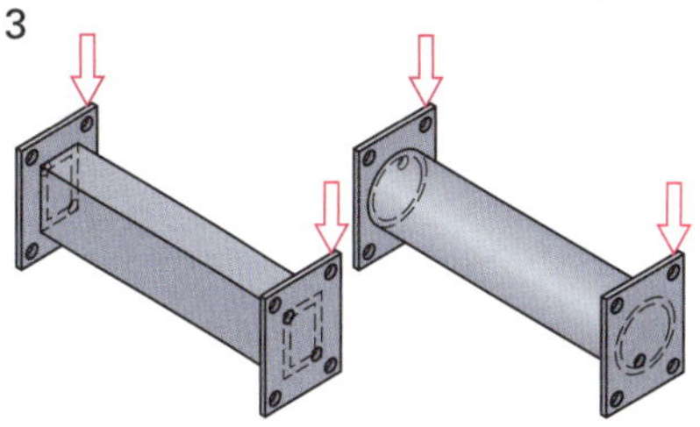
4 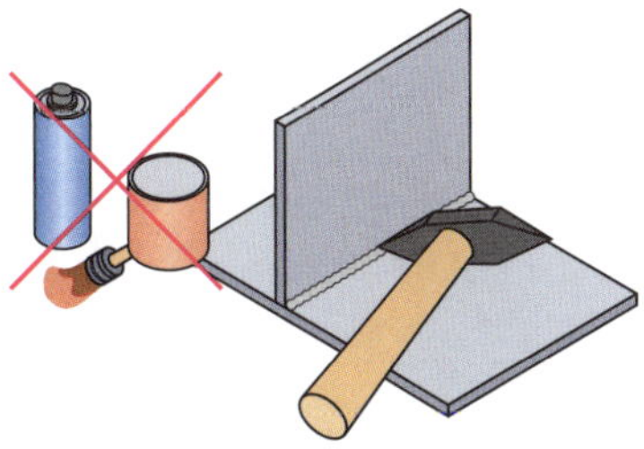	5 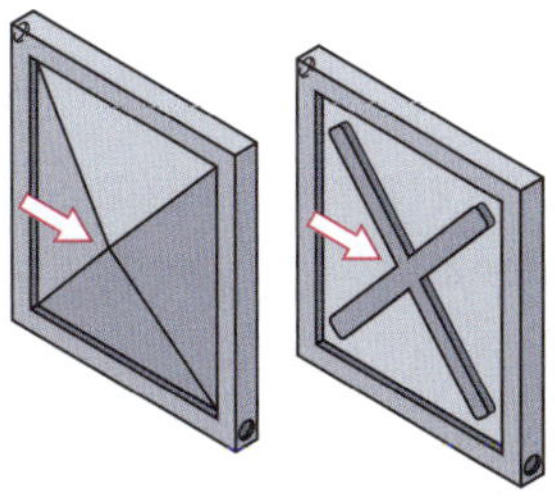	6 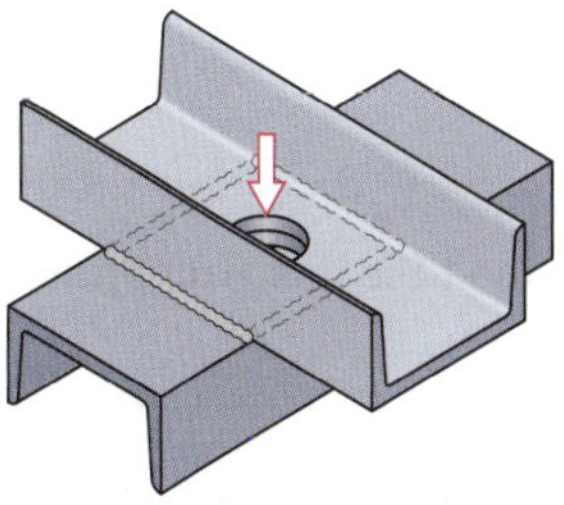

21. Die Geländerfelder der Arbeitsbühne sollen feuerverzinkt werden.
Markieren Sie die Lage der Zulauf- und Entlüftungsöffnungen an den erforderlichen Stellen und ebenfalls die Anhängungen zum Eintauchen in das Zinkbad!

Geländerfeld

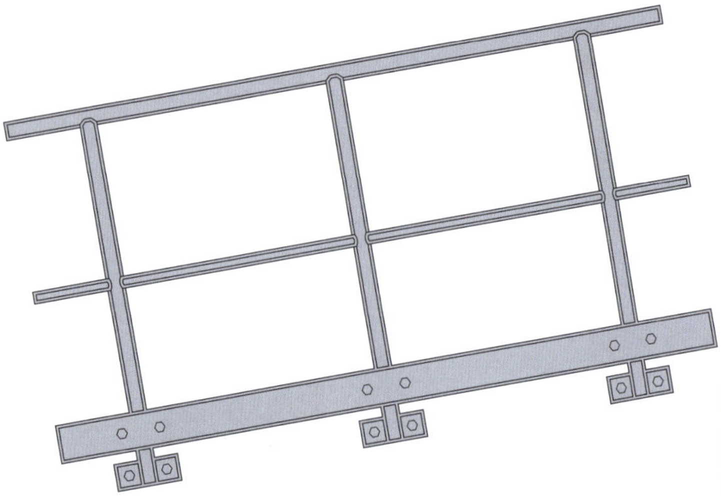

22. Aus welchem Grund werden die Teile beim Eintauchen in das Zinkbad stets schräg aufgehängt?

23. Warum sollten die Handläufe der Geländerfelder beim Eintauchen in das Zinkbad möglichst nach oben aufgehängt werden?

Kontrollieren

24. Aufgrund des Verzuges beim Schweißen müssen die Bauteile bei der Arbeitsbühne vor dem Verzinken nochmals gerichtet werden. Dies kann durch Kalt- oder Warmrichten erfolgen. Worin unterscheiden sich diese Verfahren?

25. Nennen Sie das Grundprinzip des Kaltrichtens!

26. Nennen Sie die wichtigsten Grundregeln beim Warmrichten!

27. Worin besteht die Gefahr, wenn kaltgerichtete Bauteile der Arbeitsbühne anschließend feuerverzinkt werden?

28. Warum werden dickere Bauteile häufig warmgerichtet?

29. Nennen Sie die Temperaturbereiche zum Flammrichten für a) Stahl und b) Aluminium.

a) Stahl: b) Aluminium:

30. Welche geometrischen Formen können beim Warmrichten angewandt werden?

31. Zeichnen Sie die Lage und Form der Wärmeeinbringung zum Flammrichten in die nachfolgenden Abbildungen der verschiedenen Fügestellen an der Arbeitsbühne ein!

Anschluss Fußplatte an Stütze

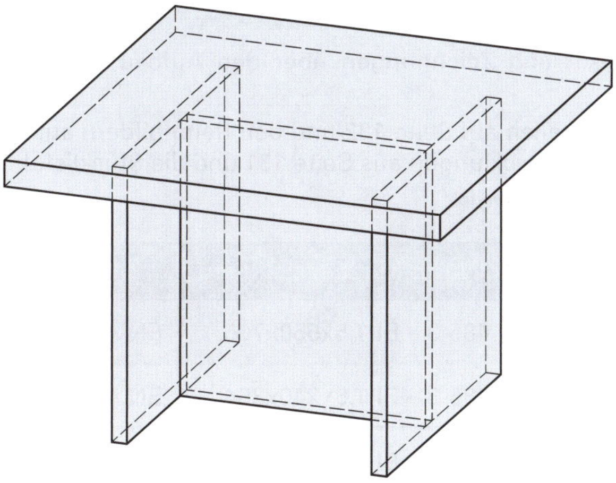

Anschluss Pfosten an Handlauf

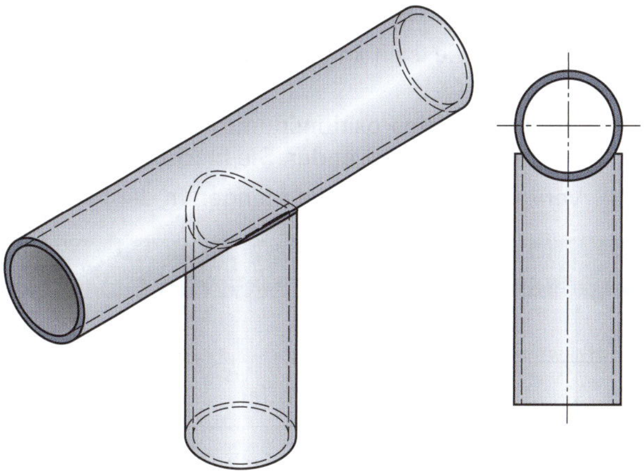

Anschluss Anschweißlaschen an U-Träger

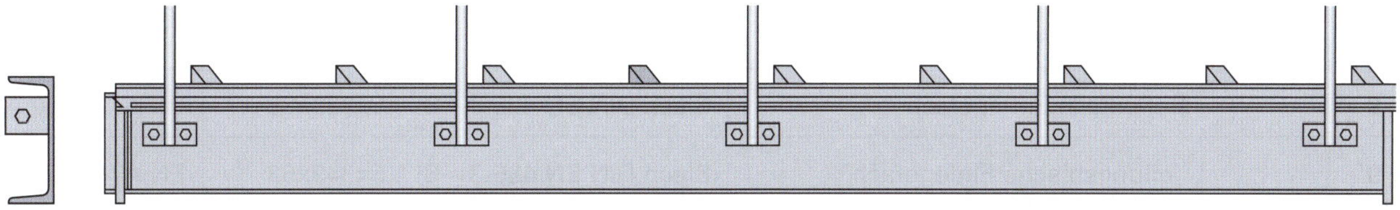

32. Was ist beim Flammrichten von feuerverzinktem Stahl zu beachten?

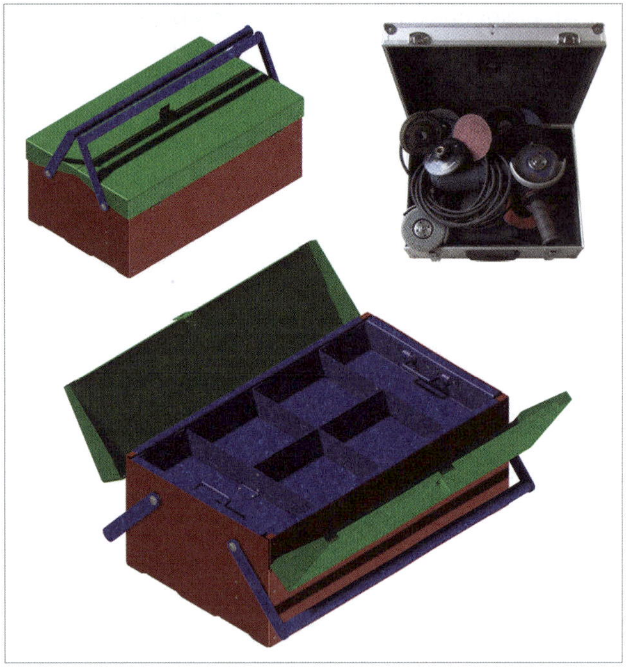

Auftrag

Bisher wurden in ihrer Firma zur Montage zwei Winkelschleifer in einem herkömmlichen Werkzeugkoffer transportiert (siehe Abbildung).

Die Scheiben und die Winkelschleifer sind durch das Aufstellen des Koffers immer durcheinander geraten. Dadurch war ein schneller Zugriff auf die Werkzeuge und Scheiben nicht möglich.

Im Zuge des firmeninternen Qualitätsmanagements bringen Sie den Verbesserungsvorschlag, dass man einen Werkzeugkoffer für zwei Winkelschleifer inkl. der Fächer für verschiedene Scheiben anfertigen könnte.

Die Betriebsleitung beschließt, ihren Vorschlag aufzugreifen und kommerziell zu nutzen. Von der Konstruktionsabteilung wurde deshalb ihre Idee in eine 3D-CAD Zeichnung eines Transportkoffers umgesetzt.

Sie haben bereits auf den zur Verfügung stehenden CNC gesteuerten Trenn- und Biegemaschinen die Blechteile hergestellt. Die fertigen Baugruppen müssen nun noch montiert werden.

Informieren

1. Informieren Sie sich mithilfe der nachfolgenden Stückliste und Zeichnungen über den Aufbau des Winkelschleiferkoffers.
   a) Ordnen Sie die Positionsnummern den gekanteten Einzelteilen auf Seite 132 und den Raumbildern auf Seite 133 richtig zu. Verwenden Sie hierfür die Darstellung der Abwicklungen aus Seite 131 und die Stückliste!
   b) Vervollständigen Sie die Mengen in der nachfolgenden Stückliste!

Pos.	Menge	Benennung	Sachnummer/Norm-Kurzbezeichnung	Werkstoff
1		Kofferschale	Blech DIN EN 485-3 – Bl 1,5x550x765	EN AW-1050 A
2		Seitenteile Koffer	Blech DIN EN 485-3 – Bl 1,5x240x364	EN AW-1050 A
3		Verstärkungsblech Griffbefestigung	Blech DIN EN 485-3 – Bl 1,5x250x20	EN AW-1050 A
4		Teilungsblech Winkelschleifer	Blech DIN EN 485-3 – Bl 1,5x800x173	EN AW-1050 A
5		Deckel	Blech DIN EN 485-3 – Bl 1,5x225x662	EN AW-1050 A
6		Schlosslasche	Blech DIN EN 485-3 – Bl 1,5x52x39	EN AW-1050 A
7		Schale Einlegefach	Blech DIN EN 485-3 – Bl 1,5x516x422	EN AW-1050 A
8		Seitenteile Einlegefach	Blech DIN EN 485-3 – Bl 1,5x339x85	EN AW-1050 A
9		Teilungsbleche Einlegefach	Blech DIN EN 485-3 – Bl 1,5x349x63	EN AW-1050 A
10		Teilungskreuz Einlegefach	Blech DIN EN 485-3 – Bl 1,5x349x45	EN AW-1050 A
11		Griffrohr	Rohr DIN 59751 – 21,3x2,6 – 567	EN AW-6060
12		Seitenteile Griff	Flachstahl DIN EN 755-5 – Fl 24x4 – 180	EN AW-6060
13		Fallgriff Einlegefach	Artikel-Nr.: 19-7-3335	Stahl
14		Scharnier Kofferdeckel	Artikel-Nr.: 50-7-3617	Stahl

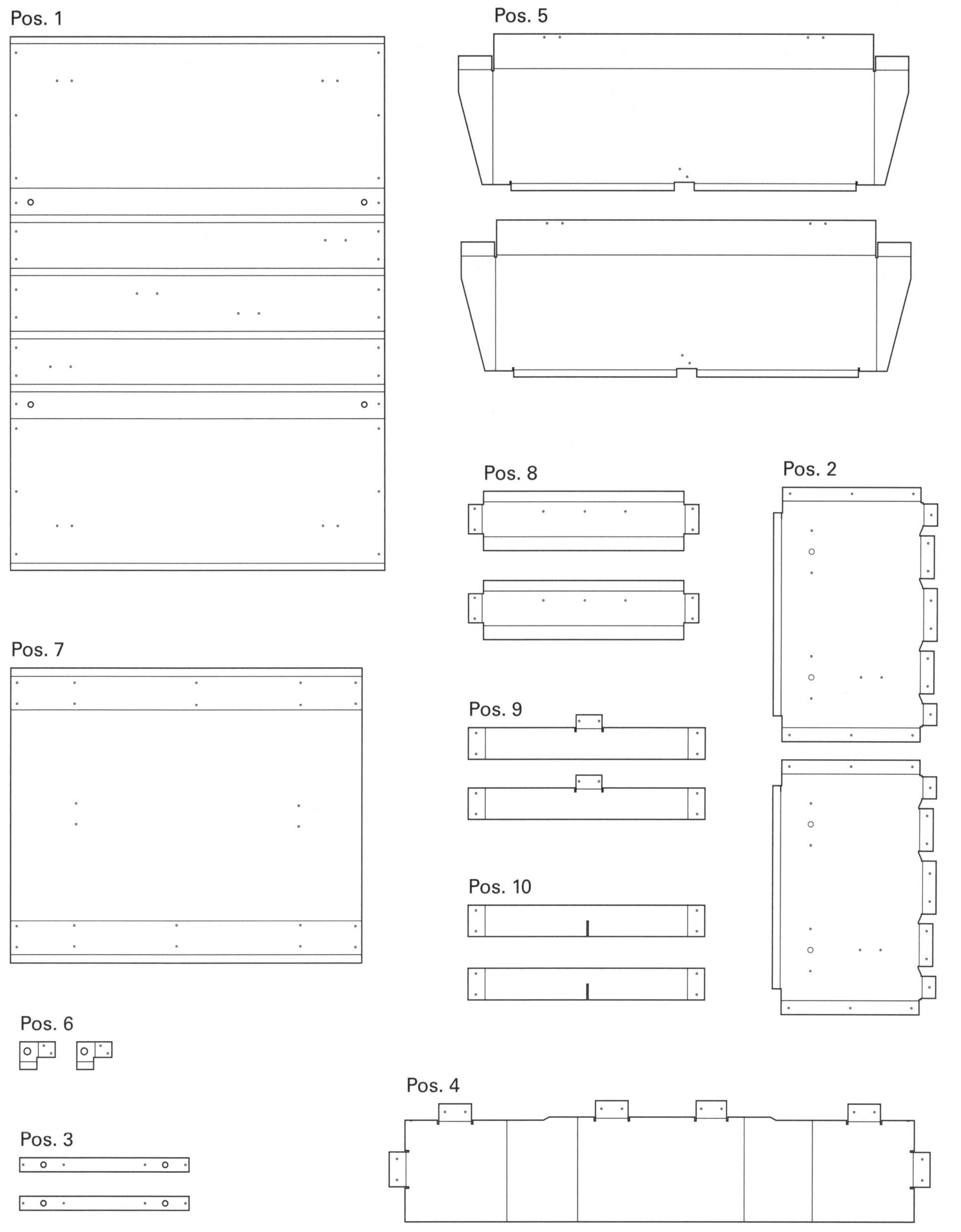

(Abwicklungen nicht maßstäblich)

Schule	Erstellt durch	Titel, zusätzlicher Titel	Dokumentenart	
Klasse	Ausgabedatum	**Winkelschleiferkoffer, Abwicklungen**	Zeichnungsnummer	Blatt

Lernfeld **Montieren und Demontieren von Baugruppen** Auftrag Winkelschleiferkoffer	Name:		
	Klasse:	Datum:	Blatt-Nr.: 132

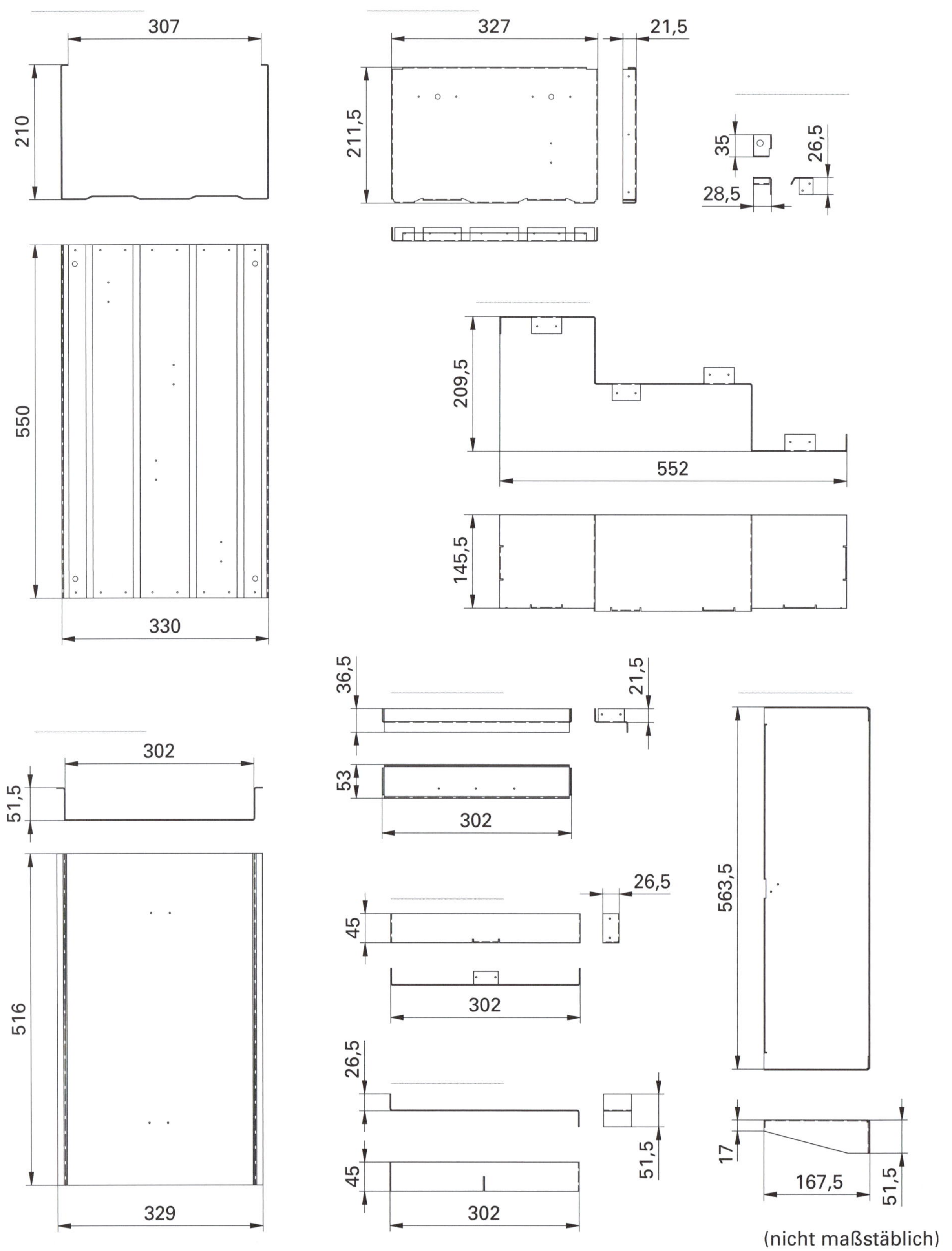

(nicht maßstäblich)

Schule	Erstellt durch	Titel, zusätzlicher Titel	Dokumentenart	
Klasse	Ausgabedatum	**Winkelschleiferkoffer, gekantete Einzelteile**	Zeichnungsnummer	Blatt

Lernfeld

Montieren und Demontieren von Baugruppen

Auftrag Winkelschleiferkoffer

Name:		
Klasse:	Datum:	Blatt-Nr.: 133

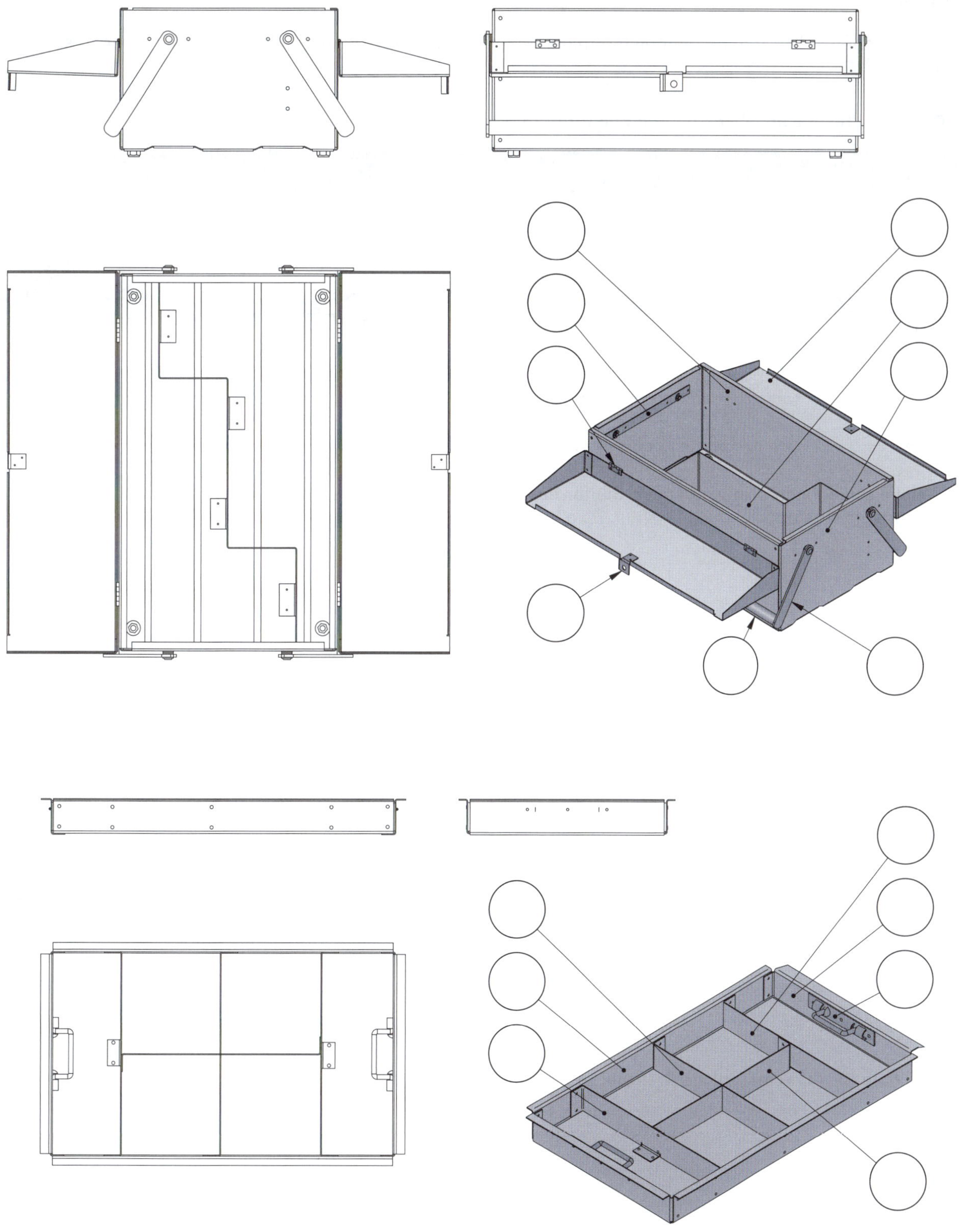

(nicht maßstäblich)

Schule	Erstellt durch	Titel, zusätzlicher Titel	Dokumentenart	
		Winkelschleiferkoffer, Baugruppen		
Klasse	Ausgabedatum		Zeichnungsnummer	Blatt

Planen

Die Baugruppen sollen mittels Blindnieten miteinander verbunden werden. Der Nenndurchmesser d_1 soll 3,0 mm betragen.

2. Benennen Sie die abgebildeten Blindnietformen!

Blindnietformen	
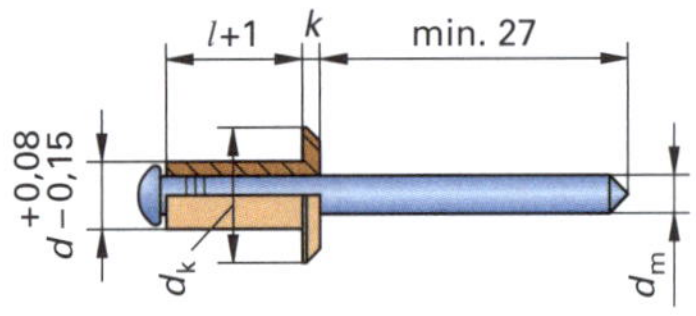 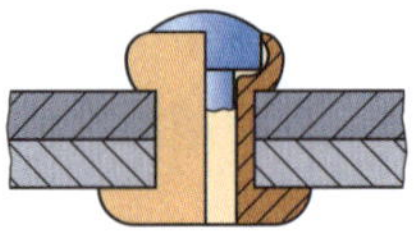	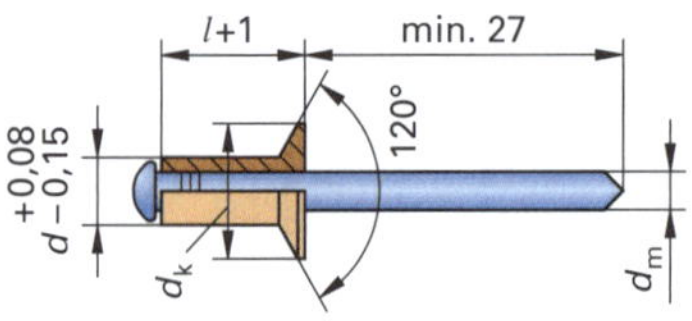 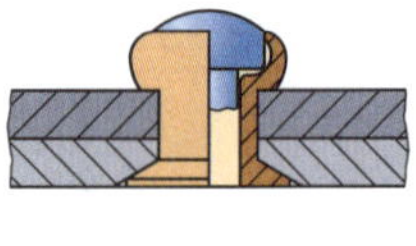

3. Welche Blindnietenform verwenden Sie für das Fügen der Baugruppen des Winkelschleiferkoffers? Begründen Sie ihre Entscheidung!

4. Ermitteln Sie mithilfe der Zeichnungen, Stückliste und Tabellen die nachfolgenden Kenngrößen der verwendeten Blindnieten.

Nenndurchmesser d_1 = 3,0 mm

Klemmlänge l_k =

Nietlochdurchmesser d_3 =

Erforderliche Nennlänge l =

5. Geben Sie für die ausgewählte Blindniete die normgerechte Bezeichnung an!

6. Warum ist bei den verwendeten Aluminium-Blindnieten die Hülse aus Aluminium, der Nietdorn aber aus Stahl?

7. Ermitteln Sie die erforderliche Drehzahl zur Herstellung der Bohrungen für die Blindnieten. (v_c = 20 m/min)!

Geg.:

Ges.:

Lösung:

8. Ihnen stehen die nachfolgenden Bohrertypen zur Auswahl. Welcher ist für die Herstellung der Nietlöcher besonders geeignet?

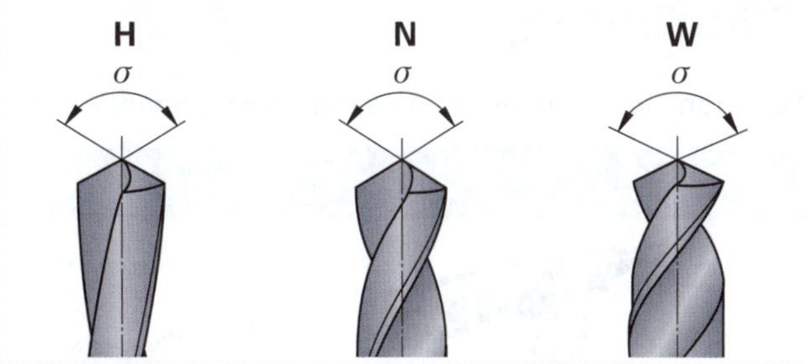

9. Die Blechteile des Winkelschleiferkoffers wurden auf einer CNC-Wasserstrahlschneidanlage geschnitten. Begründen Sie, warum die Nietlöcher nicht bereits bei diesem Fertigungsschritt hergestellt werden.

10. Die Deckel des Winkelschleiferkoffers werden mit den abgebildeten Scharnieren am Grundkörper befestigt. Welchen Vorteil hat die Verwendung dieses Scharniers im Gegensatz zu den rechts dargestellten getrennten Aufschraubband?

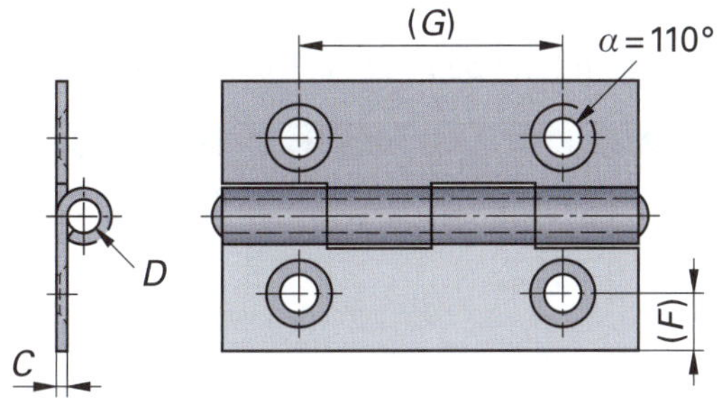

Verwendetes Scharnier

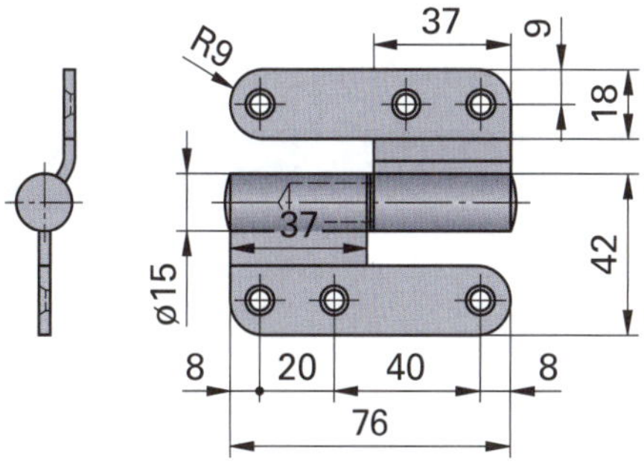

Beispiel Aufschraubband

11. Die Fallgriffe bei der Einlage des Winkelschleiferkoffers werden mit Senkschrauben M5 anstatt mit Blindniete (z. B. der Form B) befestigt. Begründen Sie diese Entscheidung!

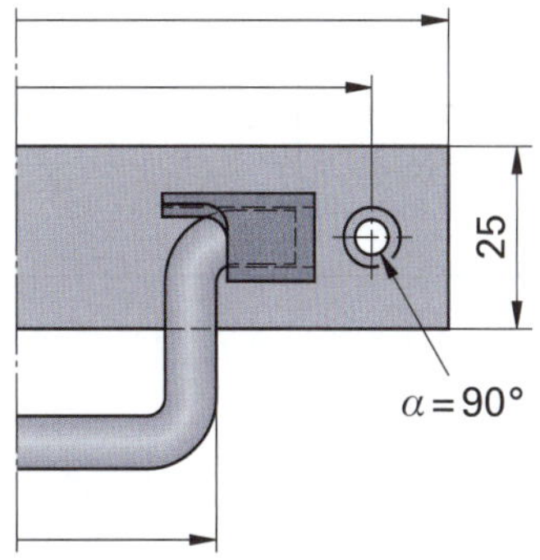

EUROPA LEHRMITTEL

Lernfeld
Montieren und Demontieren von Baugruppen
Auftrag Winkelschleiferkoffer

Name:		
Klasse:	Datum:	Blatt-Nr.: 136

Durchführen

12. Ihnen stehen in der Werkstatt die nachfolgenden Nietwerkzeuge zur Verfügung. Benennen Sie diese fachgerecht.

Nietwerkzeuge		
	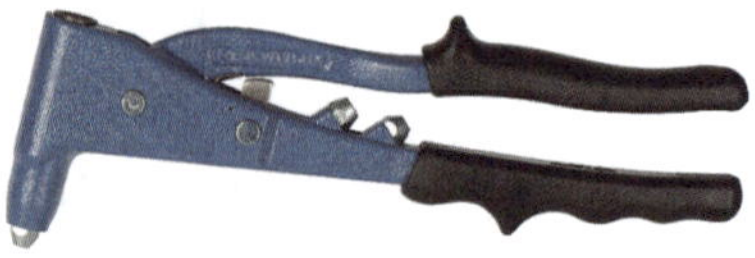	

13. Welches Nietwerkzeug verwenden Sie beim Fertigen des Winkelschleiferkoffers?

14. Beschreiben Sie die Arbeitsschritte zur Herstellung einer Nietverbindung beim Winkelschleiferkoffer!

Arbeitsschritt	Beschreibung des Nietvorgangs

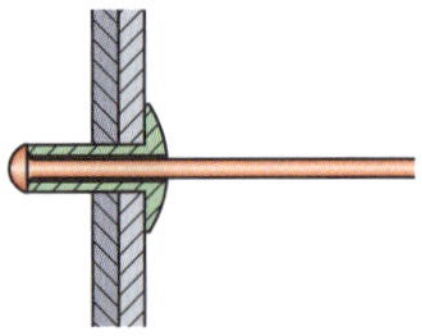	
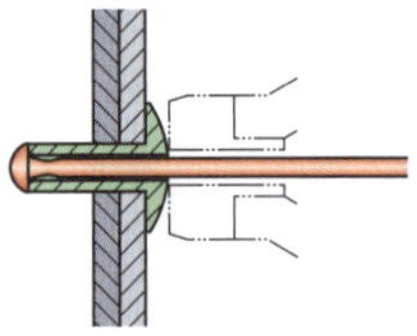	
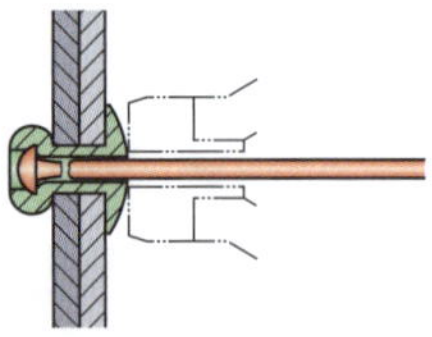	
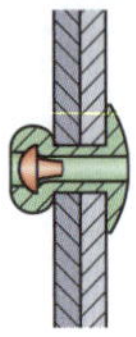	

15. Vervollständigen Sie den Arbeitsplan für die Montage der Baugruppe „Einlegefach"!

Nr.:	Arbeitsschritte	Werkzeuge/Hilfsmittel
1	An den Teilungsblechen (Pos. 9) die Lage des Teilungsbleches (Pos. 10, Teilungskreuz) anzeichnen.	Maßband, Anschlagwinkel, Stift
2	Teilungsbleche (Pos. 9) und erstes Teilungskreuzblech (Pos. 10) auf einer ebenen Arbeitsfläche auflegen, ausrichten und verspannen.	Richtplatte, Schraubzwingen, Winkel, Maßband
3	Maße und Winkel nochmals kontrollieren, Nietlöcher bohren und Blindnieten setzen.	Maßband, Stift, Winkel, Bohrer, Bohrmaschine, Nietzange, Blindnieten
4	Schraubzwingen lösen, Maße und Winkel nochmals kontrollieren, ggf. richten.	Winkel, Maßband, Schonhammer
5	Vernietete Trennbleche (2 × Pos. 9 + 1 × Pos. 10) in die Schale (Pos. 7) einlegen, ausrichten (Maße und Lage anzeichnen) und verspannen.	Winkel, Maßband, Stift, Schonhammer, Schraubzwingen
6	Maße und Winkel nochmals kontrollieren, Nietlöcher bohren und Blindnieten setzen.	Maßband, Stift, Winkel, Bohrer, Bohrmaschine, Nietzange, Blindnieten
7		
8		
9		
10		

Nr.:	Arbeitsschritte	Werkzeuge/Hilfsmittel
11		
12		
13		

Kontrollieren

16. Begründen Sie, warum das Einlegefach „Spiel" zur oberen Kantung der Kofferschale aufweisen muss.

17. Beurteilen Sie die Ursachen der nachfolgend abgebildeten Nietfehler und nennen Sie Möglichkeiten der Abhilfe.

Nietfehler		
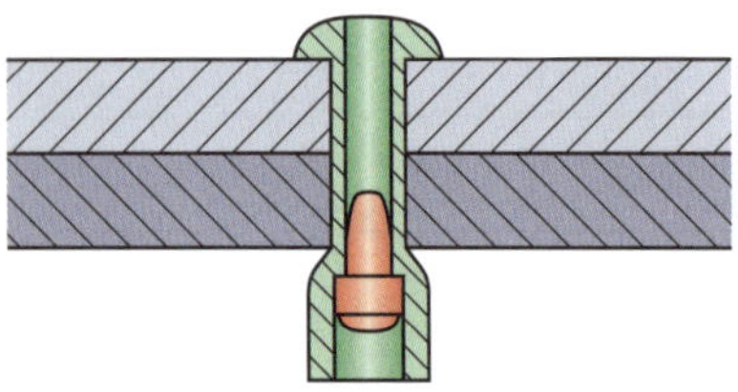	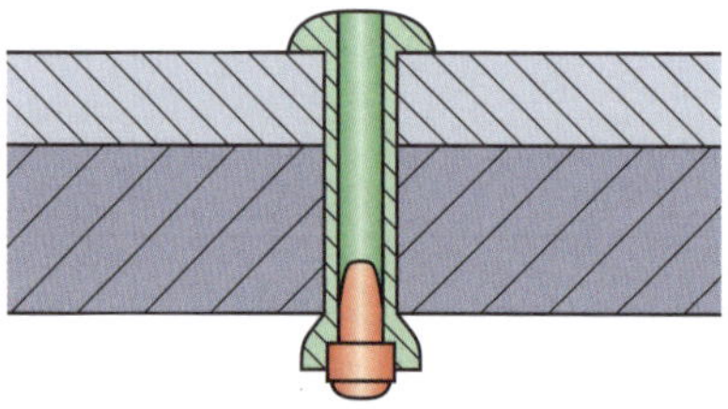	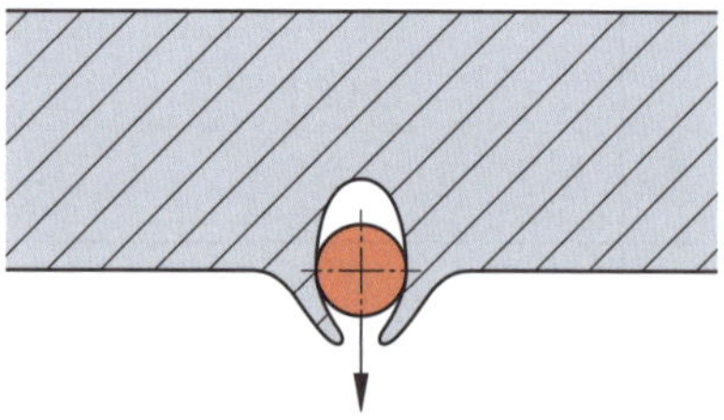
Ursache		
Abhilfemaßnahme		

Auftrag

Auf einem Firmengelände soll an einer Betonmauer ein Treppenpodest aufgestellt werden.

Über das Treppenpodest kann der vorhandene Höhenunterschied im Gelände bequem und sicher überbrückt werden.

Ihr Betrieb erhält diesen Auftrag, da er für diese Firma sämtliche Schlossertätigkeiten ausführt.

Um vor Ort eine fehlerfreie Montage sicher zu stellen, wird das Podest in der Werkstatt probeweise vormontiert.

Informieren

1. Informieren Sie sich über den Aufbau des Podestes mithilfe der nachfolgenden Zeichnungen. Ergänzen Sie im Anschluss die fehlenden Mengen und Zuschnittlängen in der Stückliste.

Pos.	Menge	Benennung	Sachnummer/ Norm-Kurzbezeichnung	Werkstoff	Masse m in kg/Pos.
1		Untergestell	U-Profil – DIN 1026-1 – U 100 – ____	S235JRG2	21,2
2		Untergestell	U-Profil – DIN 1026-1 – U 100 – ____	S235JRG2	14,8
3		Untergestell	U-Profil – DIN 1026-1 – U 100 – ____	S235JRG2	14,8
4		Querträger	Winkel DIN EN 10056-1 – L 50 × 50 × 6 – 890	S235JRG2	11,9
5		Gitterroststufe	DIN 25534-1 – SP40-38, 1 – 1000 × 305	S235JRG2	68,2
6		Wange	Flachstahl DIN EN 59200 – BFL 220 × 10 – ____	S235JRG2	42,6
7		Fußplatte, groß	Flachstahl DIN EN 10058 – FL 60 × 10 – ____	S235JRG2	3,8
8		Handlauf	Rohr – DIN EN 10210 – 48,3 × 3,6 – 1193	S235JRG2	4,7
9		Pfosten	Rohr – DIN EN 10210 – 48,3 × 3,6 – ____	S235JRG2	9,0
10		Pfosten	Rohr – DIN EN 10210 – 48,3 × 3,6 – ____	S235JRG2	8,9
11		Handlauf	Rohr – DIN EN 10210 – 48,3 × 3,6 – 708	S235JRG2	5,6
12		Bogen Handlauf	Rohr 48,3 × 3,6 × 57 – 54,2°	S235JRG2	0,4
13		Bogen Handlauf	Rohr 48,3 × 3,6 × 57 – 35,8°	S235JRG2	0,3
14		Knieleiste	Rohr – DIN EN 10210 – 26,9 × 2,6 – 1212	S235JRG2	1,9
15		Knieleiste	Rohr – DIN EN 10210 – 26,9 × 2,6 – ____	S235JRG2	2,4
16		Bogen Knieleiste	Rohr 26,9 × 2,6 × 28,5 – 35,8°	S235JRG2	0,1
17		Wange	Flachstahl DIN EN 59200 – BFL 220 × 10 – ____	S235JRG2	72,8
18		Fußplatte, klein	Flachstahl DIN EN 10058 – FL 100 × 10 – ____	S235JRG2	3,1
19		Anschweißlasche	Flachstahl DIN EN 10058 – FL 50 × 8 – ____	S235JRG2	1,1
2001		Mutter	Sechskantmuter – ISO 4034 – M12	Stahl 5	0,67
2011		Unterlegscheibe	Scheibe ISO 7089 – 1 2 – 140 HV	Stahl 8	0,80
2021		Schraube Strittstufe	Sechskantschraube – ISO 4017 – M12	Stahl 4.6	1,61
2022		Schraube, Pfosten oben	Sechskantschraube – ISO 4017 – M12	Stahl 4.6	0,70

EUROPA LEHRMITTEL

Lernfeld
Montieren und Demontieren von Baugruppen
Auftrag Treppenpodest

Name:		
Klasse:	Datum:	Blatt-Nr.: 140

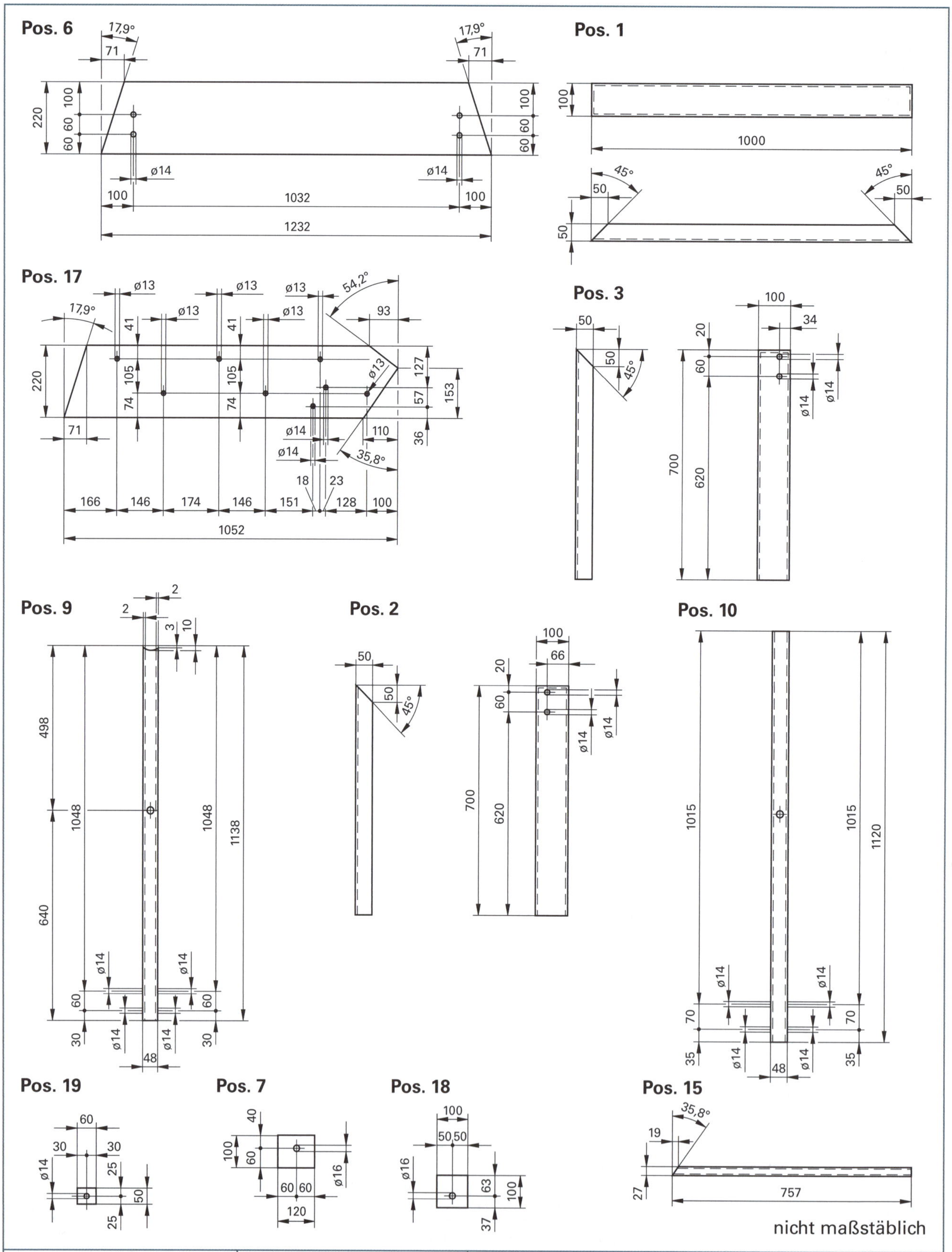

Schule	Erstellt durch	Titel, zusätzlicher Titel	
		Treppenpodest Einzelteile	
Klasse	Ausgabedatum		Zeichnungsnummer / Blatt

Baugruppe 1.1

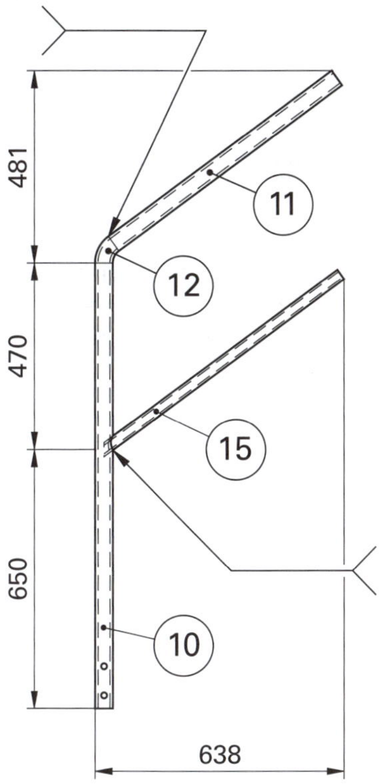

Baugruppe 1.2

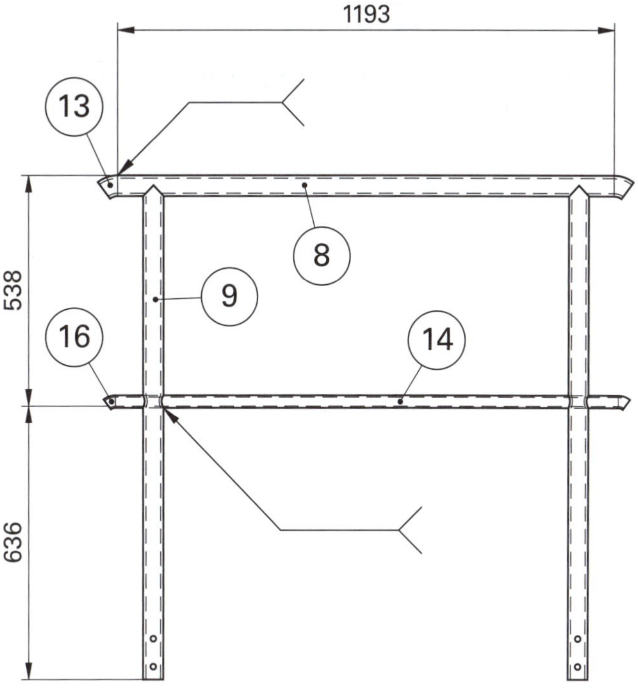

Baugruppe 2

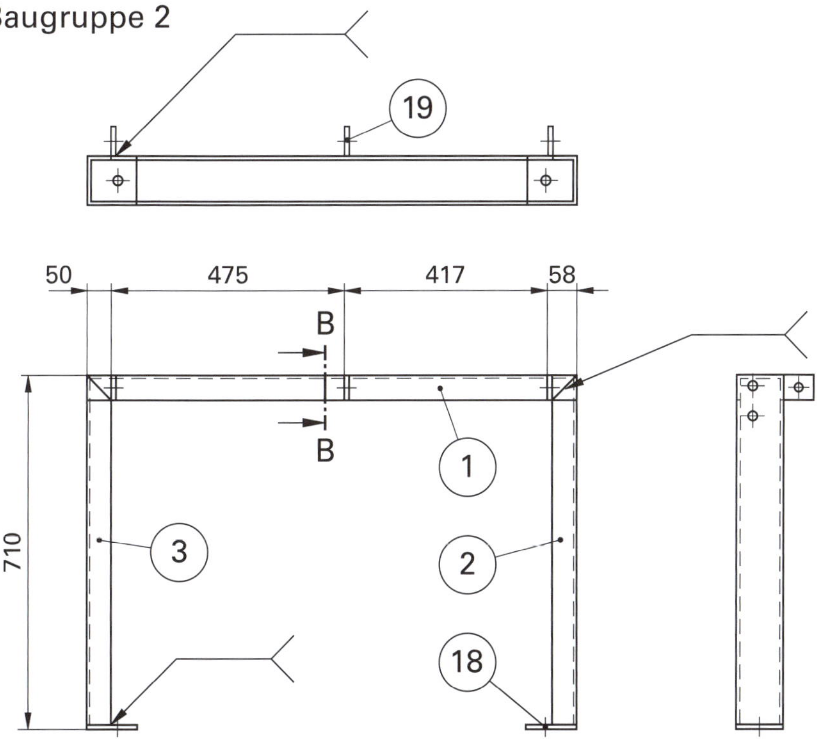

B-B

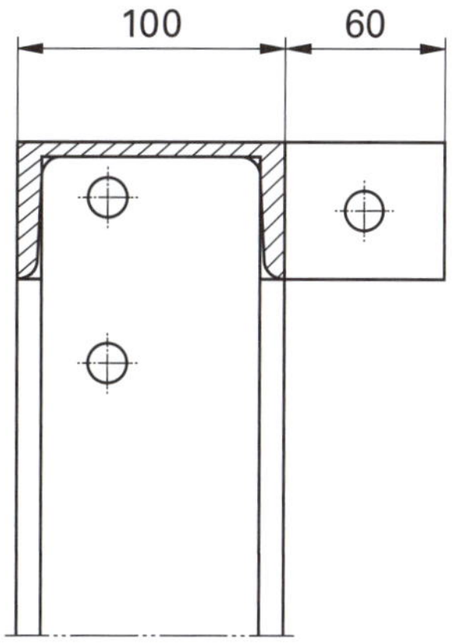

nicht maßstäblich

Schule	Erstellt durch	Titel, zusätzlicher Titel	
Klasse	Ausgabedatum	**Treppenpodest Baugruppen**	Zeichnungsnummer / Blatt

Lernfeld **Montieren und Demontieren von Baugruppen** Auftrag Treppenpodest	Name:		
	Klasse:	Datum:	Blatt-Nr.: 142

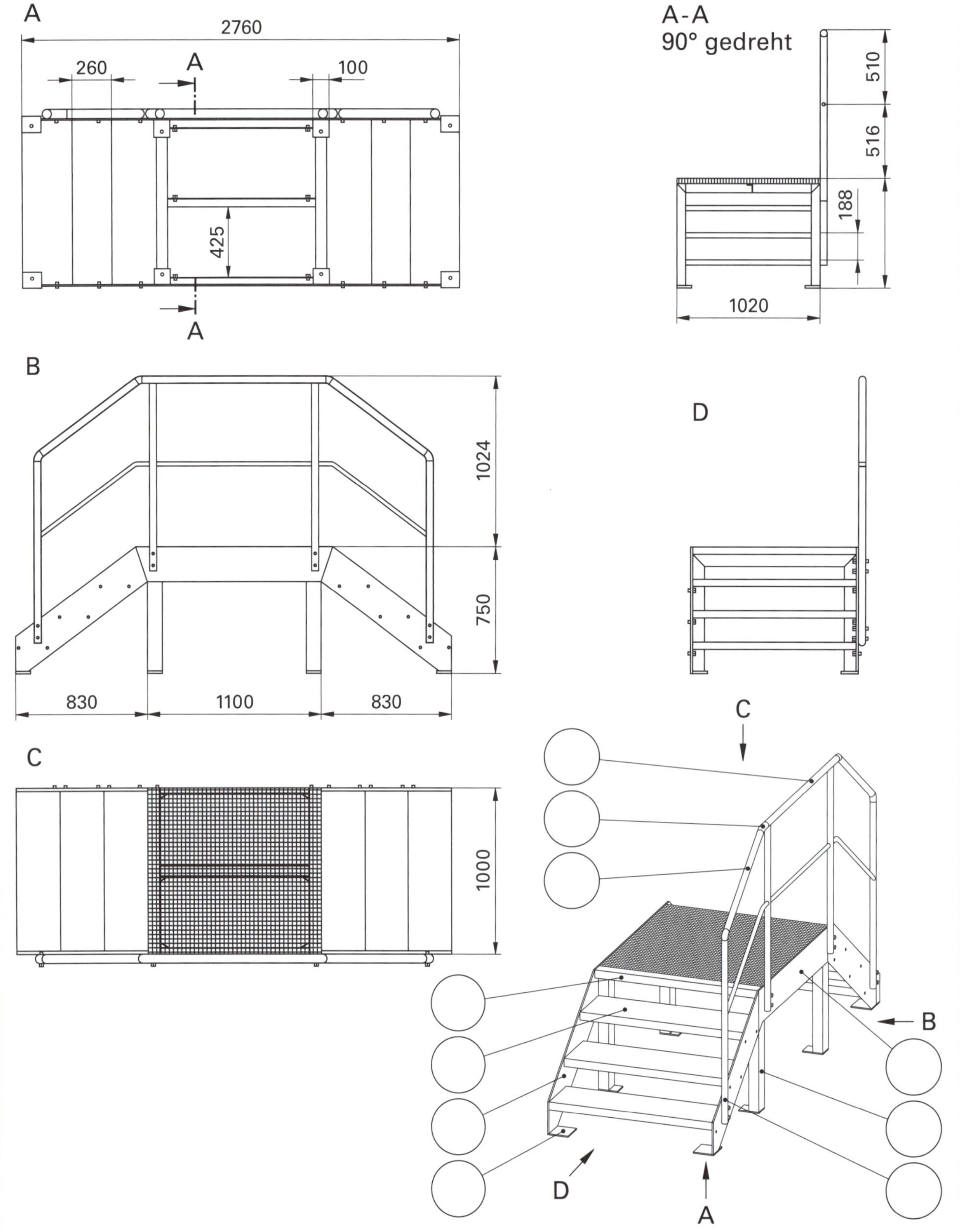

nicht maßstäblich

Schule	Erstellt durch	Titel, zusätzlicher Titel	
Klasse	Ausgabedatum	**Treppenpodest Ansichten**	Zeichnungsnummer / Blatt

Name:

Klasse: Datum: Blatt-Nr.: 143

Planen

2. Die Einzelteile des Treppenpodestes werden zu Baugruppen zusammengefasst.

a) Ordnen Sie die Positionen des Treppenpodestes den nachfolgenden Baugruppen zu!

Nr.:	Baugruppe	Werkzeuge/Hilfsmittel
1.1	Schräge Geländerfelder	
1.2	Gerades Geländerfeld	
2	Seitenteil Untergestell links/rechts 1, 2	
3	Wange innen/außen	

b) Übertragen Sie im Anschluss die Positionsnummern auf das Raumbild auf Seite 142!

3. Überprüfen Sie, ob Sie das Treppenpodest fertig montiert ohne Hebezeuge transportieren und aufstellen könnten.

a) Berechnen Sie hierfür die Gesamtmasse der Konstruktion mithilfe der Stückliste!

b) Beurteilen Sie ihr Ergebnis.

4. Die Baugruppen sollen miteinander verschraubt werden. Ermitteln Sie die hierfür erforderlichen Längen für die Schrauben Position 2021 (Schrauben Trittstufe) und Position 2022 (Schrauben, Pfosten oben).

5. Ermitteln Sie den Bohrlochabstand (als Kontrollmaß) für die Gitteroststufen (Position 5) mithilfe von Tabellen.

6. Überprüfen Sie, ob der Bohrlochabstand für die Gitterroststufen in der Einzelteilzeichnung (Position 17) stimmt!

Geg.:

Ges.:

Lösung:

7. Die Einzelteile der Baugruppen 1 bis 3 sollen verschweißt werden. Legen Sie hierfür die notwendigen Fugenformen fest (Beachten Sie dabei die jeweiligen Wandungsstärken der Bauteile).

8. Erklären Sie das nachfolgende Schweißnahtsymbol!

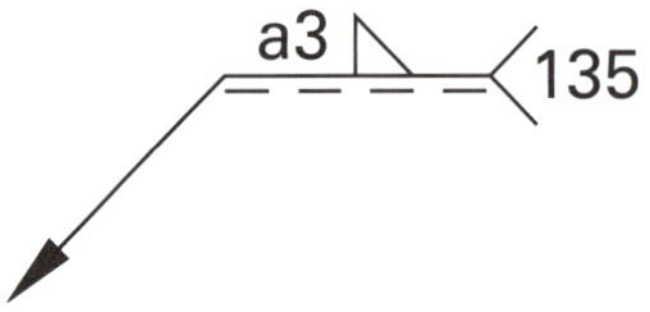

9. Zeichnen und erklären Sie drei erforderliche Schweißnahtsymbole zum Fügen der Baugruppen 1.1, 1.2 und 2!

10. Vervollständigen Sie die erforderlichen Schweißnahtsymbole in die vorangehenden Zeichnungen der Baugruppen 1.1, 1.2 und 2 auf Seite 141!

Durchführen

11. Die Baugruppe 2 „Seitenteil Untergestell links“ soll verschweißt werden. Vervollständigen Sie hierfür den nachfolgenden Arbeitsplan! Beachten Sie, dass die Einzelteile bereits vorgefertigt sind.

Nr.:	Arbeitsschritte	Werkzeuge/Hilfsmittel
1	U-Träger Pos. 1,2,3 auflegen und ausrichten.	Schweißtisch, Winkel, Spannmittel, Zeichnung
2	Rahmen beidseitig heften.	Schweißgerät, Schweißhelm, Handschuhe
3	Maß- und Winkelkontrolle, ggf richten	90°-Flachwinkel, Zeichnung, Bandmaß
4		
5		
6		
7		
8		
9		
10		
11		
12		

12. Für Geländer werden Anschweißbögen von 45°, 90°und 135° angeboten. Wie stellen Sie den Anschweißbogen Pos. 12 mit einem Winkel von 54,2° für das Geländer her?

13. Die fertigen Baugruppen werden verschraubt. Informieren Sie sich über die abgebildeten Schraubensicherungen und vervollständigen Sie im Anschluss die Übersicht.

Schraubensicherungen				
	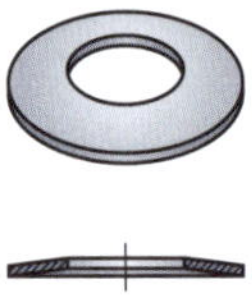		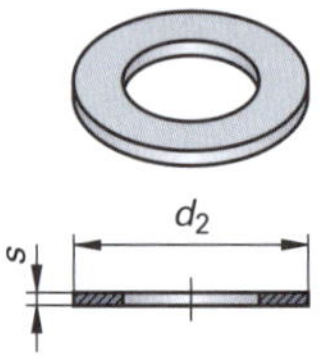	
	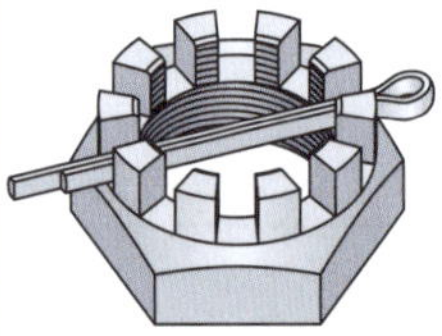		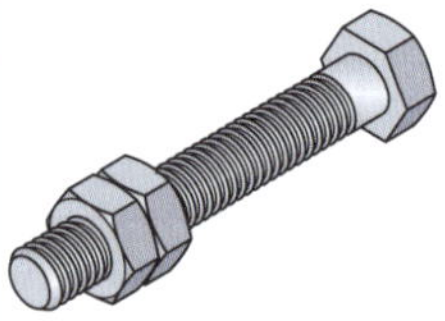	
	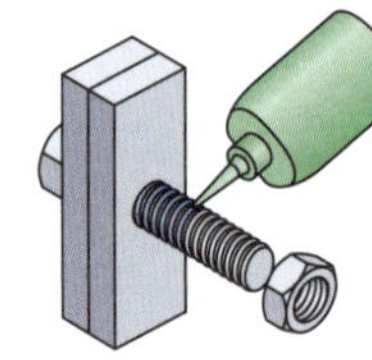		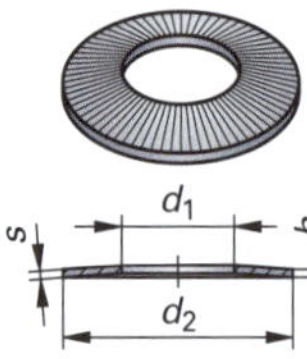	

14. Welche Schraubensicherung verwenden Sie zur Befestigung der Geländerpfosten? Begründen Sie ihre Entscheidung!

15. Worauf müssen Sie bei der Verwendung flüssiger (chemischer) Schraubensicherungen achten?

16. Welche Bedeutung hat der Aufdruck „4.6" auf dem Schraubenkopf?

17. Welche maßgebliche Änderung haben Sie bei der Umstellung von DIN 933 auf ISO4017 M12-Schrauben zu beachten?

18. Beschreiben Sie mit eigenen Worten die Montageschritte der vormontierten Baugruppen (Aufgabe 2)! Achten Sie auf eine sinnvolle Reihenfolge!

Kontrollieren

19. Erstellen Sie eine Checkliste für die Endabnahme, um dem Kunden ein fehlerfreies Produkt übergeben zu können.

Nr.:	Checkliste (Abnahmeprotokoll)	Kontrollhaken		
		i. O.	n. i. O.	behoben
1	Schweißnähte sauber und fehlerfrei?			
2				
3				
4				
5				
6				
7				

Bemerkungen:

Unterschrift Auftragnehmer

Unterschrift Auftraggeber

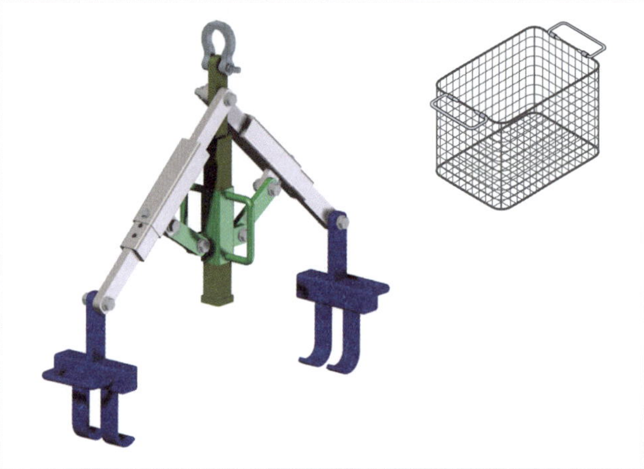

Auftrag

In einem Automobilzulieferbetrieb werden Kleinteile nach der Bearbeitung in einem CNC-Drehzentrum in Gitterkörben gesammelt. Nach der Fertigung werden die Körbe in ein Reinigungsbad getaucht, um die Kleinteile von Kühlmittelrückständen zu befreien.

Der Betrieb möchte zum Anheben einen an die Korbart angepassten Gitterkorbgreifer nutzen. Es soll die Möglichkeit bestehen, den Gitterkorbgreifer auch bei anderen Korbabmessungen einsetzen zu können.

Ihr Ausbildungsbetrieb erhält den Auftrag, den abgebildeten Gitterkorbgreifer nach den Plänen der Konstruktionsabteilung zu montieren.

Informieren

1. Informieren Sie sich mithilfe der nachfolgenden Zeichnungen und der Stückliste über den Aufbau des Greifers.

a) Vervollständigen Sie die fehlenden Positionsnummern in die Ansichten der Baugruppen 1, 2, 3 und 5 auf der Seite 150.

b) Übertragen Sie im Anschluss die Positionsnummern an die abgebildeten Baugruppen (inkl. der Norm-Kurzbezeichnungen der Einzelteile).

Greiferhaken

Baugr.: ____

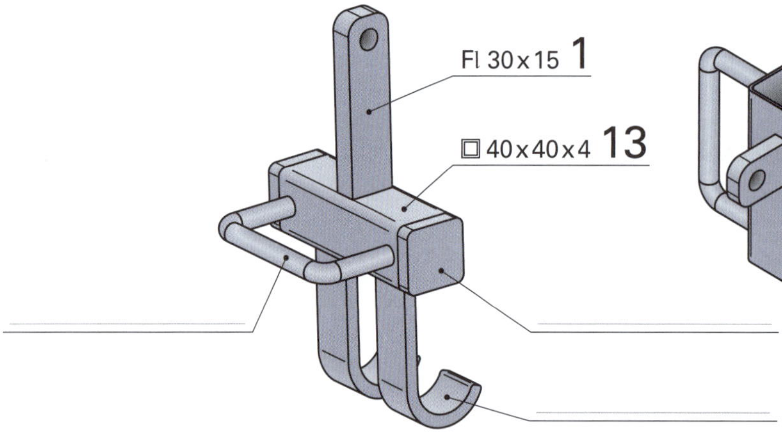

Führungshülse

Baugr.: ____

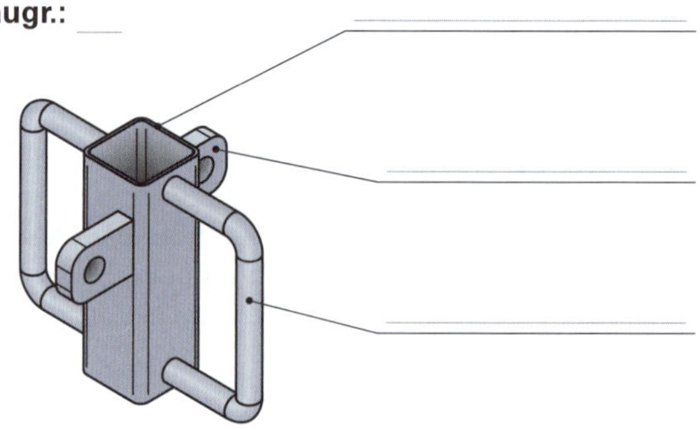

Führung

Baugr.: ____

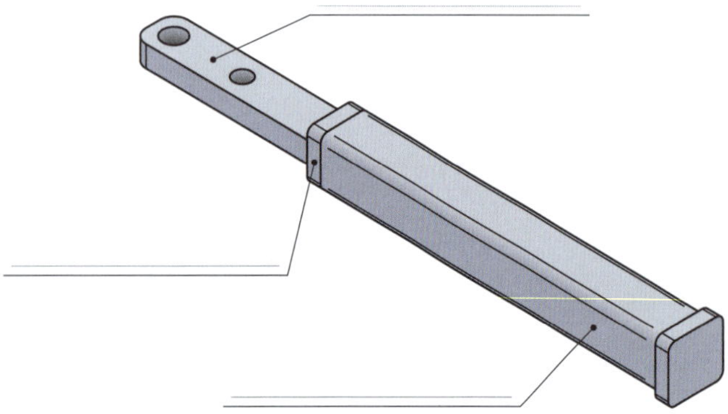

Oberes Greiferarmstück

Baugr.: ____

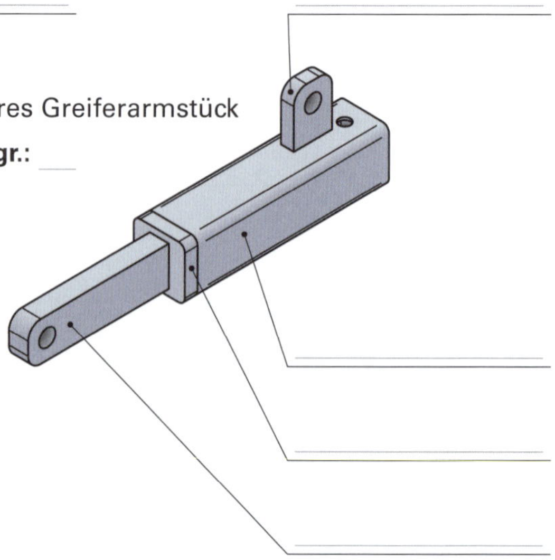

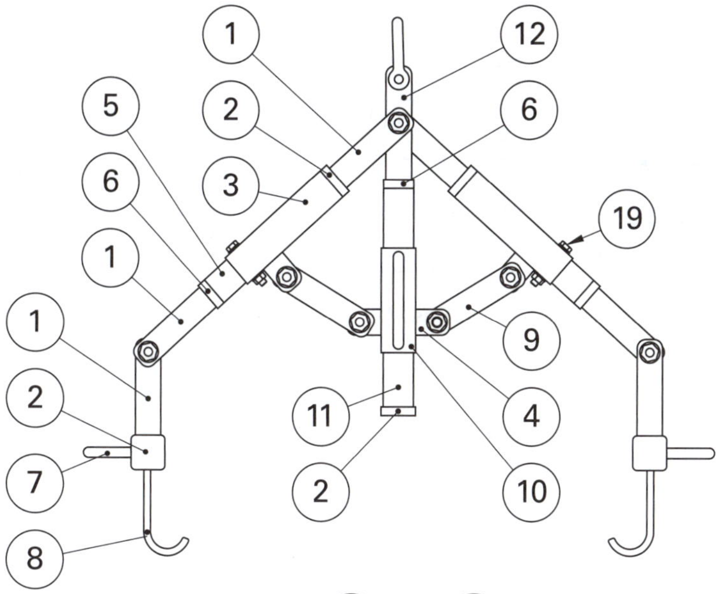

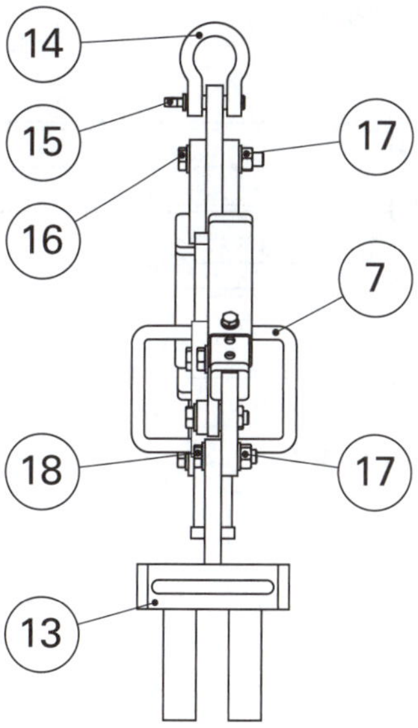

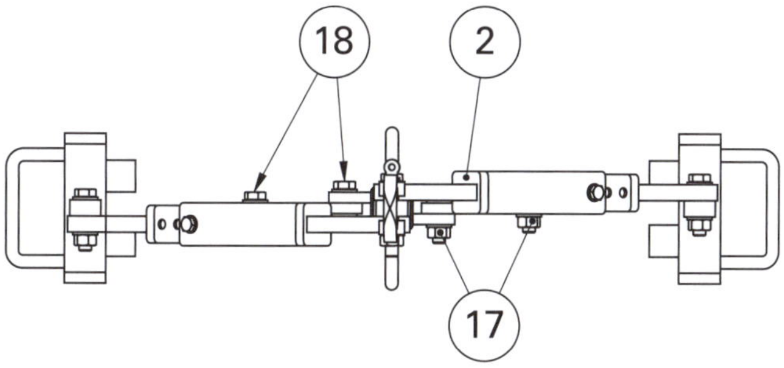

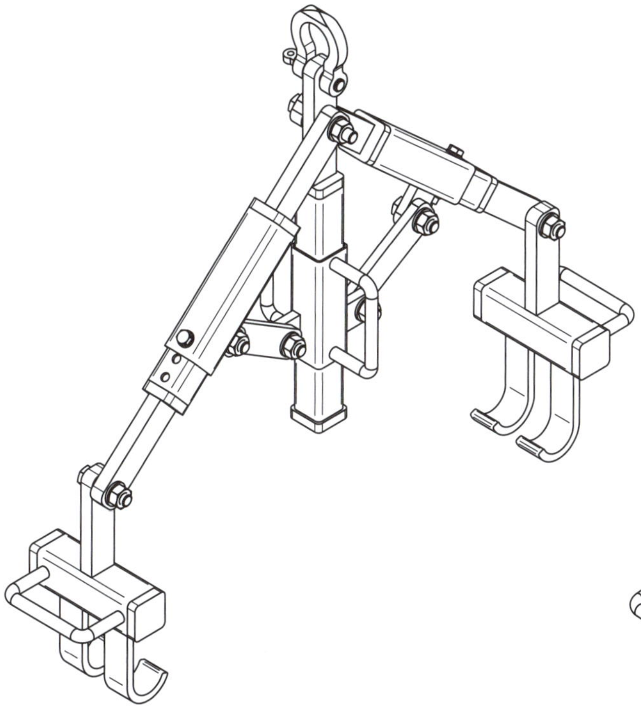

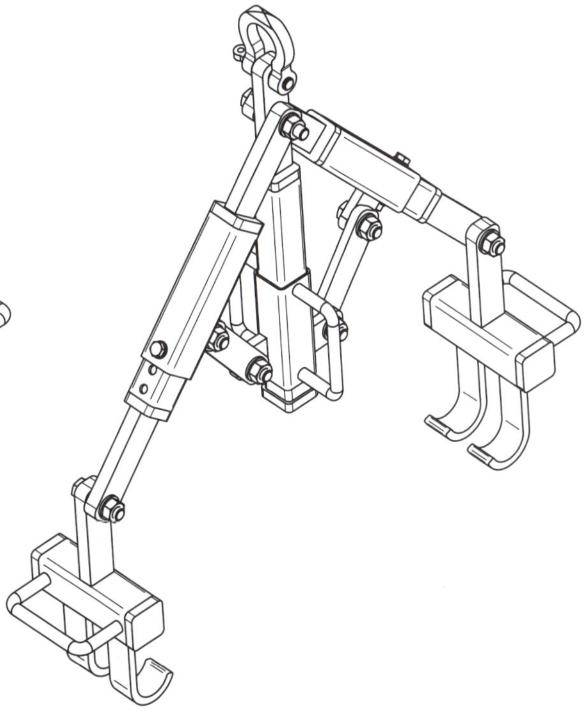

Schule	Erstellt durch	Titel, zusätzlicher Titel	Dokumentenart	
		Gitterkorbgreifer		
Klasse	Ausgabedatum		Zeichnungsnummer	Blatt

EUROPA LEHRMITTEL	**Lernfeld** **Montieren und Demontieren von Baugruppen** Auftrag Gitterkorbgreifer	Name:		
		Klasse:	Datum:	Blatt-Nr.: 150

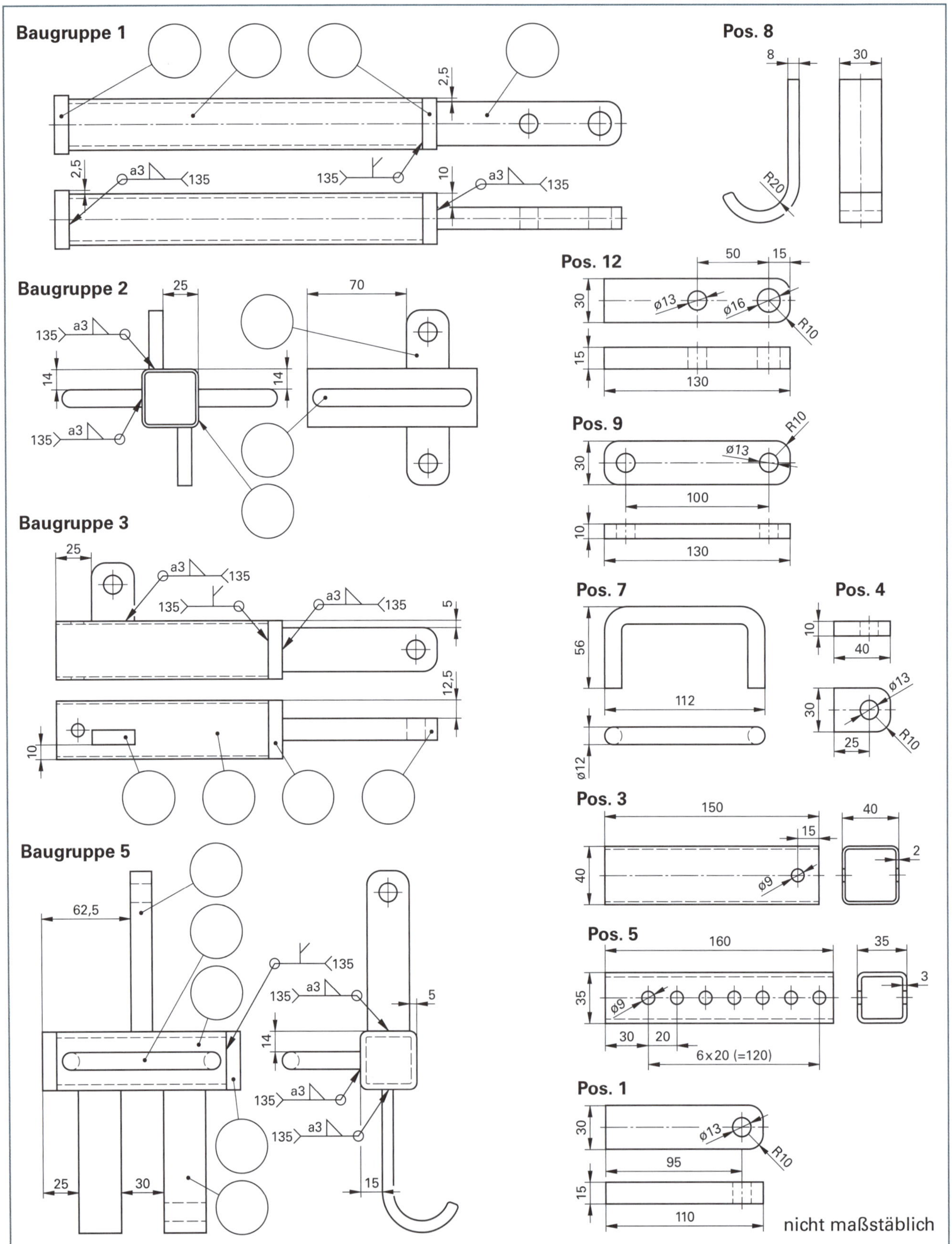

Schule	Erstellt durch	Titel, zusätzlicher Titel	Dokumentenart	
		Gitterkorbgreifer		
Klasse	Ausgabedatum		Zeichnungsnummer	Blatt

Baugruppe 4

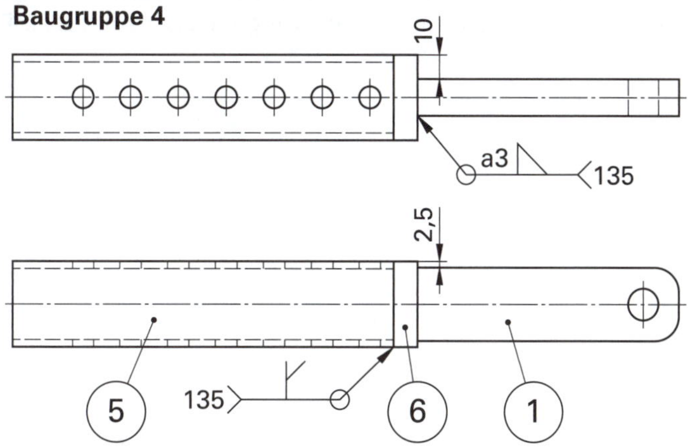

nicht maßstäblich

Pos.	Menge	Benennung	Norm-/Kurzbezeichnung	Werkstoff
1	6	Anschweißlaschen	Fl DIN EN 10058 – 30 × 15 – 110	S235JR
2	7	Anschweißplatten, groß	Fl DIN EN 10058 – 40 × 10 – 40	S235JR
3	2	Außenrohr Greifarm	Hohlprofil DIN EN 10210 – 40 × 40 × 2 – 150	S235JR
4	4	Anschweißlaschen	Fl DIN EN 10058 – 40 × 10 – 30	S235JR
5	2	Innenrohr Greifarm	Hohlprofil DIN EN 10210 – 35 × 35 × 3 – 160	S235JR
6	4	Anschweißplatten, klein	Fl DIN EN 10058 – 35 × 10 – 35	S235JR
7	4	Haltebügel	Rd 12 DIN EN 10060 – ______	S235JR
8	4	Greifer	Fl DIN EN 10058 – 30 × 8 – ______	S235JR
9	2	Schubgelenk	Fl DIN EN 10058 – 30 × 10 – 130	S235JR
10	1	Führungshülse	Hohlprofil DIN EN 10210 – 40 × 40 × 2 – 120	S235JR
11	1	Führungsrohr	Hohlprofil DIN EN 10210 – 35 × 35 × 3 – 250	S235JR
12	1	Führungslasche	Fl DIN EN 10058 – 30 × 15 – 130	S235JR
13	1	Querrohr Greiferhaken	Hohlprofil DIN EN 10210 – 40 × 40 × 4 – 120	S235JR
14	1	Schäkel	Artikelnr.: 07012 – 12a	–
15	1	Schäkelbolzen	Artikelnr.: 07012 – 12b	–
16	1	Sechskantschraube	DIN ISO 4017 – M 12 × ____ - 8.8	–
17	7	Sechskantmutter	DIN EN ISO 4032 – M 12 – 6	–
18	6	Sechskantschraube	DIN ISO 4017 – M 12 × ____ - 8.8	–
19	2	Sechskantschraube	DIN ISO 4014 – M 8 × ____ - 8.8	–
20	2	Sechskantmutter	DIN EN ISO 4032 – M 8 – 6	–
21	14	Scheibe	ISO 7089 – 12 – 8.8	–
22	4	Scheibe	ISO 7089 – 8 – 8.8	–

Schule	Erstellt durch	Titel, zusätzlicher Titel	Dokumentenart	
		Gitterkorbgreifer		
Klasse	Ausgabedatum		Zeichnungsnummer	Blatt

2. Bei einem Kundengespräch kann sich der Kunde nicht genau vorstellen, wie der Korbgreifer bedient und über den Gitterkörben positioniert werden soll. Skizzieren Sie für die Erklärung eine schematische Darstellung des Greifers über einer Gitterbox!

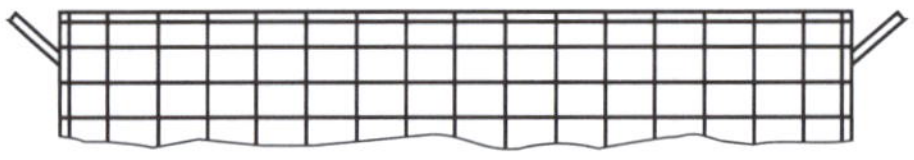

3. Sie sollen dem Kunden den Aufbau und die Gesamtfunktion des Korbgreifers erklären. Vervollständigen Sie hierfür die nachfolgende Funktionsbeschreibung. Verwenden Sie dafür die vorangehenden Zeichnungen und die Stückliste!

- Mittels des Gitterkorbgreifers können Gitterkörbe an ihren Tragegriffen mithilfe geeigneter Hebezeuge angehoben werden.
- Der Gitterkorbgreifer besteht dabei aus fünf geschweißten Baugruppen, welche über Schraubverbindungen miteinander verbunden sind.
- An die Führung (Baugr. 1) kann der Greifer über einen Schäkel an ein Hebewerkzeug angehängt werden. Am Führungsrohr (Pos. 11) sind zudem die zwei Greiferarme montiert.
- Über die Bohrungen in der Baugruppe 4 des Greiferarms ist ...

Planen

4. Aufgrund welcher physikalischen Gesetzmäßigkeit können mit wesentlich geringerem Kraftaufwand schwere Lasten gehoben werden? Nennen Sie zwei praktische Beispiele.

5. Zum Heben der Gitterkörbe muss für den Korbgreifer noch ein geeignetes Hebezeug ausgewählt werden. Informieren Sie sich über abgebildeten a) Krane und b) Kleinhebegeräte und vervollständigen Sie im Anschluss die Übersicht!

a) Krane			
			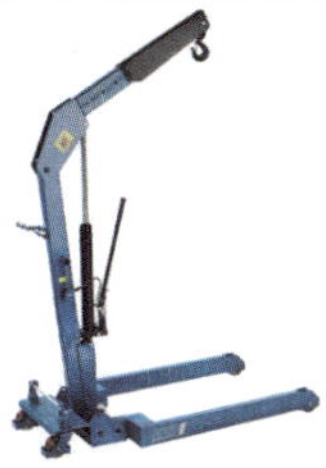
b) Kleinhebegeräte			
		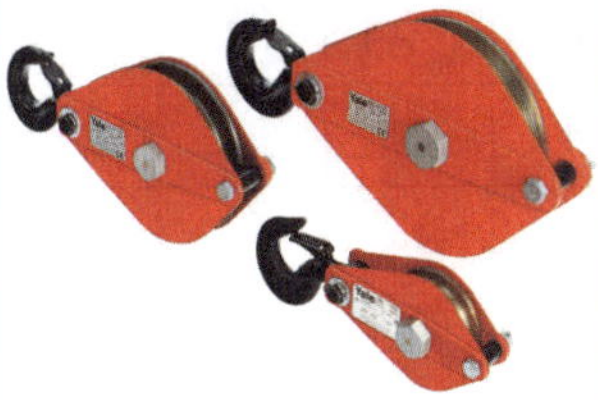	
	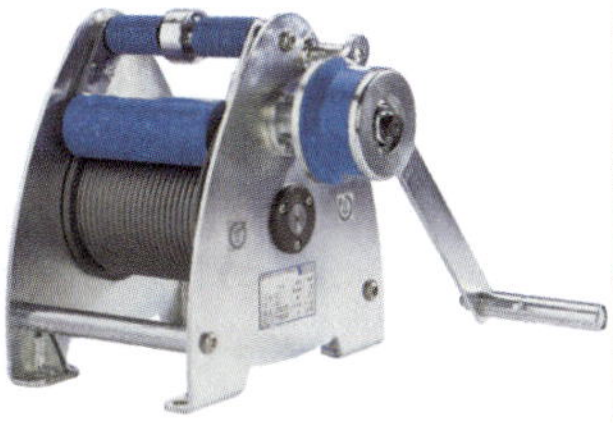		

6. Welche Kombination aus den abgebildeten Kran und Kleinhebegerät würden Sie dem Kunden empfehlen?

6. Mit dem Gitterkorbgreifer soll auch ein neuer geeigneter Elektrokettenzug angeschafft werden. Für die richtige Auswahl muss zuerst die zu erwartende Traglast ermittelt werden.

Berechnen Sie hierfür die Masse eines gefüllten Gitterkorbes (Maße: 460 x 370 x 240; Kleindrehteile aus Stahl; die Schüttgutdichte beträgt ca. 55 %; Masse Korb und Greifer ca. 25 kg).

Geg.:

Ges.:

Lösung:

8. Wählen Sie mithilfe ihres Ergebnisses aus der folgenden Herstellertabelle einen geeigneten Elektrokettenzug aus und geben Sie seine Typenbezeichnung an (berücksichtigen Sie eine 2-fache Sicherheit)!

Typ	Tragfähigkeit	Laststränge	Hubgeschwindigkeit	Grundpreise für 3 m Hakenweg							
				Preis Elektrokettenzug mit Aufhängebügel		Preis Elektrokettenzug mit Handfahrwerk HF*			Preis Elektrokettenzug mit Elektrofahrwerk*		
	kg		m/min.	Eig-Gew.	EUR	Typ	Eig-Gew.	EUR	Typ	Eig-Gew.	EUR
GM2 80.8-1	80	1	2/8	22	917,-	HF3	27	1018,-	EF 14	60	1.765,-
GTM2 125.8-1	125	1	2/8	22	917,-	HF3	27	1018,-	EF 14	60	1.765,-
GTM2 250.8-1	250	1	2/8	22	917,-	HF3	27	1018,-	EF 14	60	1.765,-
GTM2 500.4-2	500	2	1/4	25	1077,-	HF6	32	1194,-	EF 14	63	1.925,-

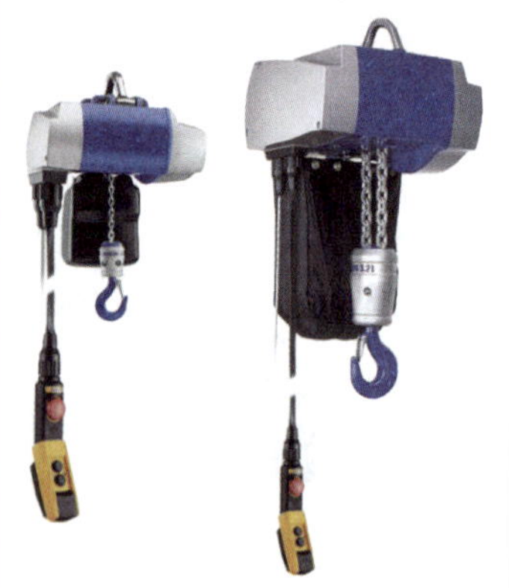

Gewählt:

Durchführen

9. Die Baugruppe 2 muss noch verschweißt werden. Vervollständigen Sie hierfür den nachfolgenden Arbeitsplan! Beachten Sie, dass die Einzelteile bereits vorgefertigt sind.

Baugruppe 2 – Führungshülse

Nr.:	Arbeitsschritte	Werkzeuge/Hilfsmittel
1	Lage der Laschen und Haltebügel am Hohlprofil Pos. 10 anreißen.	Maßband, Anschlagwinkel oder Streichmaß, Reißnadel, Tiefenmesser
2	Hohlprofil Pos. 10 aufspannen.	Schweißtisch, Spannmittel (Schraubzwingen)
3	Haltegriffe Pos. 7 mit passenden Unterlagen anlegen, ausrichten und fest spannen.	Flachstahlunterlagen, Winkel, Spannmittel

Name:		
Klasse:	Datum:	Blatt-Nr.: 155

Nr.:	Arbeitsschritte	Werkzeuge/Hilfsmittel
4		
5		
6		
7		
8		
9		
10		

10. Beschreiben Sie stichpunktartig die Montage der Baugruppen. Verwenden Sie hierfür die Zeichnungen und die Stückliste.

Kontrollieren

11. Sie stellen bei einer Sichtprüfung fest, dass eine der Schweißnähte am Greifer wie abgebildet aussieht.

a) Welche Ursachen könnten hierfür verantwortlich sein?

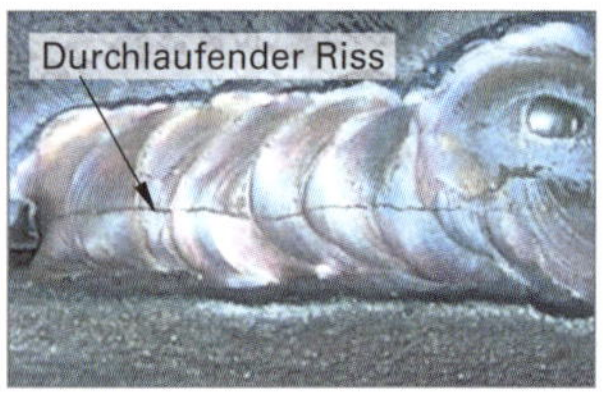

b) Wie gehen Sie mit einer solchen Schweißnaht um? Begründen Sie ihre Entscheidung!

12. Eine weitere Möglichkeit, die Qualität der Schweißnähte zu überprüfen, ist das Farbeindringverfahren.

a) Beschreiben Sie stichpunktartig die Arbeitsschritte, welche Sie bei diesem Prüfverfahren durchführen müssen.

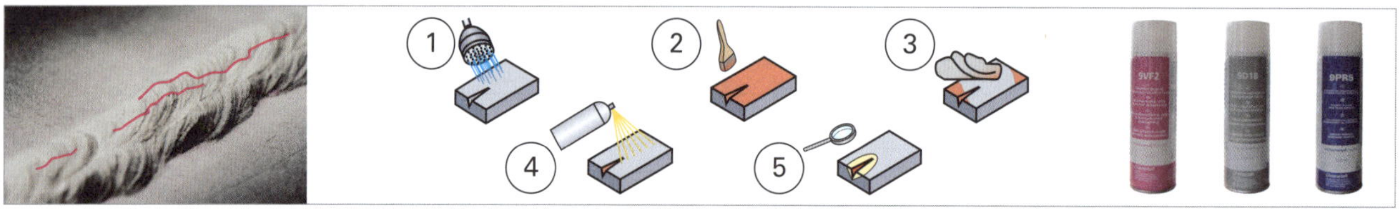

b) Welchen Vorteil hat dieses Verfahren gegenüber der einfachen Sichtprüfung?

13. Sie überprüfen nach der Montage die Funktion des Korbgreifers. Sie stellen fest, dass sich die Führungshülse nur schwergängig handhaben lässt. Nennen Sie drei mögliche Ursachen und Abhilfemöglichkeiten.

Nr.:	Ursache	Abhilfemöglichkeiten
1		
2		
3		

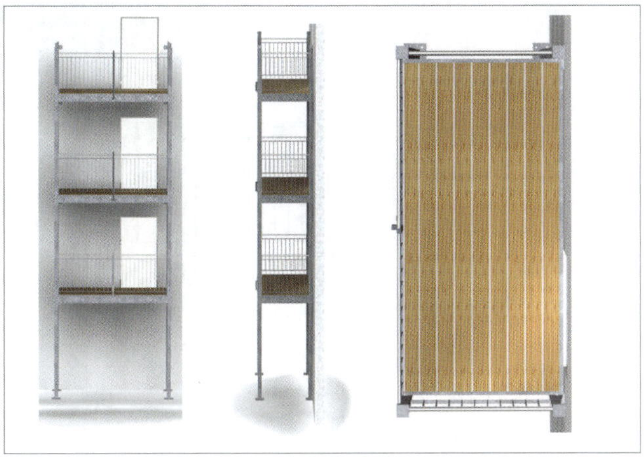

Auftrag

Im Zuge der energetischen Sanierung einer Reihenhausanlage werden an jedem Gebäude neben einer Außendämmung auch mehrstöckige Balkone angebracht.

Da in kurzer Zeit gleich zwanzig Balkonanlagen aufgestellt werden sollen, müssen die gesamten Balkone bereits soweit wie möglich werkseitig vormontiert werden.

Zur Montage vor Ort steht ein Lkw mit Ladekran zur Verfügung. Die erforderlichen Wandbefestigungen und Betonfundamente werden bereits im Vorfeld hergestellt.

Informieren

1. Informieren Sie sich über den Aufbau der Balkonanlage mithilfe der nachfolgenden Zeichnungen und der Stückliste. Übertragen Sie im Anschluss die entsprechenden Positionsnummern in die Abbildung (inkl. deren Profilkurzbezeichnungen)!

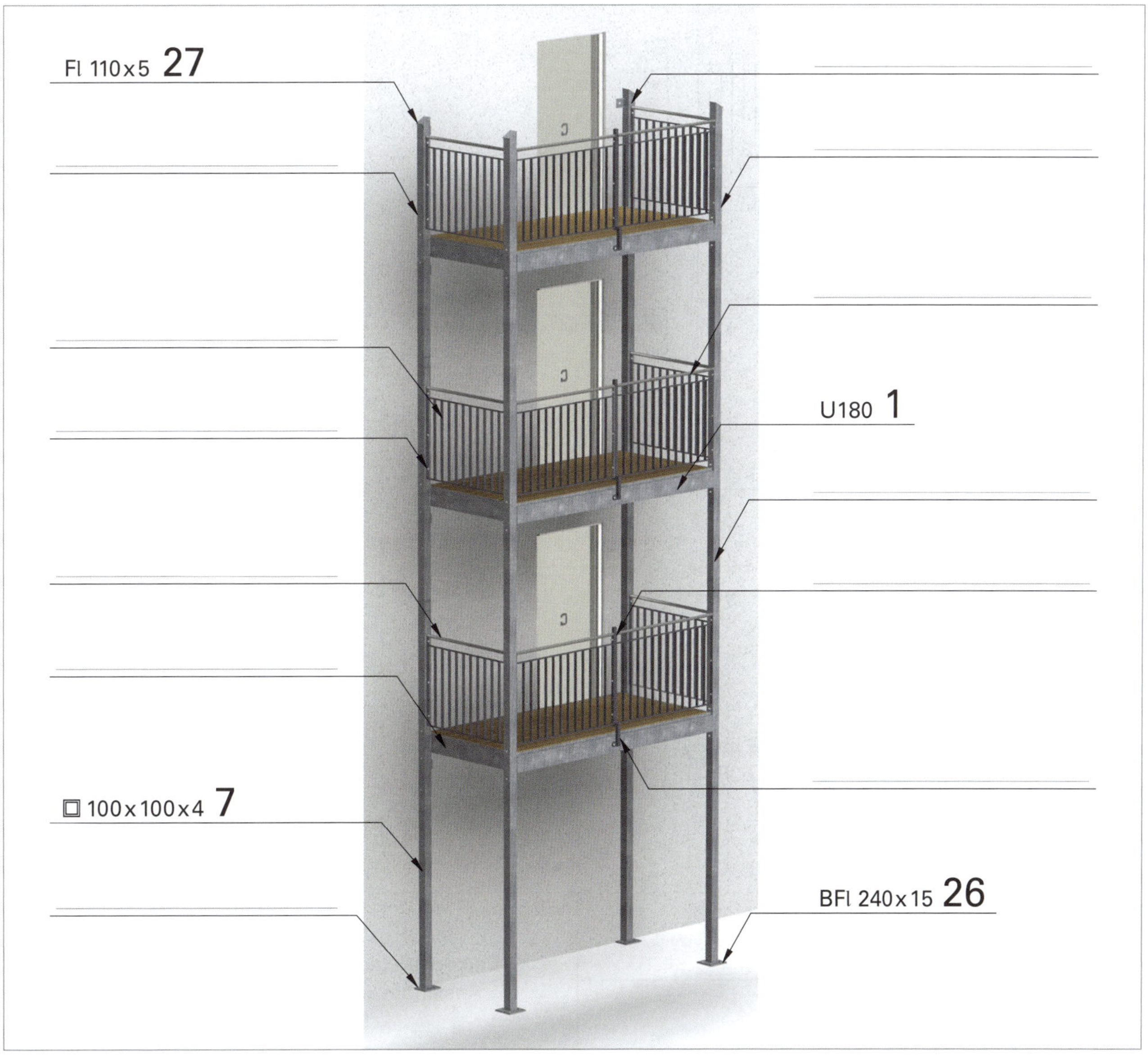

Name:		
Klasse:	Datum:	Blatt-Nr.: 158

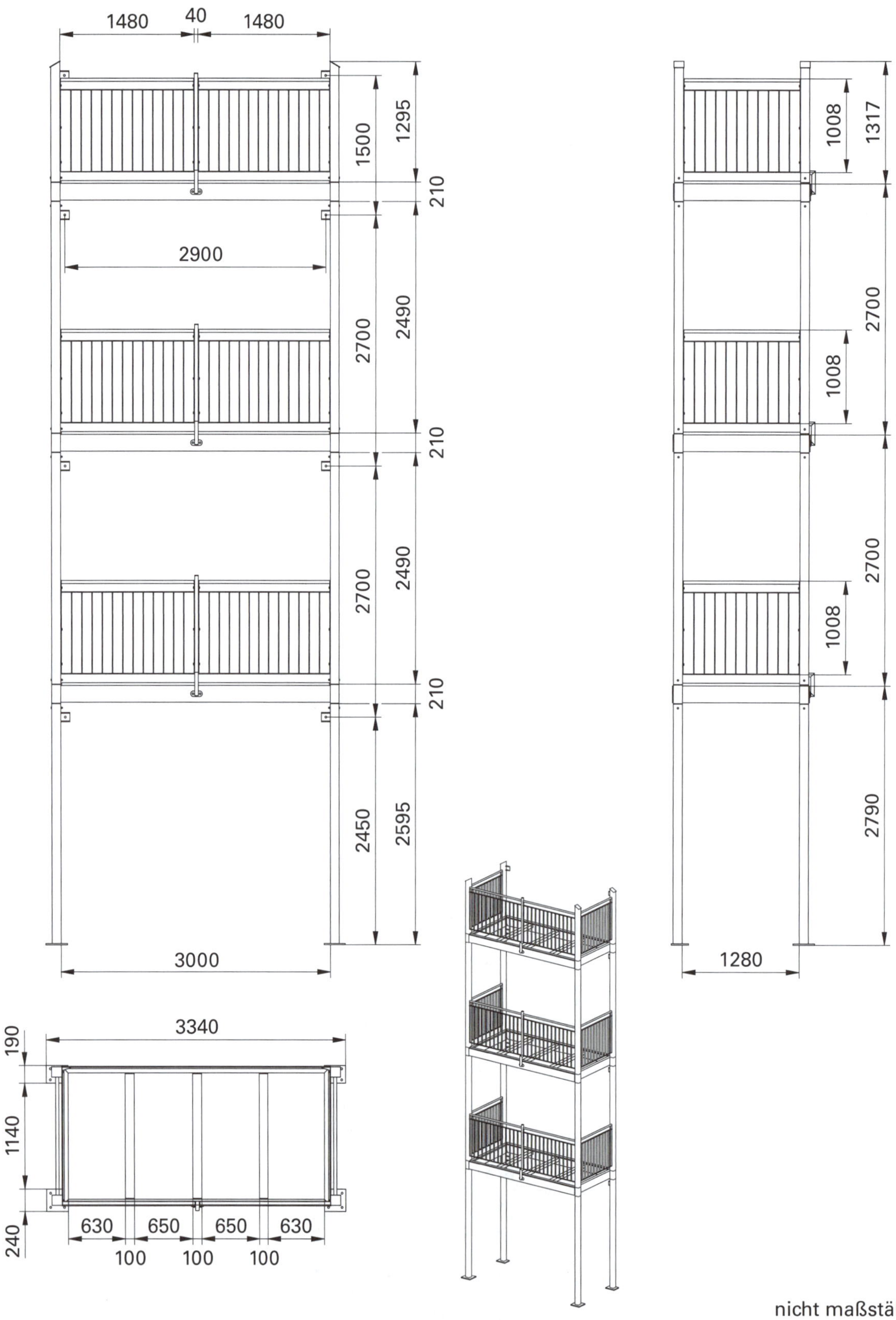

nicht maßstäblich

Schule	Erstellt durch	Titel, zusätzlicher Titel	
		Balkonanlage Ansichten	
Klasse	Ausgabedatum		Zeichnungsnummer / Blatt

Schnitte mit Positionsnummern

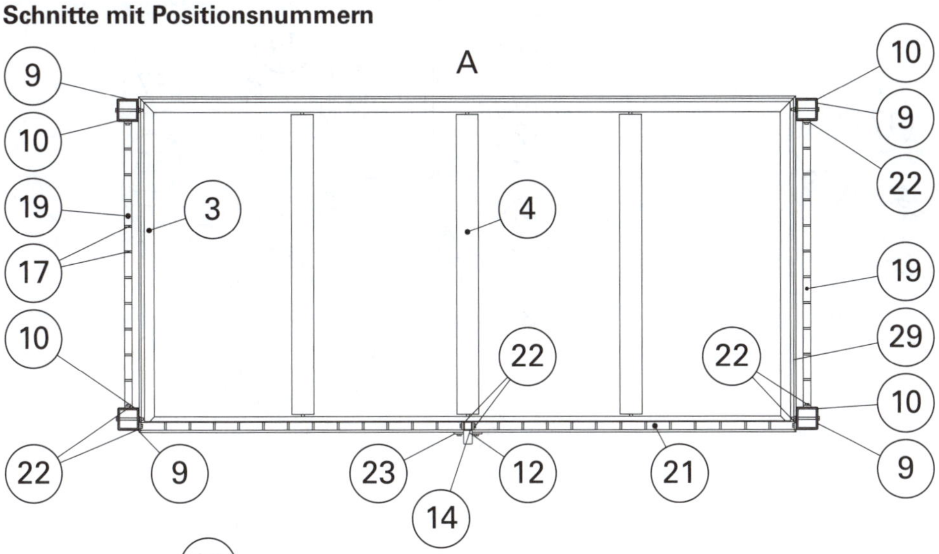

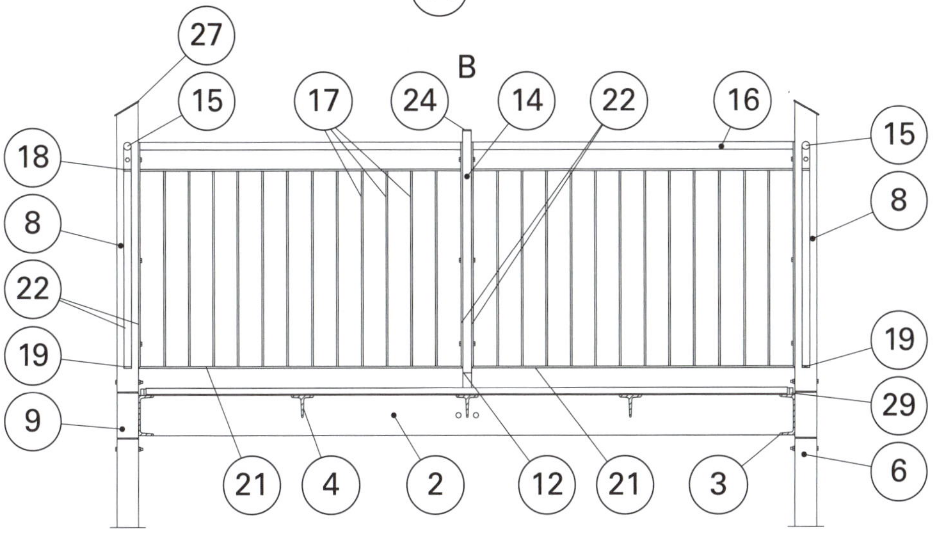

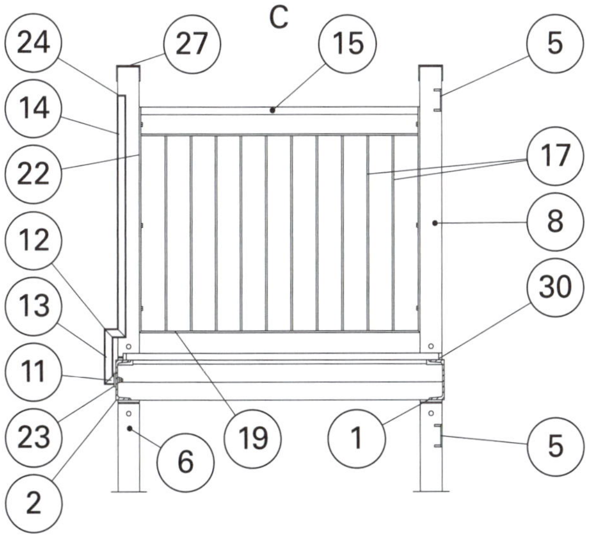

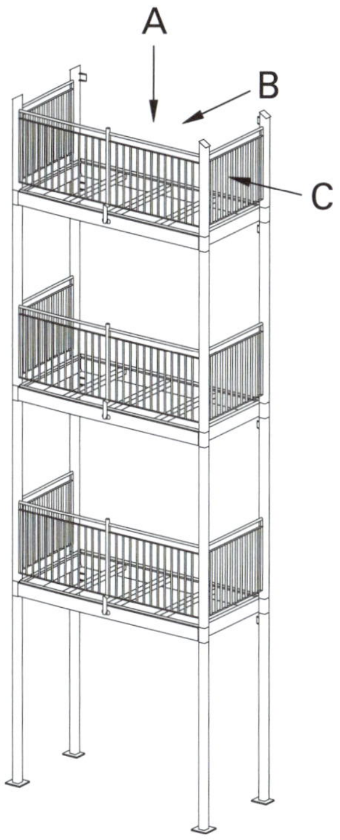

Schule	Erstellt durch	Titel, zusätzlicher Titel	
Klasse	Ausgabedatum	**Balkonanlage obere Plattform**	Zeichnungsnummer / Blatt

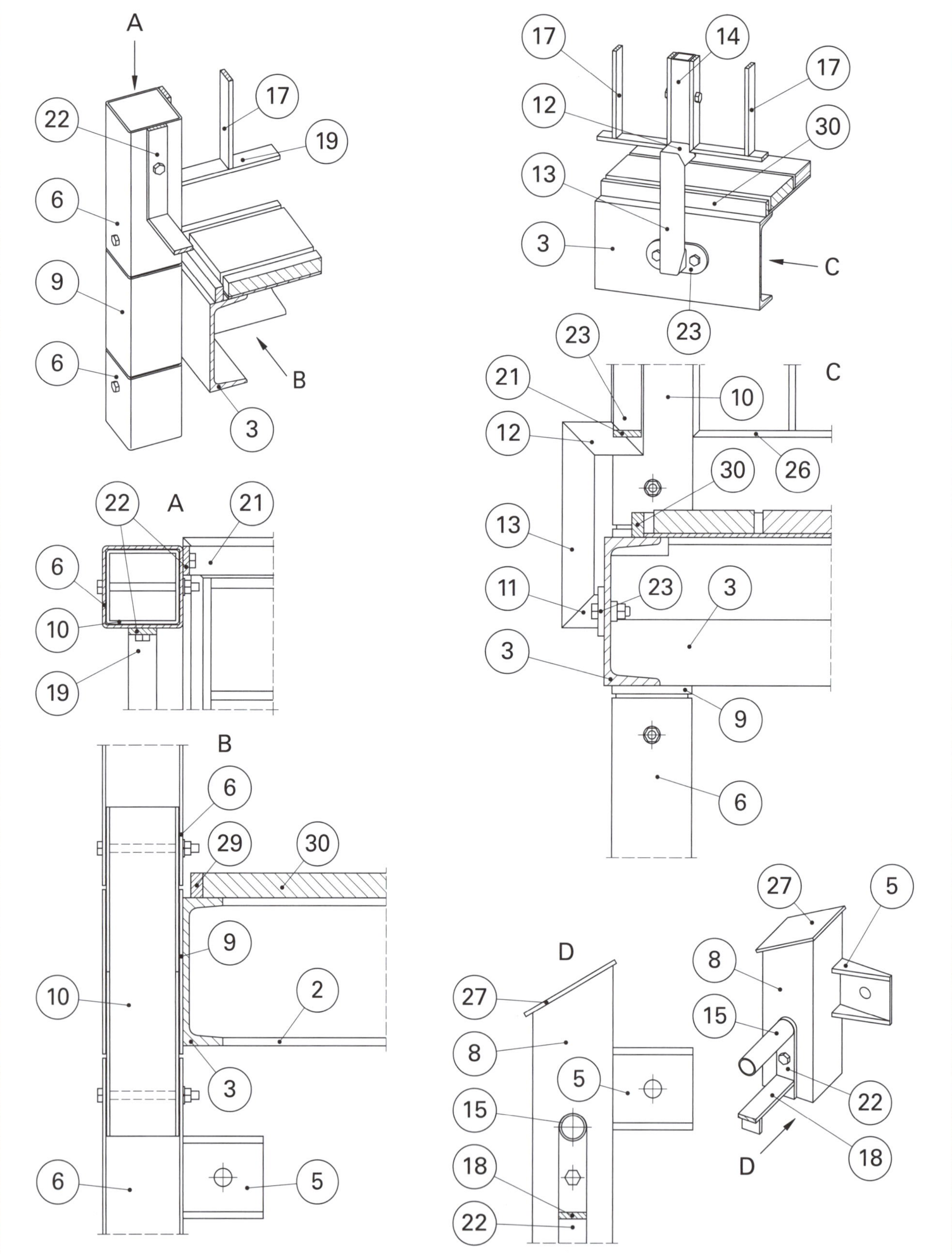

Schule	Erstellt durch	Titel, zusätzlicher Titel	
		Balkonanlage Details	
Klasse	Ausgabedatum		Zeichnungsnummer / Blatt

Pos.	Menge	Benennung	Norm-/Kurzbezeichnung	Werkstoff	Masse m in kg/Stück
1	3	Balkonplattformrahmen	U-Profil – DIN 1026-1 – U 180 – 3000	S235JRG2	66,0
2	3	Balkonplattformrahmen	U-Profil – DIN 1026-1 – U 180 – 3000	S235JRG2	66,0
3	6	Balkonplattformrahmen	U-Profil – DIN 1026-1 – U 180 – 1500	S235JRG2	33,0
4	9	Querträger Plattform	T-Profil DIN EN 10055-1 – T 100 – 1484	S235JRG2	24,3
5	8	Wandhalterungen	U-Profil – DIN 1026-1 – U 100 – 100	S235JRG2	1,1
6	8	Stützen, mitte	Hohlprofil DIN EN10210 – 100 × 100 × 4 – 2490	S355J0G3	29,2
7	4	Stützen, unten	Hohlprofil DIN EN 10210 – 100 × 100 × 4 – 2580	S355J0G3	30,3
8	4	Stützen, oben	Hohlprofil DIN EN 10210 – 100 × 100 × 4 – 1295	S355J0G3	15,2
9	12	Stützenteile, Balkon	Hohlprofil DIN EN 10210 – 100 × 100 × 5 – 200	S355J0G3	2,9
10	12	Innenrohre	Hohlprofil DIN EN 10210 – 90 × 90 × 5 – 400	S355J0G3	6,2
11	3	Geländerpfosten	Hohlprofil DIN EN 10210 – 40 × 40 × 4 – 45	S235JRG2	0,2
12	3	Geländerpfosten	Hohlprofil DIN EN 10210 – 40 × 40 × 4 – 101	S235JRG2	0,4
13	3	Geländerpfosten	Hohlprofil DIN EN 10210 – 40 × 40 × 4 – 250	S235JRG2	1,1
14	3	Geländerpfosten	Hohlprofil DIN EN 10210 – 40 × 40 × 4 – 1080	S235JRG2	4,6
15	6	Handlauf	Rohr – DIN EN 10210 – 33,7 × 2,6 – 1264	S235JRG2	2,5
16	6	Handlauf	Rohr – DIN EN 10210 – 33,7 × 2,6 – 1464	S235JRG2	2,7
17	131	Geländerfeld, Füllung	Flachstahl DIN EN 10058 – Fl 35 × 8 – 872	S235JRG2	1,9
18	6	Geländerfelder, Rahmen	Flachstahl DIN EN 10058 – Fl 35 × 8 – 1264	S235JRG2	2,8
19	6	Geländerfelder, Rahmen	Flachstahl DIN EN 10058 – Fl 35 × 8 – 1280	S235JRG2	2,8
20	6	Geländerfelder, Rahmen	Flachstahl DIN EN 10058 – Fl 35 × 8 – 1464	S235JRG2	3,2
21	6	Geländerfelder, Rahmen	Flachstahl DIN EN 10058 – Fl 35 × 8 – 1480	S235JRG2	3,3
22	24	Geländerfelder, Rahmen	Flachstahl DIN EN 10058 – Fl 35 × 8 – 1080	S235JRG2	2,2
23	3	Anschlussplatte Pfosten	Flachstahl DIN EN 10058 – Fl 60 × 8 – 129	S235JRG2	0,5
24	3	Anschweißdeckel Pfosten	Flachstahl DIN EN 10058 – Fl 40 × 5 – 40	S235JRG2	0,1
25	2	Fußplatten, hinten	Flachstahl DIN EN 59200 – BFl 240 × 15 – 190	S235JRG2	5,4
26	2	Fußplatten, vorne	Flachstahl DIN EN 59200 – BFl 240 × 15 – 240	S235JRG2	6,8
27	4	Anschweißdeckel Stütze	Flachstahl DIN EN 10058 – Fl 110 × 5 – 130	S235JRG2	6,8
28	12	Einlegebleche Balkon	Riffelbl. DIN EN 1386-ALQB 3,5/5 × 1425 – 733	AlMg3W20	10,6
29	6	Rahmen für Holzdielen	Flachstahl DIN EN 10058 – Fl 30 × 15 – 1456	S235JRG2	5,1
30	6	Rahmen für Holzdielen	Flachstahl DIN EN 10058 – Fl 30 × 15 – 2980	S235JRG2	10,5
2002	6	Mutter	Sechskantmuter – ISO 4035 – M12	Stahl 5	0,02
2003	12	Unterlegscheibe	Scheibe ISO 7089 – 12 – 140 HV	Stahl 8	0,02
2004	6	Schrauben, Pfosten	Sechskantschraube – ISO 4017 – M12 × ______	Stahl 5.6	0,05
2011	24	Befestigung Stützen	Sechskantschraube – ISO 4014 – M12 × ______	Stahl 10.9	–
2021	72	Geländerbefestigung	Sechskantschraube – ISO 4017 – M10 × 16	Stahl 5.6	0,02

Planen

Bei der Montage müssen die einzelnen Bauteile und Baugruppen der Balkonanlage angehoben und transportiert werden. Es ist sinnvoll, vorher die Massen der einzelnen Baugruppen zu ermitteln.

2. Ermitteln Sie die Gesamtmasse einer Balkonplattform (Positionen Nr.: 1, 2, 3, 4, 9, 10, 28, 29, 30)!

Geg.:

Ges:

Lösung:

3. Ermitteln Sie die Gesamtmasse eines seitlichen Balkongeländers!

Geg.:

Ges:

Lösung:

4. a) Überschlagen Sie, wie viele Balkonanlagen Sie theoretisch mit einem Lkw mit Ladekran transportieren können (Gesamtgewicht: 26 t; Nutzlast: 13,2 t; Breite: 2,50 m; Maße Ladefläche: 2,42 m × 6,20 m; Kran: 12 m/1,2 t).

b) Planen und skizzieren Sie eine mögliche Beladung des Lkws (Maßstab 1:50)!

a) Geg.:

Ges.:

Lösung:

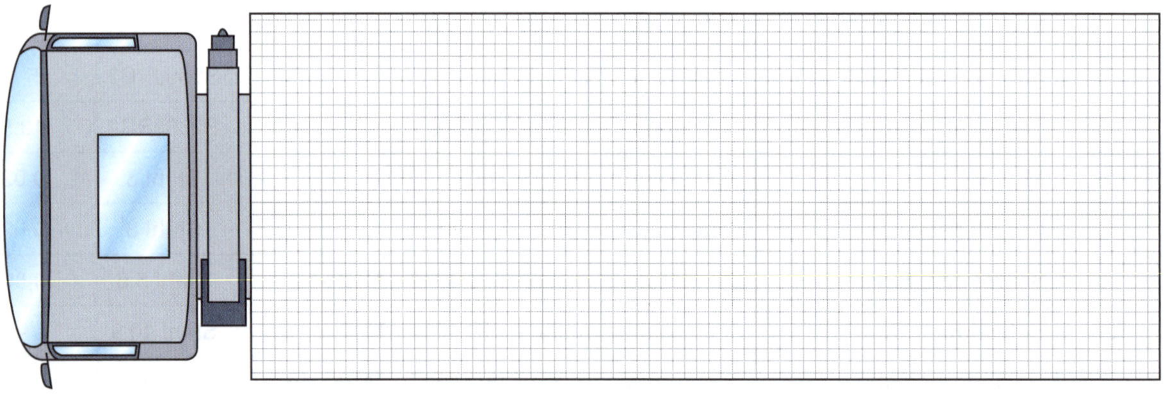

Durchführen

Bereits während der Fertigung muss der Rahmen zum Verschweißen mehrmals angehoben werden. Auch bei der Montage sind Sie auf Hilfsmittel zum Heben der Baugruppen angewiesen.

5. Informieren Sie sich über die verschiedenen Lastaufnahmeeinrichtungen! Vervollständigen Sie im Anschluss das Mind-Map „Heben von Lasten".

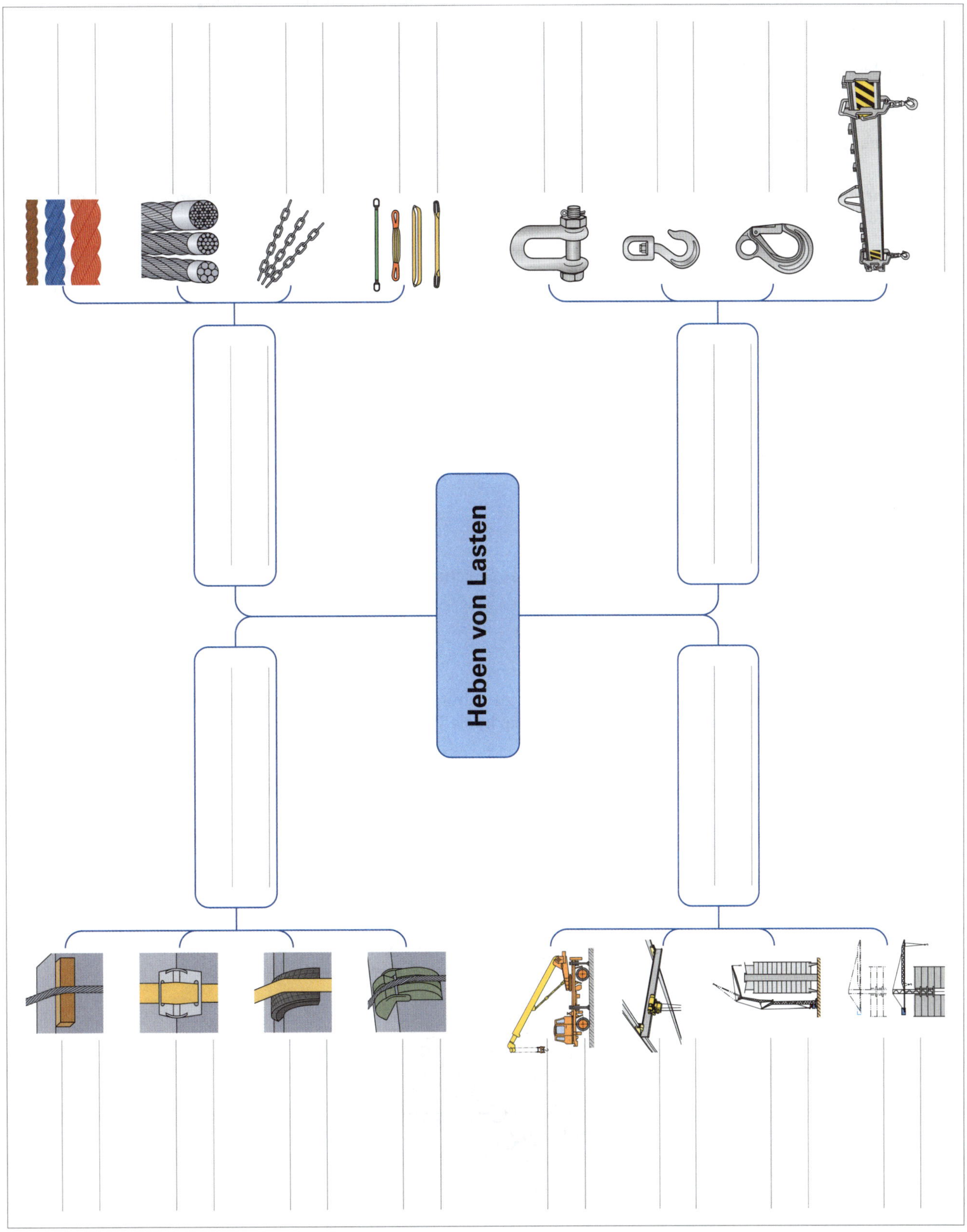

EUROPA LEHRMITTEL

Lernfeld
Montieren und Demontieren von Baugruppen
Auftrag Balkonanlage

Name:		
Klasse:	Datum:	Blatt-Nr.: 164

6. Erklären Sie den Begriff „Anschlagen"!

7. Welche Hilfsmittel zum Heben von Lasten wählen Sie bei der Montage einer Balkonanlage?

a) Anschlagmittel:

b) Lastaufnahmemittel:

c) Kran:

d) Kantenschutz:

8. Bei Fahrzeugkränen kommen Drahtseile auf einer Winde zum Einsatz. Beschriften Sie den Aufbau eines Drahtseiles fachgerecht!

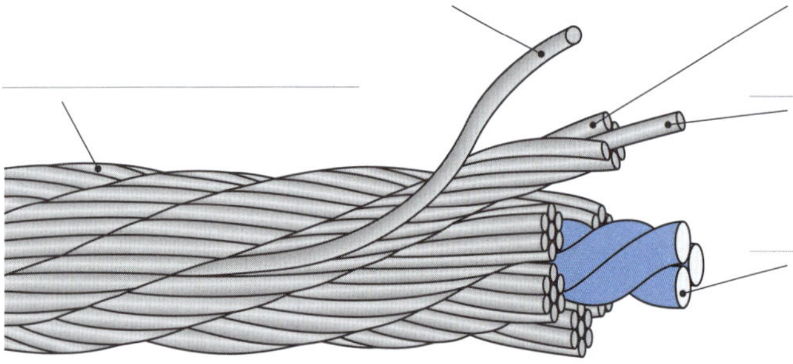

Gleichschlag

Kreuzschlag

9. Welchen Vorteile haben Kreuzschlagseile gegenüber Gleichschlagseilen?

10. Um die beschichteten Bauteile der Balkonanlage zu schützen, werden als Anschlagmittel Bänder bzw. Rundschlingen verwendet. Suchen Sie aus Tabellen die maximale Tragfähigkeit der abgebildeten Rundschlingen heraus!

violett | blau | grün | gelb

11. Die Bänder werden zum Heben der Balkonplattformen mittels Ketten am Sicherheitshaken des Kranwagens befestigt. An den Ketten befindet sich der folgende Anhänger. Erklären Sie den Aufdruck!

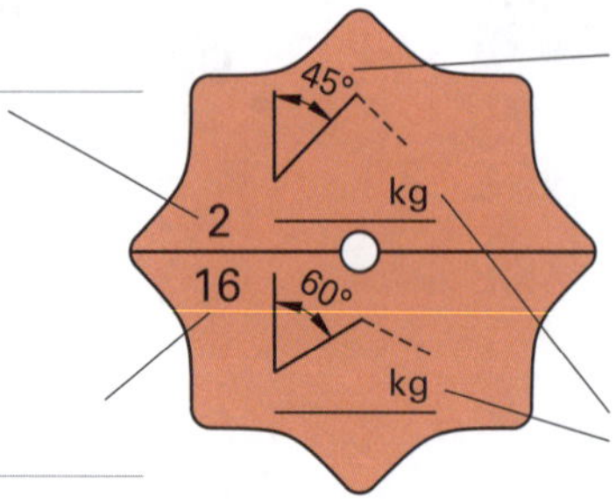

12. Die Balkonplattformen werden auf der Baustelle mittels Ketten und Bändern (geschnürt) angehoben.

a) Ermitteln Sie die resultierenden Zugkräfte in den Einzelsträngen, wenn ein Neigungswinkel von β = 60° bei allen Strängen eingehalten wird.

Geg.:

Kräftedreieck

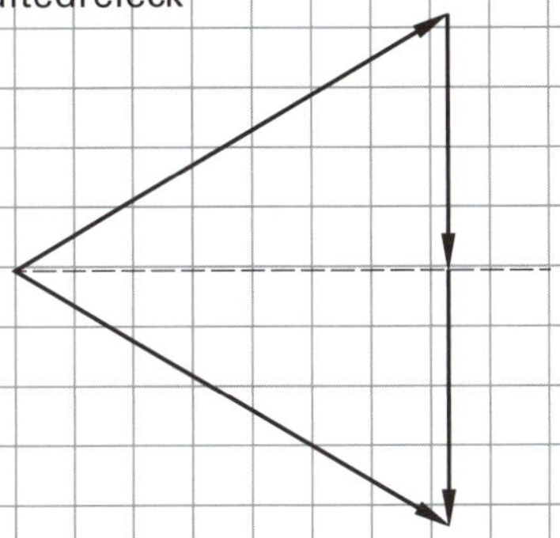

Ges.:

Lösung:

b) Ermitteln Sie die Zugkräfte bei einer unzulässigen Erhöhung des Neigungswinkels auf β = 85° (z. B. aufgrund zu kurzer Ketten) und beurteilen Sie ihr Ergebnis!

Geg.:

Ges.:

Lösung:

Beurteilung:

13. Wie viele Personen werden zum Aufstellen einer Balkonanlage benötigt? Beschreiben Sie kurz deren Aufgaben!

14. Sie werden als „Anschläger" bzw. Einweiser beauftragt, den Kranführer beim Anheben der Balkonteile einzuweisen. Benennen Sie die nachfolgenden Handzeichen!

Handzeichen für Anschläger und Einweiser		
		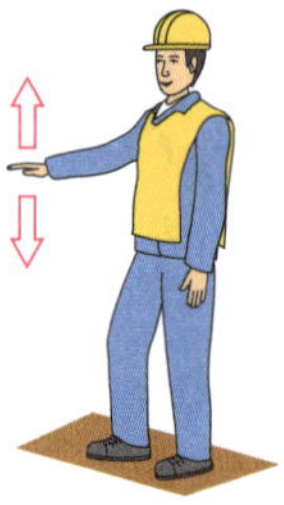
	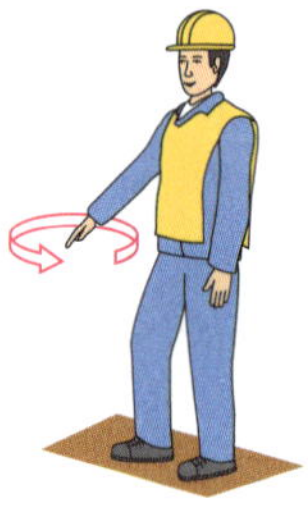	

15. Lesen Sie den nachfolgenden Montageablauf für die ersten Teile und Baugruppen der Balkonanlage aufmerksam durch und nummerieren Sie die erforderlichen Arbeitsschritte in einer sinnvollen Reihenfolge.

Nr.:	Montageschritt
	Untere, hintere Stützen (Pos. 7) aufstellen, grob ausrichten und mittels Wandhalterungen (Pos. 5) an den vormontierten Gewindeankern fixieren.
	Absturzsicherung für Tätigkeiten auf dem Podest herstellen (Auffanggurte, Anschlagpunkte, etc.).
	Balkonplattform an den Kran hängen und langsam auf die Stützen ablassen.
	Löcher für Anker bohren und reinigen. Fußplatten mittels Durchsteckmontage mit Betonankern befestigen.
	Untere Stützen lotrecht ausrichten und die Rechtwinkeligkeit über Diagonalmaße prüfen. Weiterhin die Höhe der Plattform prüfen, ggf. Höhe ausgleichen.
	Leitern aufstellen, um das nächste Podest in die Stützen einfädeln zu können.
	Alle Maße nochmals kontrollieren und Schrauben mit erforderlichem Drehmoment festziehen.
	Stützen mit der Plattform lose verschrauben.
	Die Stützen (Pos. 6) an den Kran anhängen, aufstellen und mit der unteren Plattform und den wandseitigen Gewindeankern locker verschrauben. Arbeitssicherheit beachten!
	Untere, vordere Stützen (Pos. 7) aufstellen und in Position bringen.

16. Wie können Sie die Befestigung eines Anseilschutzes bei der Montage problemlos sicherstellen?

17. Bei der Montage kommen zum Ausrichten der Balkonplattformen auch Steh- und Anlegeleitern zum Einsatz. Was müssen Sie bei deren Verwendung beachten?

Abbildung	Hinweise zur richtigen Nutzung von Leitern

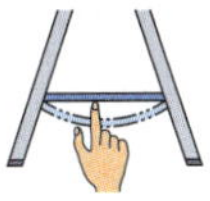	

Kontrollieren

18. Was wird unter dem „Ablegen" von Seilen und Ketten verstanden?

19. Wann sind a) Seile und b) Ketten ablegereif?

a)

b)

20. Beurteilen Sie die nachfolgenden Anschlagmittel hinsichtlich ihrer Gebrauchstauglichkeit!

Handzeichen für Anschläger und Einweiser			
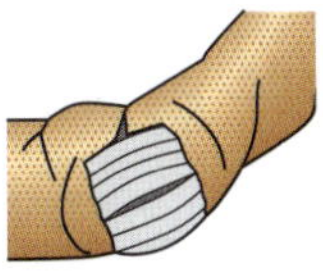			
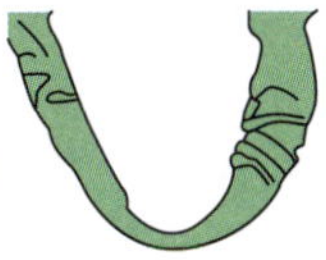			

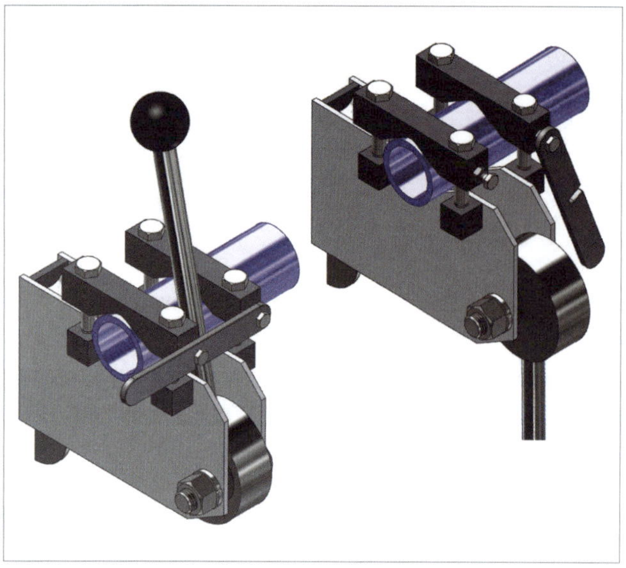

Auftrag

Im Zuge der Erneuerung historischer Theatertechnik wird die Herstellung von Feststellvorrichtungen für Kulissenseile erforderlich. Die Theaterbühnendekoration, welche man als Kulissen bezeichnet, muss variabel handhabbar sein, weil die Bühne in einem Theaterstück meist mehrmals umdekoriert wird. Deshalb werden die Kulissen an Seilen befestigt und mit deren Hilfe je nach Bedarf auf die Bühne abgesenkt oder vom Bühnenboden in den Raum über der Bühne angehoben, der vom Zuschauer nicht einsehbar ist. Das Befestigen und Lösen der Seile muss schnell erfolgen können.

Die Feststellvorrichtungen selbst können an vorhandenen Metallkonstruktionen im Bühnenhintergrund mittels Klemmen variabel befestigt werden.

Ihr Auftrag besteht darin, die Vorrichtungen zusammenzubauen und ihre Funktionsfähigkeit zu überprüfen.

Informieren

1. Verschaffen Sie sich anhand der Zeichnungen auf den folgenden Seiten einen Überblick über den Aufbau und die Funktion der Feststellvorrichtung.

a) Tragen Sie die fehlenden Positionsnummern in die Abbildung ein.

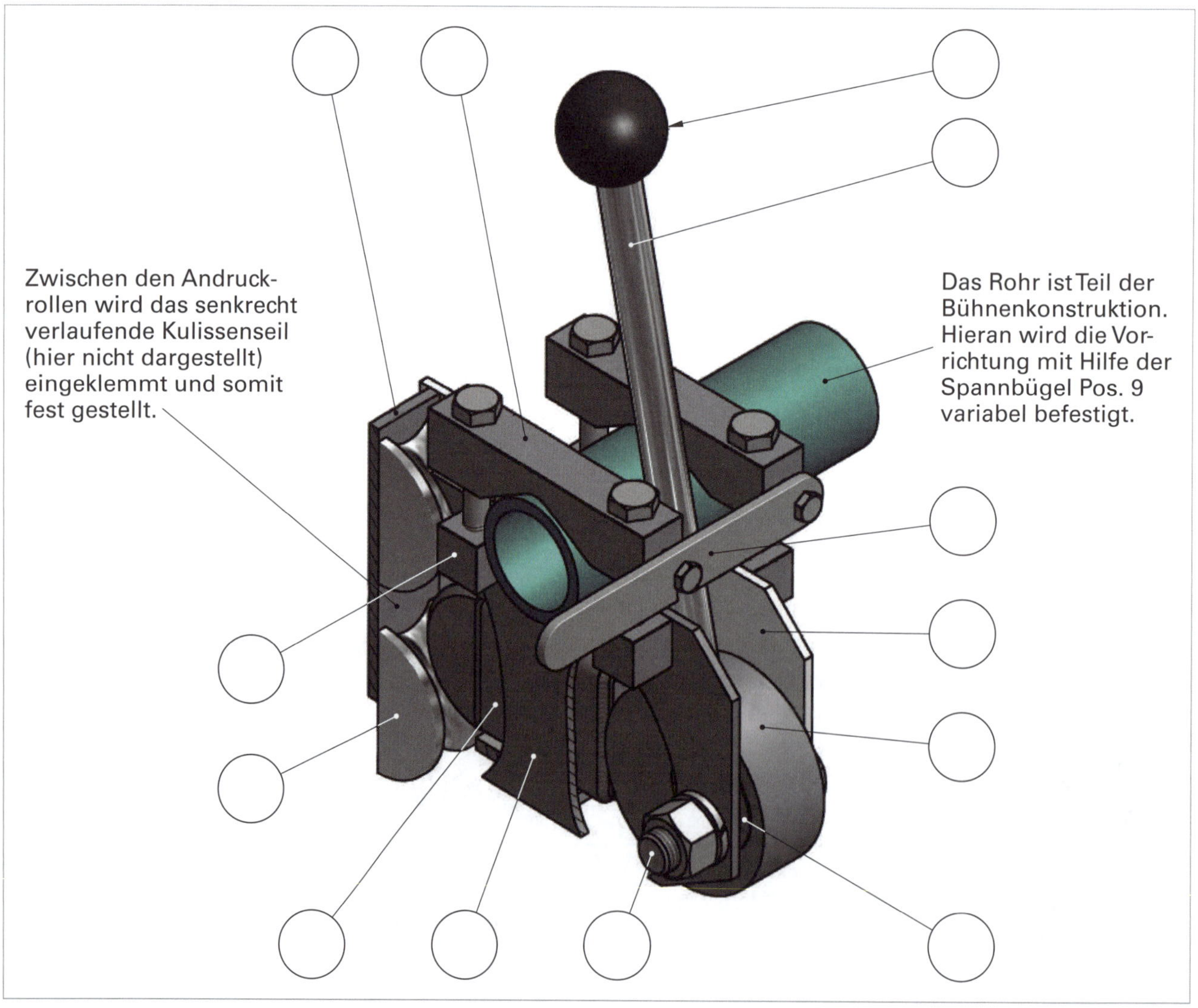

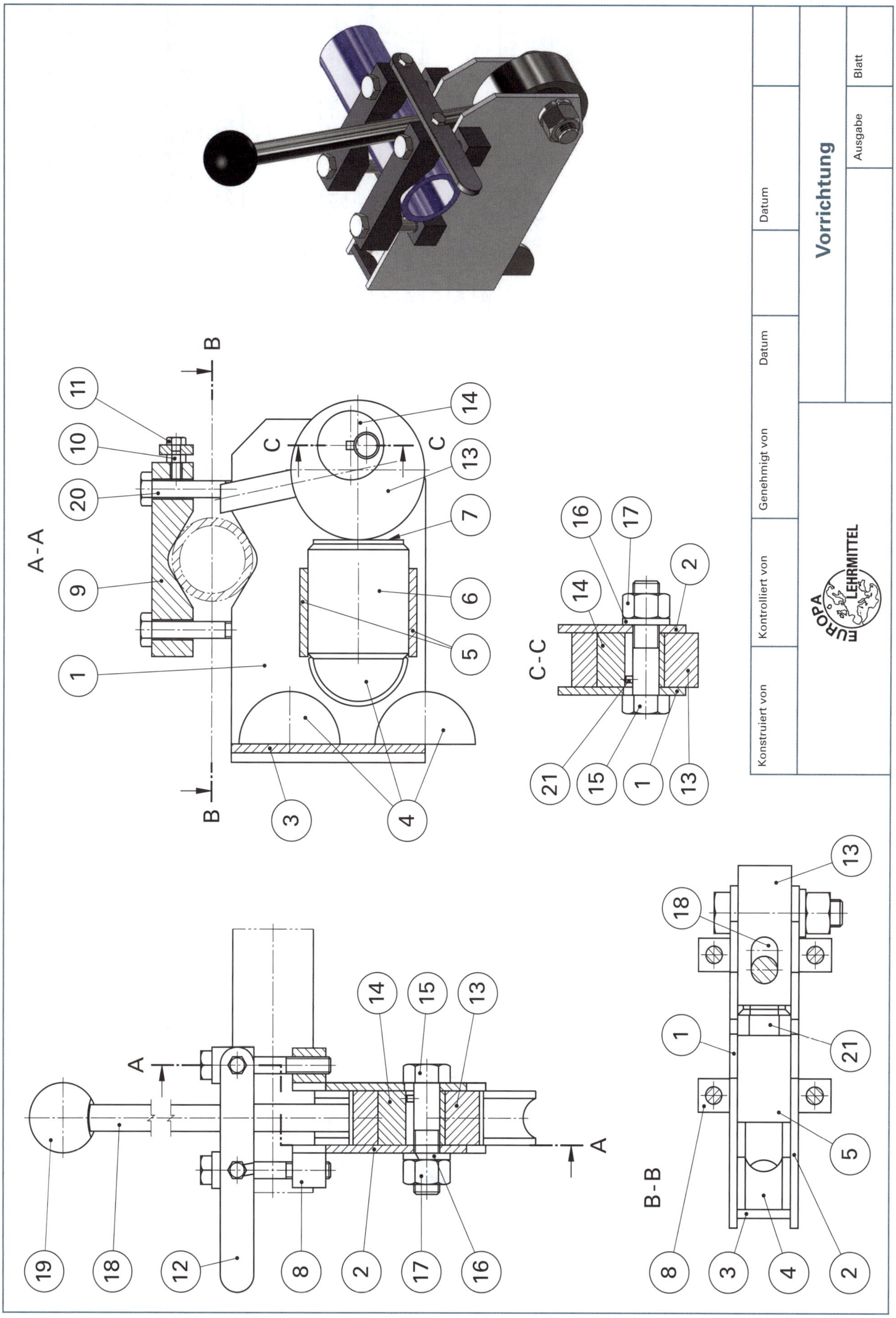
A-A
B-B
C-C
A
B
C
1
2
3
4
5
6
7
8
9
10
11
12
13
14
15
16
17
18
19
20
21
Konstruiert von
Kontrolliert von
Genehmigt von
Datum
Datum
Vorrichtung
Ausgabe
Blatt
EUROPA LEHRMITTEL

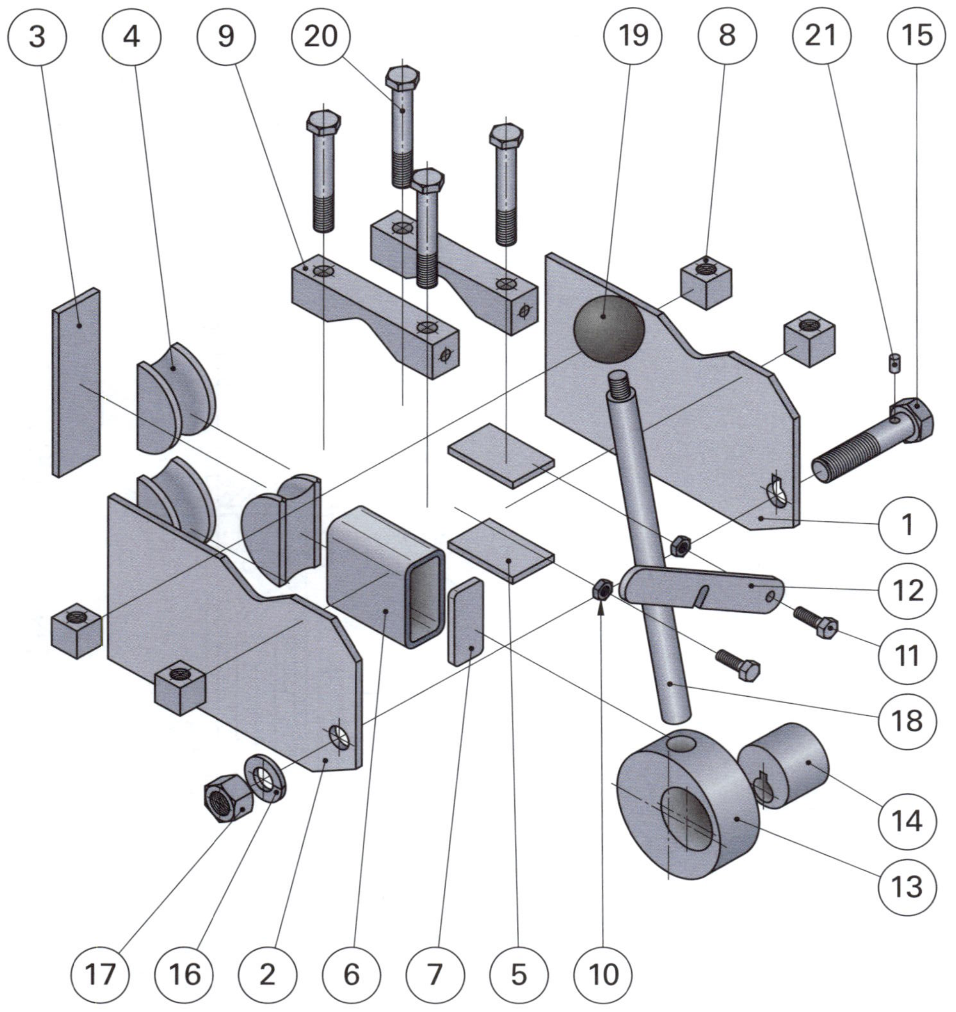

Pos.	Stck.	Benennung	Norm-/Kurzbezeichnung
21	1	Zylinderstift	ISO 8734 – 4 × 10 – A
20	4	Sechskantschraube	ISO 4014 – M10 × 70
19	1	Kugelknopf	DIN 319 – C 40 PF
18	1	Hebel	DIN EN 10278 – Rd 16
17	1	Sechskantmutter	ISO 4032 – M16
16	1	Federring	DIN 127 – A 16
15	1	Sechskantschraube	ISO 4017 – M16 × 65
14	1	Rolle	DIN EN 10060 – Rd 45 – C60
13	1	Exzenter	DIN EN 10060 – Rd 90 – C60
12	1	Sicherungsbügel	DIN EN 10058 – Fl 20 × 5 – 145
11	2	Sechskantschraube	ISO 4017 – M6 × 20
10	2	Sechskantmutter	ISO 4032 – M6
9	2	Spannbügel	DIN EN 10058 – Fl 30 × 20 – 125
8	4	Anschweißmutter	DIN EN 10059 – Vkt 20
7	1	Druckplatte	DIN EN 10058 – Fl 30 × 5 – 55
6	1	Riegel	Vierkantrohr rechteckig DIN EN 10305-5 – 60 × 30 × 3 – 60
5	2	Führungsblech	DIN EN 10058 – Fl 32 × 5 – 50
4	3	Andruckrolle	DIN EN 10060 – Rd 65 – C60
3	1	Rollenträger	DIN EN 10058 – Fl 32 × 5 – 115 – St
2	1	Deckplatte links	Blech EN 10051 – Bl 4 × 115 × 195 – S235
1	1	Deckplatte rechts	Blech EN 10051 – Bl 4 × 115 × 195 – S235

TEILELISTE

Konstruiert von	Kontrolliert von	Genehmigt von	Datum		Datum	

EUROPA LEHRMITTEL

Anordnungsplan Vorrichtung

Ausgabe	Blatt

Teil 1 Deckplatte rechts (1:1)

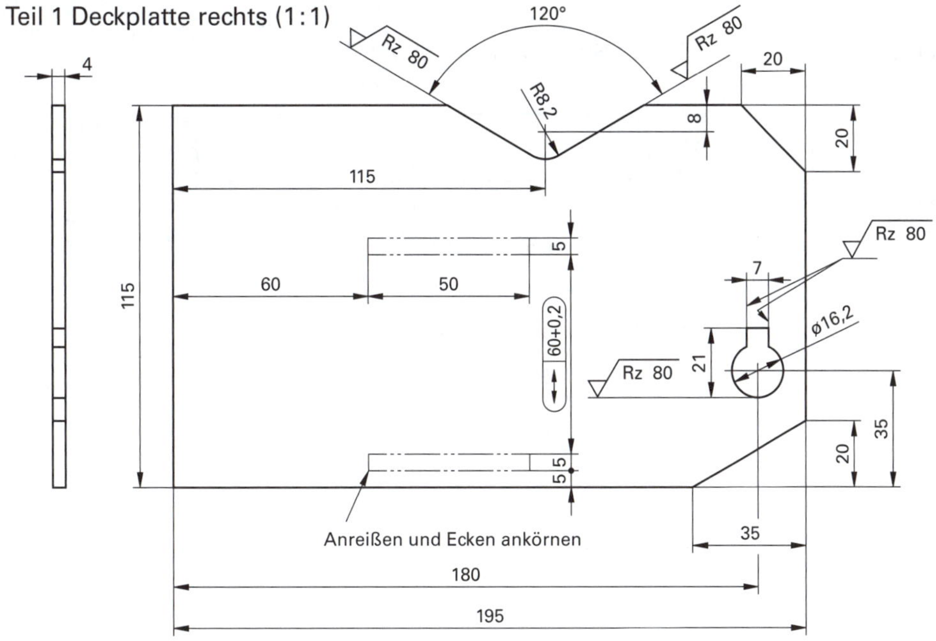

Teil 2 Deckplatte links

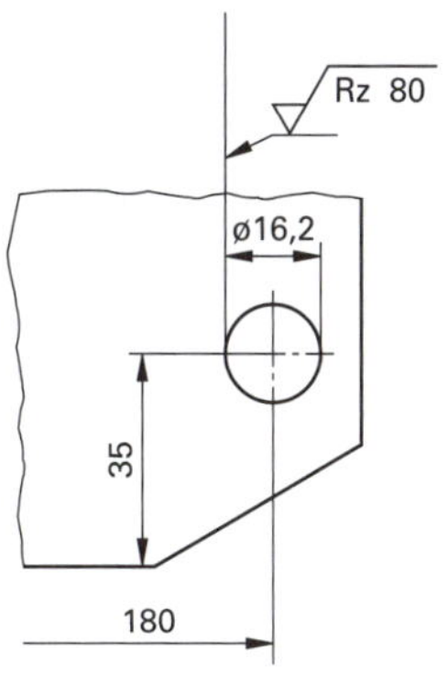

Allgemeintoleranzen nach DIN ISO 2768-m

Konstruiert von	Kontrolliert von	Genehmigt von	Datum		Datum	
EUROPA LEHRMITTEL			Teil 1 und 2 Deckplatten			
					Ausgabe	Blatt

Teil 9 Spannbügel M1:1 ▽⁄ (✓)

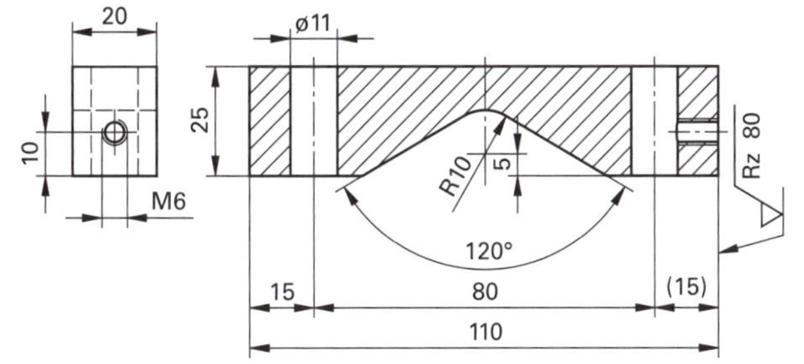

Alle Kanten gefast 0,5x45°

Teil 13 Exzenter M1:1 ▽⁄ (✓)

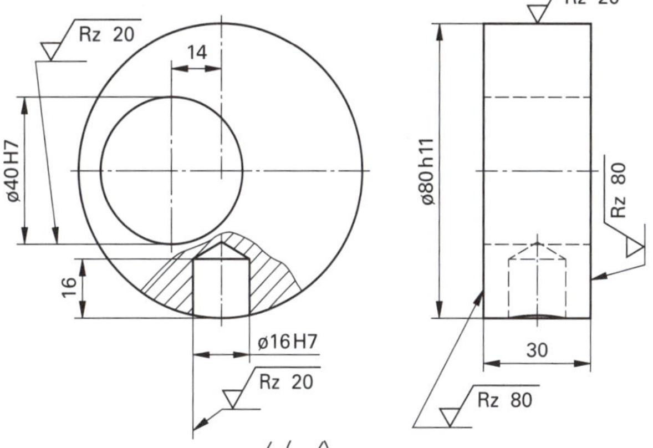

Teil 4 Andruckrolle M1:1 ▽⁄ (✓)

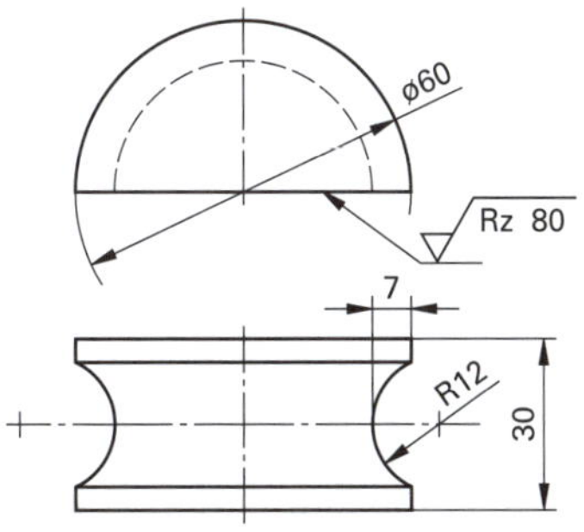

Teil 14 Rolle M1:1 ▽⁄ (✓)

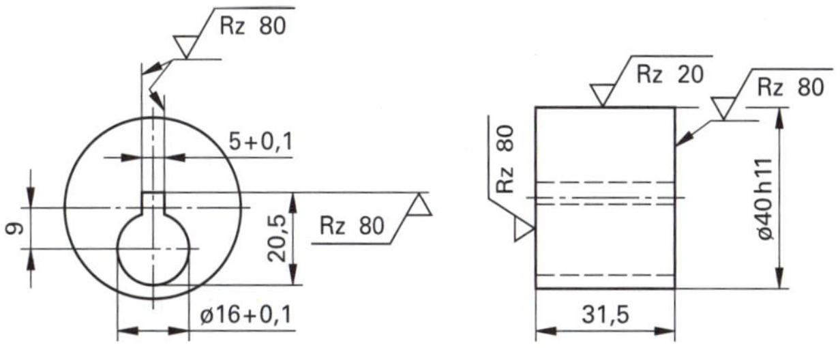

Passmaß	Abmaße
80h11	0 −190
40h11	0 −160
40H7	+25 0
16H7	+18 0

Allgemeintoleranzen nach DIN ISO 2768-m

Konstruiert von	Kontrolliert von	Genehmigt von	Datum		Datum	
EUROPA LEHRMITTEL			Teile 4, 9, 13, 14			
					Ausgabe	Blatt

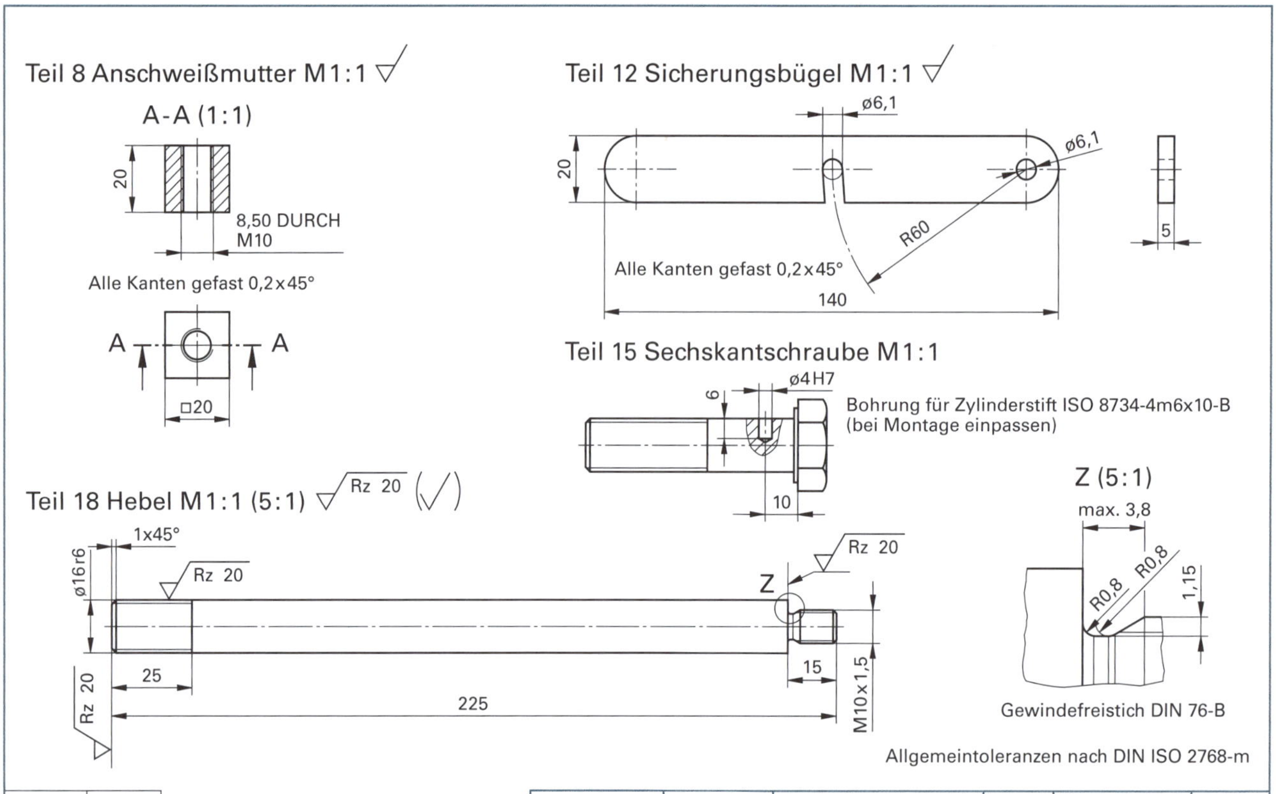

Passmaß	Abmaße
ø16r6	+34 +23
ø4H7	+12 0

2. Lesen und Verstehen der Zeichnungen 1/1 bis 1/5 ist Voraussetzung für die fachgerechte Durchführung der Montage. Überprüfen Sie Ihre Kenntnisse, in dem Sie die nachfolgenden Fragen beantworten.

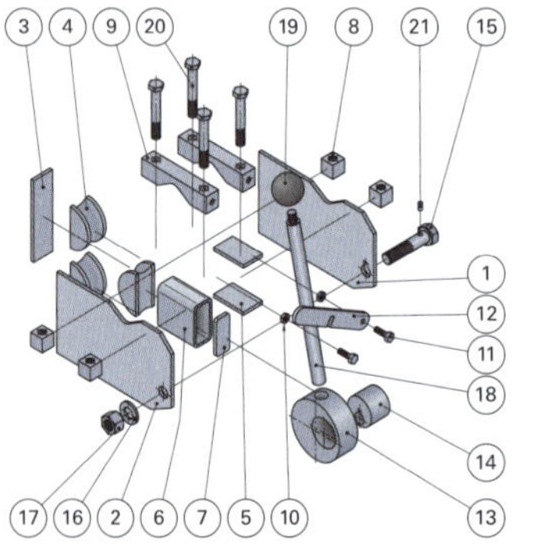

a) Um welche Zeichnungsart handelt es sich bei Zeichnung 1/2?

b) Warum sind solche Zeichnungen für die Vorbereitung von Montage- oder Demontagearbeiten besonders gut geeignet?

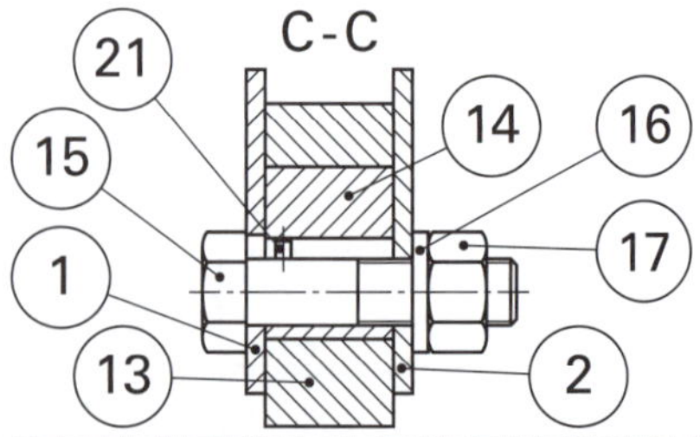

c) In welcher Darstellungsart wurden die Teile in nebenstehender Ansicht auf Zeichnung 1/1 abgebildet?

d) Welchem Zweck dient sie?

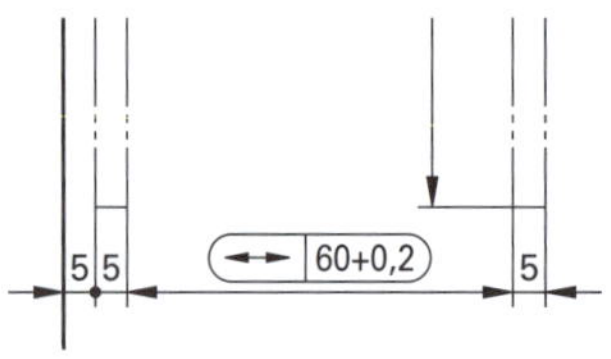

e) Erklären Sie, welche Bedeutung die Einrahmung des Maßes 60 hat.

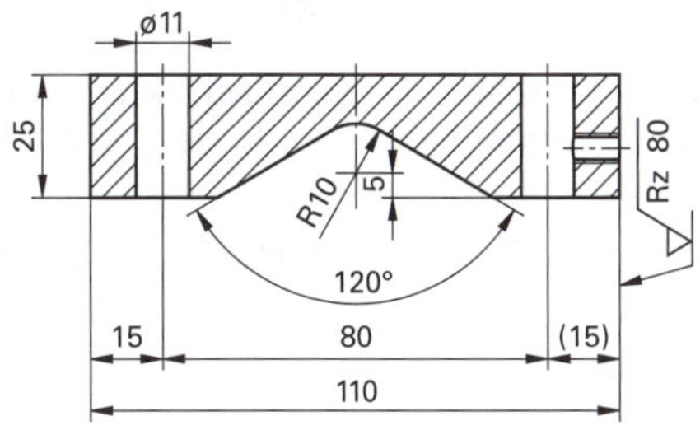

f) Wie nennt man diese Art der Darstellung eines Werkstücks aus Zeichnung 1/4?

g) Warum ist das Maß 15 in Klammern gesetzt?

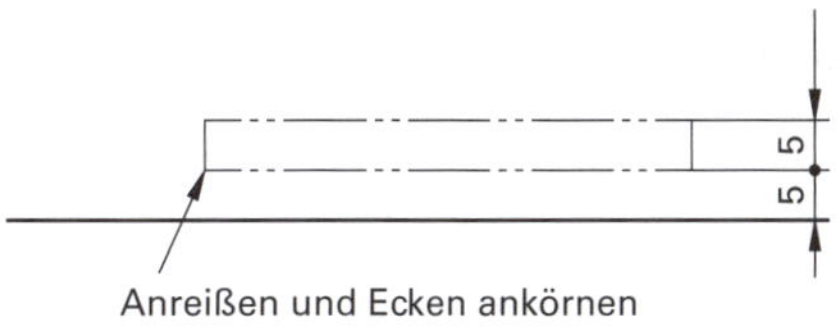

h) Wozu werden hier die Strich-Zweipunktlinien verwendet?

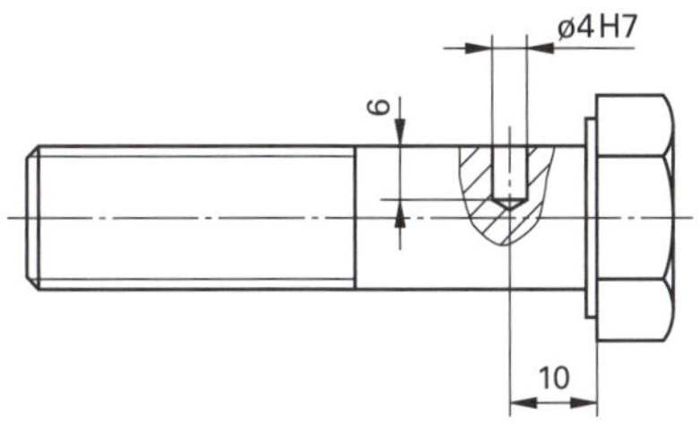

i) Teil 15 soll diese Querbohrung erhalten. Wozu wird sie gebraucht und warum wird der Durchmesser mit H7 gekennzeichnet?

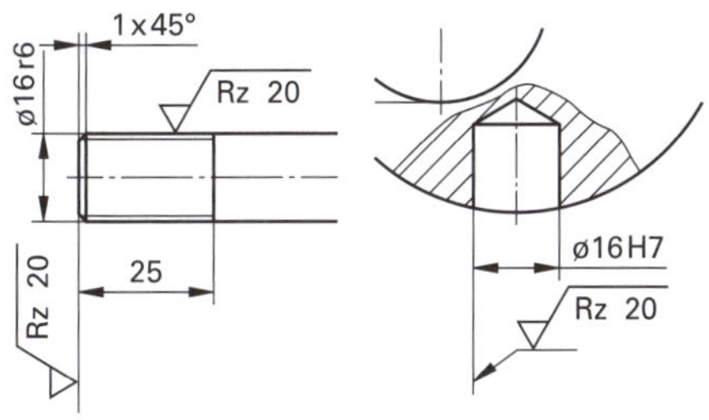

k) Teil 18 soll beim Zusammenbau in die Bohrung in Teil 14 gesteckt werden und dort fest sitzen. Wie wird das erreicht?

3. Beschreiben Sie in Kurzform den Vorgang beim Spannen des Seiles.

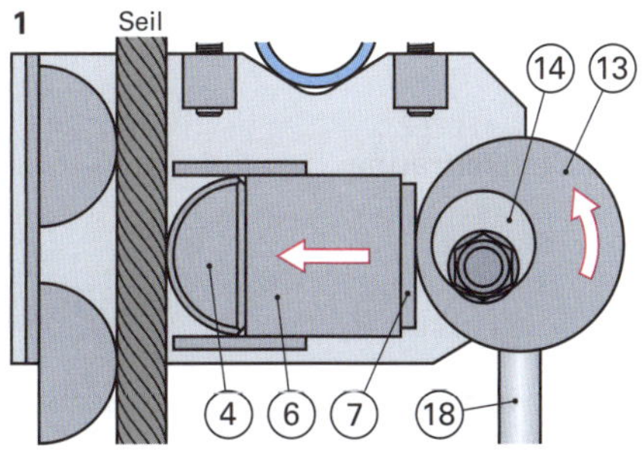

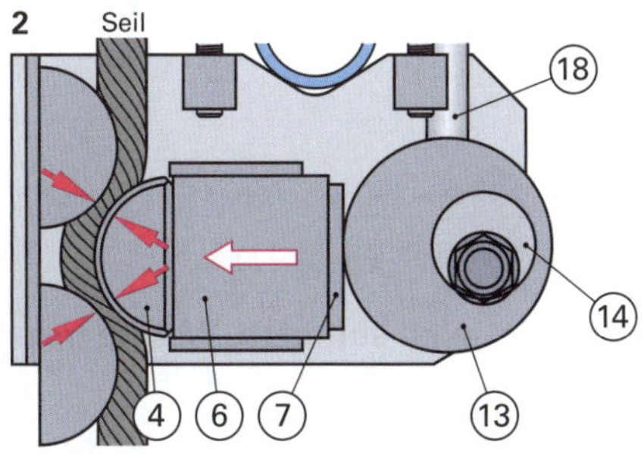

Planen

4. Neben der Erfassung der Funktion der Vorrichtung ist das Verständnis des Aufbaus (Erzeugnisstruktur) eine wichtige Voraussetzung für Planung und Durchführung der Montage- bzw. Demontagearbeiten. In der Industrie werden dafür Strukturpläne genutzt.

a) Machen Sie sich mithilfe der folgenden Übersicht (Strukturplan) mit dem Aufbau der Feststellvorrichtung vertraut.

b) Ergänzen Sie fehlende Positionsnummern. Nutzen Sie dazu die Zeichnungen der Seiten 2 bis 5.

c) Tragen Sie die Anzahl der jeweils zu einem Erzeugnis gehörenden Einzelteile in die Klammern ( ) ein.

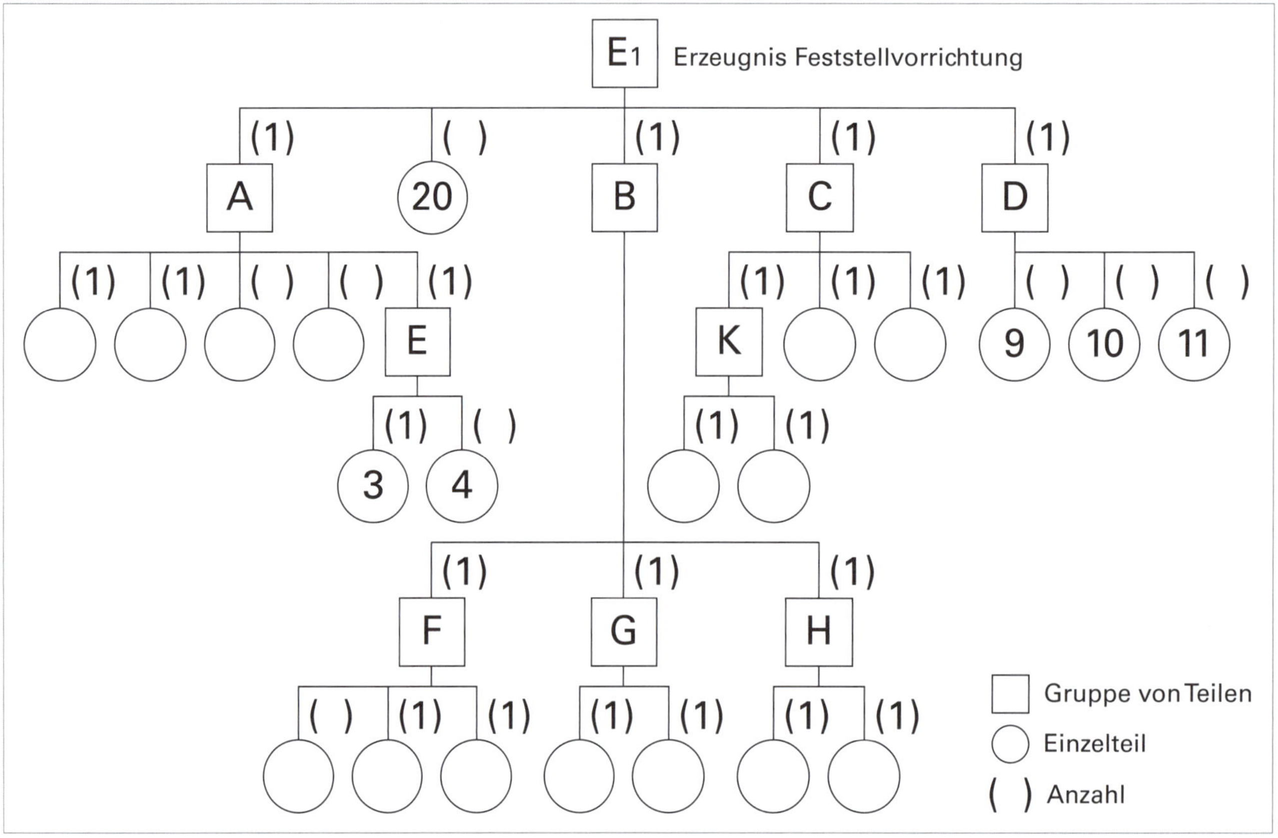

Baugruppen der ersten Strukturstufe:

A – Baugruppe (BG) Gehäuse, **B** – BG Antrieb; **C** – BG Befestigungseinheit; **D** – BG Klemmeinheit

Baugruppen der zweiten Strukturstufe:

E – BG Klemmplatte; **F** – BG Riegel; **G** – BG Exzenter; **H** – BG Hebel; **K** – BG Stellschraube

Durchführen

5. Zum Fügen der Teile zur Baugruppe A „Gehäuse" ist in der Werkstatt die Anwendung des MAG-Schweißverfahrens vorgesehen.

a) Nennen Sie Vorteile dieses Verfahrens gegenüber dem Lichtbogenhandschweißen.

b) Beim Schweißen des Gehäuses der Feststellvorrichtung können Unregelmäßigkeiten auftreten. Welche treten beim MAG-Schweißen öfter auf?

6. Basis der Feststellvorrichtung ist die Baugruppe A – „Gehäuse“. Die dazugehörigen Teile werden durch MAG-Schweißen gefügt.

a) Geben Sie mithilfe der folgenden Abbildungen die erforderlichen Montageschritte in Stichpunkten an.

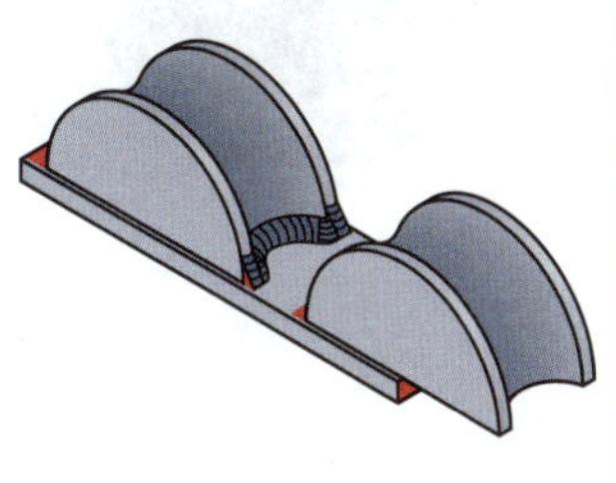	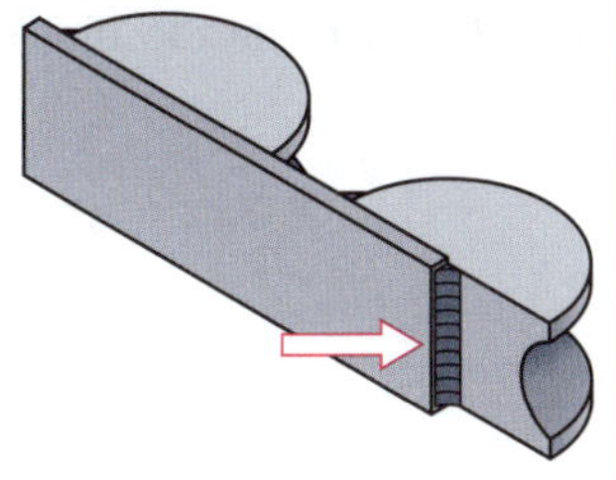	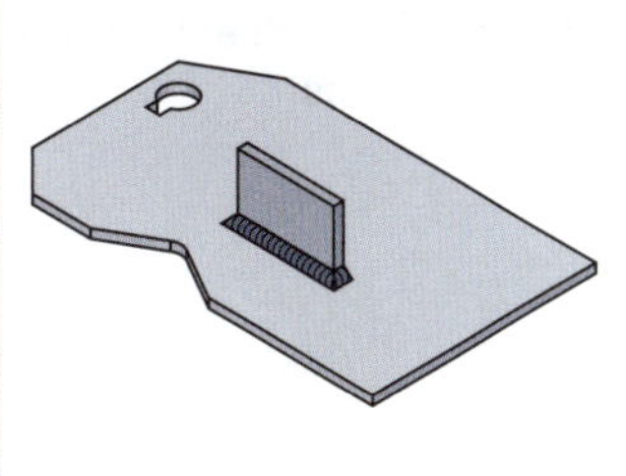	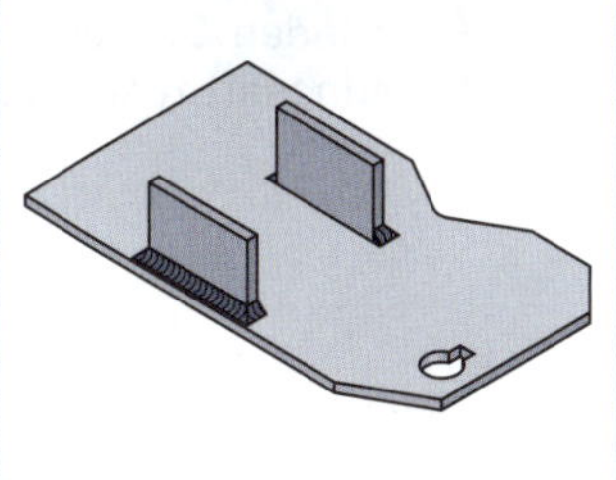
Anreißen der Lage der Pos. 4 auf Pos. 3, Spannen, Heften, Schweißen			
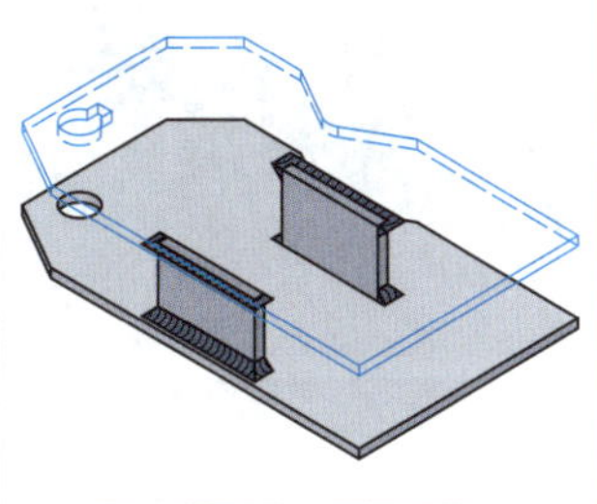	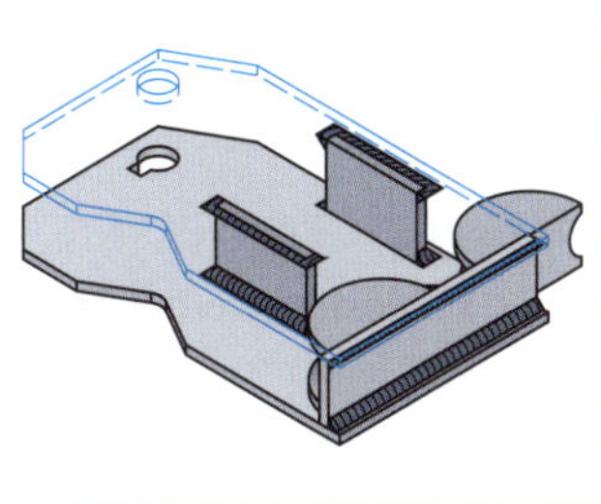	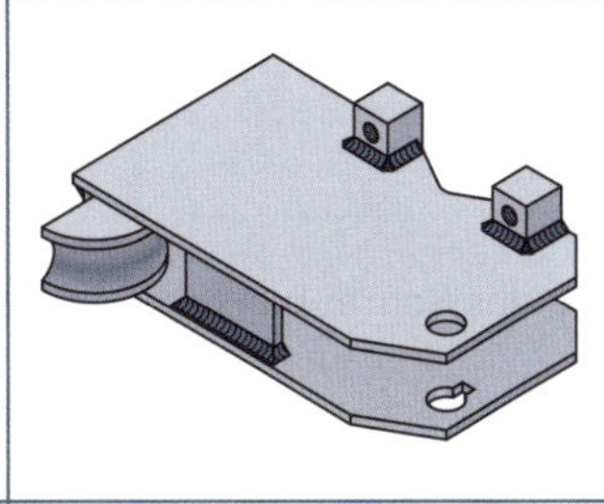	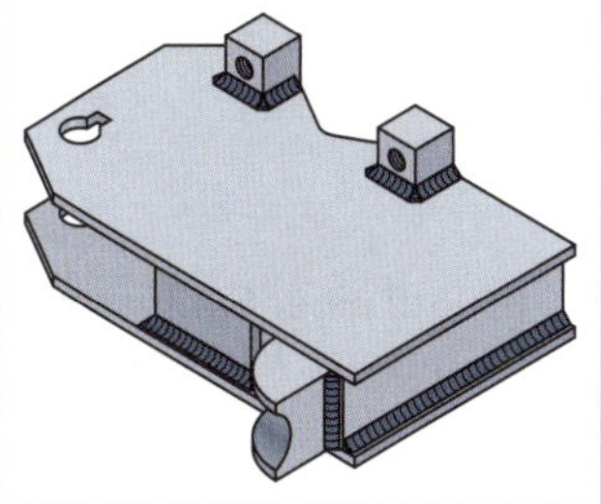

b) Vervollständigen Sie den Zeichnungssatz 1/1 bis 1/5 durch Anfertigen einer Schweißzeichnung für die Baugruppe A – „Gehäuse“. Benutzen Sie ein extra Zeichenblatt.

7. Baugruppen A – „Gehäuse“ und F – „Riegel“ wurden vormontiert. Nun muss der Riegel ins Gehäuse eingepasst werden. Sie müssen vorab die Einbaumaße prüfen.

a) Wie groß muss der lichte Abstand der linken und rechten Deckplatte nach dem Schweißen mindestens sein? Begründen Sie Ihre Aussage.

b) Ermitteln Sie das Mindestspiel und das Größtspiel zwischen den Deckplatten und dem Riegel.

	Nennmaß	Abmaße	Mindestmaß	Größtmaß
Riegelbreite				
Abstand zwischen den Deckplatten				
Mindestspiel				
Größtspiel				

8. Beim Fügen von Pos. 13 und Pos. 14 muss ø40h11 mit ø40H7 zusammengelegt werden.

a) Welche Art von Passung entsteht dabei?

b) Begründen Sie, warum beim Fügen des Toleranzfeldes *H* mit *h* gerade diese Passungsart zustande kommen muss.

9. Nachdem die Baugruppe Riegel zwischen die Führungsbleche Pos. 5 im Gehäuse eingelegt wurde, muss jetzt die Baugruppe B „Antrieb" mithilfe der Befestigungseinheit Baugruppe D in das Gehäuse eingebaut werden.

a) Dazu muss vorab der Stift Pos. 15 in die Bohrung der Sechskantschraube Pos. 21 eingepasst werden. Worauf ist dabei zu achten?

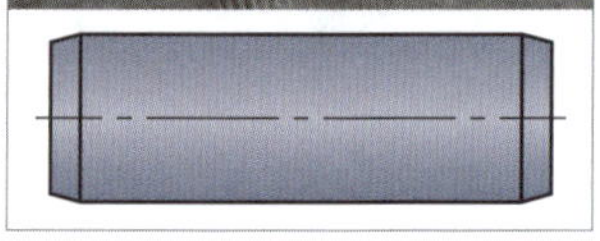

b) Auf einer Schlüsselfläche des Schraubenkopfes wird bei der Montage ein Körner gesetzt. Warum?

c) Die Schraube Pos. 21 wird nach dem Einbau gespannt. Wie wird gesichert, dass der Hebel samt Exzenter auch nach dem Festziehen der Schraubenverbindung drehbar bleibt?

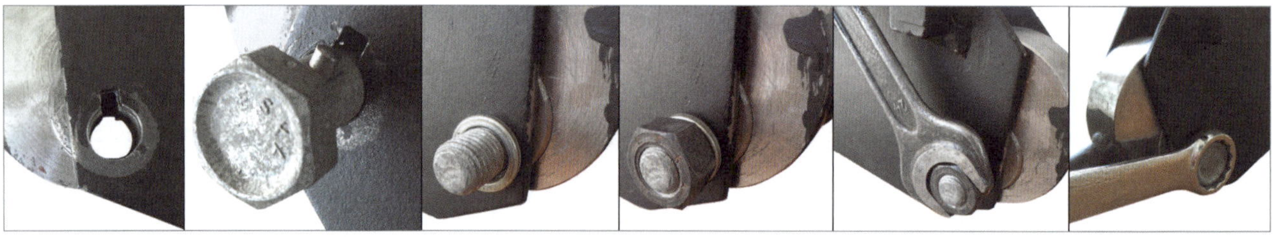

d) Beim Fügen der Schraubenverbindung wird ein Federring Pos. 16 unter die Mutter montiert. Nennen Sie den Grund.

e) Worin besteht der Vorteil der Verwendung von Ringschlüsseln gegenüber Maulschlüsseln zum Spannen der Schraubenverbindung?

10. Die fest zu klemmenden Kulissenseile haben wechselnde Durchmesser. Damit sie trotzdem optimal geklemmt werden können, lässt sich der Klemmbereich nach Bedarf einstellen.

Erläutern Sie mithilfe der Bilder, wie Sie dabei vorgehen.

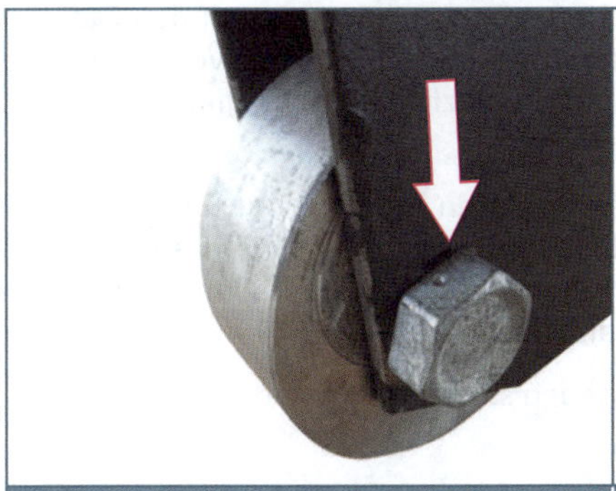
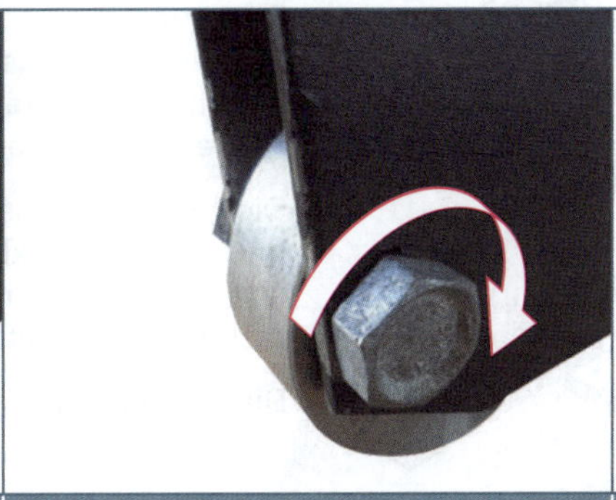
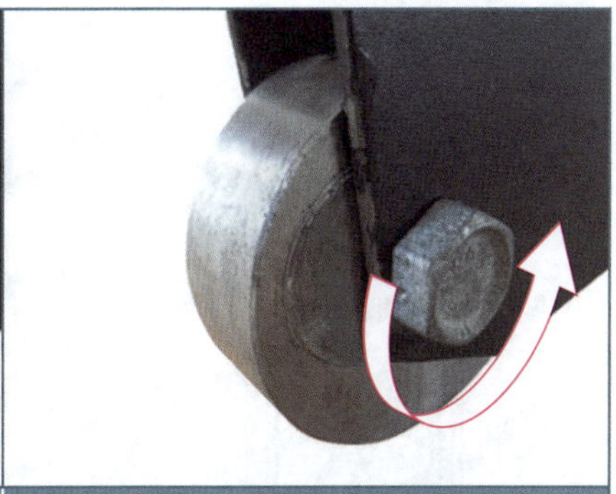

Normalstellung	Verschiebung nach rechts	Verschiebung nach links

11 Wie wird die Beweglichkeit des Sicherungsbügels Pos. 12 sichergestellt? Beschreiben Sie die Montage.

Kontrollieren

12. Welche Eigenschaften der Vorrichtung sind abschließend unbedingt zu prüfen?

13. Bei der abschließenden Funktionskontrolle stellen Sie fest, dass die Leichtgängigkeit der Teile 13 und 14 nicht gegeben ist und dass der Hebel klemmt. Welche Ursachen kann das haben?

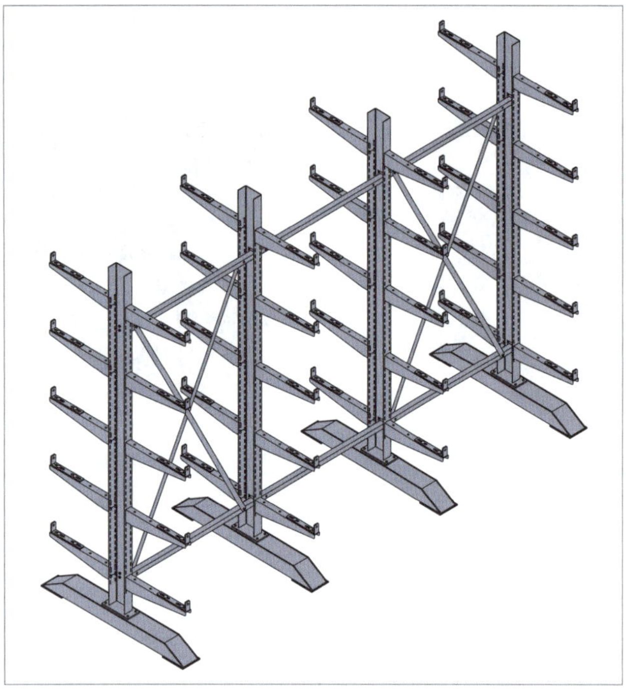

Auftrag

Um den Aufgaben einer umfangreicheren Lagerhaltung für, in der Ausbildung oft benötigtes, Stangen- und Profilmaterial nachkommen zu können, soll das Stahlregal der Schülerwerkstatt erweitert und zur Vergrößerung der Lagerkapazität ein zusätzliches Regal gleicher Bauart hergestellt werden.

Die Konstruktionsunterlagen in Form von Zeichnungen und einer Stückliste sind vorhanden. Darauf aufbauend sind von Ihnen einige planerische und funktionstechnische Arbeiten zu leisten.

Die folgenden Aufgaben sind zu lösen und zu beantworten.

Zugelassene Hilfsmittel:

Tabellenbuch Metall bzw. Metallbautechnik,
Taschenrechner

Informieren

1. Arbeiten Sie sich zunächst in die Zeichnungen und die Stückliste ein.

a) Um welche Art von technischer Zeichnung handelt es sich bei der Zeichnung Stahllager Blatt 1/4?

b) Durch welche besonderen Merkmale ist diese gekennzeichnet?

c) Tragen Sie in die Detail-Zeichnung Stahllager Blatt 2/4 die fehlenden Positionsnummern ein.
Lesen Sie dazu die Stückliste.

2. Welche Bedeutung hat das in der Zeichnung 3/4 Lastträger A, Einzelheit Z eingeklammertes Maß (7)?

3. In den Bestellkatalogen der Hersteller und Lieferanten werden Bleche nach ihrer Dicke und der Lieferform eingeteilt. Ordnen Sie das Blech des Lastträgers dieser Einteilung zu, wenn die Tafel die Abmessungen 1000 × 2000 hat.

4. Welche Eigenschaften begründen die Eignung des Werkstoffs „DC04A“ für die Fertigung des Standfußes Pos. 1?

5. Die Werkstoffbezeichnung „DC04A“ des Lastträgers endet mit dem Buchstaben A.
Geben Sie dessen Bedeutung an.

6. Die Lastträger Pos. 5 und 7 zählen zu den am meisten beanspruchten Bauteilen des Stahllagers. Welcher Hauptbeanspruchung unterliegen diese Bauteile?

7. Welche Bedeutung hat die Streckgrenze des Werkstoffs „DC04A“ für die Beanspruchbarkeit der Lastträger?

8. Die Tafeln müssen u. a. für den Zuschnitt auf den Maschinentisch gehoben werden. Welches Gewicht hat eine solche Tafel?

Planen

9. Ermitteln Sie die fehlenden Abmessungen für den Blechzuschnitt des Lastträgers A (Pos. 5) und B (Pos. 7).

a) Berechnen Sie die gestreckten Längen und die Lagemaße der Biegelinien mit dem Ausgleichswert *v* für das Kaltbiegen. Runden Sie das Maß L_b auf ein ganzzahliges Maß.

b) Tragen Sie die fehlenden Maße in die Skizze der Abwicklung des Lastträgers A ein. (Siehe Folgeseite)

c) Ergänzen Sie die in der Stückliste fehlenden Angaben in Spalte 2, 3, 5, 7 und 8.

10. Die zusätzliche Deckenbelastung durch das erweiterte Stahllager soll ermittelt werden. Ermitteln Sie dafür die Gesamtmasse der auf der Zeichnung abgebildeten Bauart des Stahllagers.

Abwicklung des Lastträgers A:

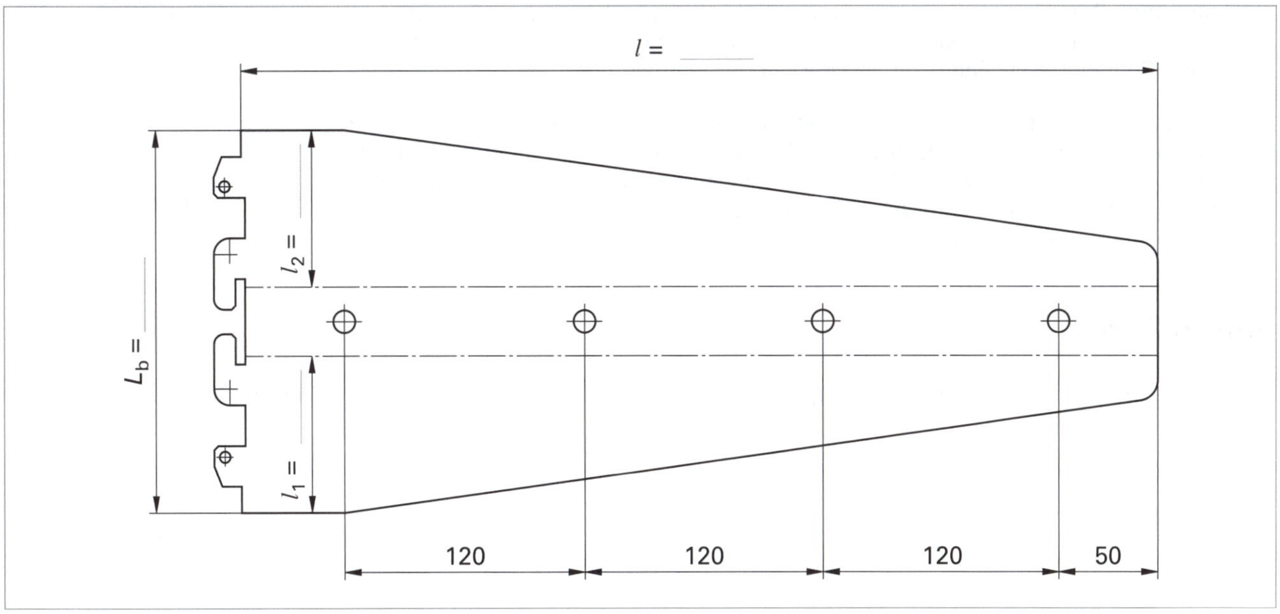

11. Zur Herstellung der Fertigform des Lastträgers steht in der Werkstatt eine Schwenkbiegemaschine und eine Gesenkbiegemaschine zur Wahl. Wählen Sie und begründen Sie Ihre Entscheidung.

12. Die größten Presskräfte, die eine Gesenkbiegemaschine bei der Abarbeitung des Auftrages erbringen muss, werden beim Abkanten der Bleche für Pos. 4 benötigt. Planen Sie den Maschineneinsatz.

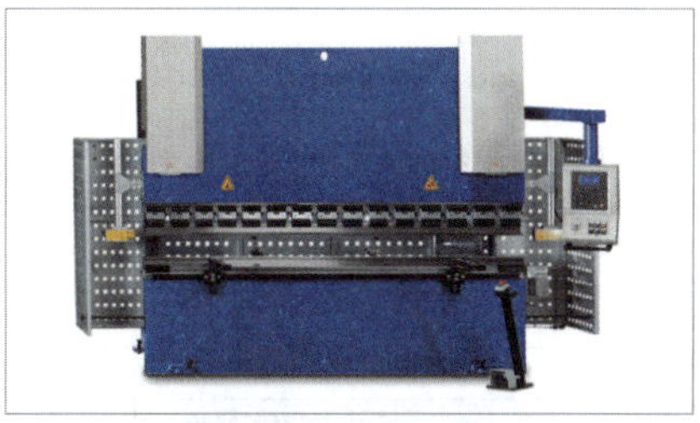

a) Welche *V*-Öffnung der Matrize in mm ist nach Tabelle zu wählen?

b) Ermitteln Sie, welche Presskraft in kN erforderlich ist.

c) Welches der drei Maschinen-Modelle würden Sie wählen? Begründen Sie.

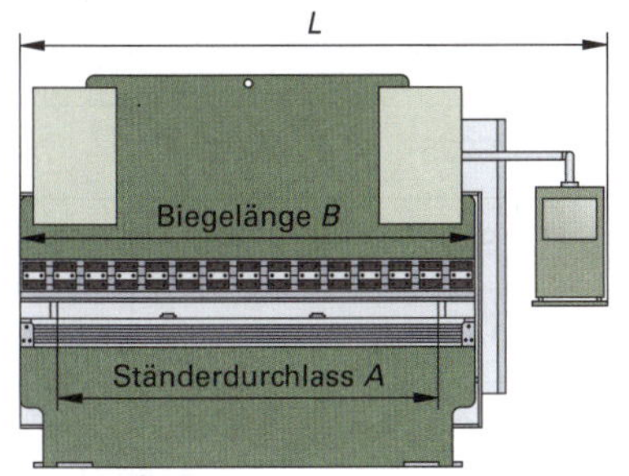

Modell	Technische Daten
GBP 40	Presskraft 40 t; *A* = 1850 mm; *B* = 2050 mm
GBP 90	Presskraft 90 t; *A* = 2150 mm; *B* = 2550 mm
GBP 120	Presskraft 120 t; *A* = 2550 mm; *B* = 3050 mm

13. Warum muss der Werkzeugwinkel beim Gesenkbiegen von Pos. 4 weniger als 90° betragen?

14. Warum reißt man beim Vorbereiten der Bleche des Lastträgers für das Gesenkbiegen die Biegekante und nicht die Begrenzung der Biegezone an?

Durchführen

15. Für den Zuschnitt der Bleche für Pos. 4 Stützenstiel steht die motorisch betriebene Tafelblechschere MTBS 2550-40D zur Verfügung. Sie verfügt über eine Schnittbreite von 2550 mm und kann Blechdicken bis zu 4 mm schneiden. Der Schnittwinkel des Messerbalkens beträgt 1°30'.

a) Geben Sie den Schnittwinkel in Dezimalschreibweise an.

b) Welchen Vorteil hat der bei dieser Maschine um 1°30' geneigte Messerbalken?

c) Ermitteln Sie die erforderliche Schneidkraft.

16. Zum Ausschneiden der Bleche für die Lastträger soll das Plasmaschneiden dem autogenen Brennschneiden vorgezogen werden. Vergleichen Sie zur Begründung die beiden Verfahren hinsichtlich Wärmeeintrag, Eignung für Blechdicken unter 5 mm, Schneidgeschwindigkeit, Nacharbeit der Schneidfugen.

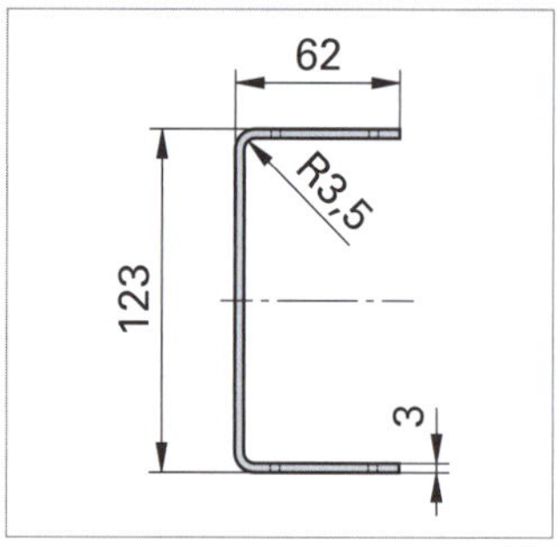

17. Der Anschluss Pos. 3 an Pos. 4 (Zeichnung Baugruppe Stützenfuß) erfolgt alternativ durch Lichtbogenhandschweißen. Mit der von Ihnen verwendeten Elektrode kann ein Nahtvolumen von 3400 mm^3 verschweißt werden. Wie viele Elektroden benötigen Sie für vier solche Anschlüsse? (Verwenden Sie zum Lösen dieser Aufgabe keine Werte aus Tabellen!)

Kontrollieren

18. Welches Kontrollmaß ist für den Abstand der Schraubenlöcher (Bild) anzugeben? Erläutern Sie, wie Sie das Maß prüfen wollen.

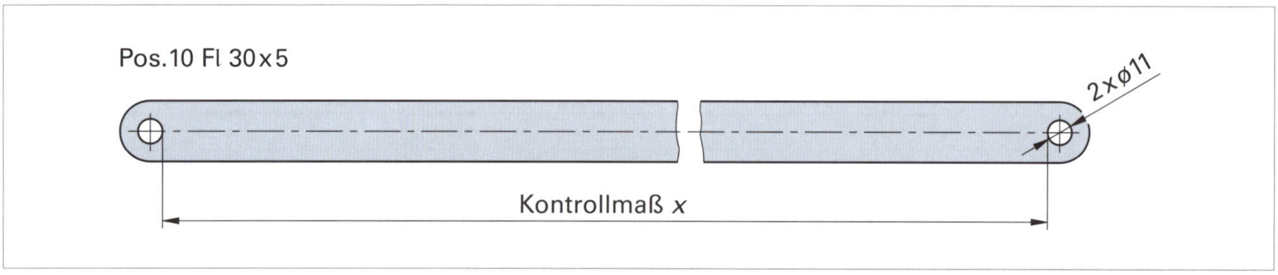

19. Beim Zuschnitt der Bleche für Pos. 4 stellen Sie eine schlechte Schnittqualität fest. Welche Ursache liegt nahe?

20. Warum sollten Probekantungen durchgeführt werden?

Stückliste (Auszug) zu Aufgabe 9c:

Stückliste								
1	2	3		4	5	6	7	8
Pos.	Menge	Einh.	Einheitsmasse kg/m bzw. kg/m^2	Benennung	Sachnummer/Kurzbezeichnung	Werkstoff	Masse kg/Einheit	Masse kg/Pos.
1		Stck.		Standfuß	EN 10130-Bl 3x300x1111	DC 04 A		
2	8	Stck.	47,1	Druckplatte	EN 10029-Bl 6Ax130x160	S235	0,98	7,48
3	4	Stck.	47,1	Fußplatte	EN 10029-Bl 6Ax90x200	S235	0,85	3,40
4		Stck.		Stützenstil	EN 10130-Bl 3x235x2200	DC 04 A		
5		Stck.		Lastträger A	EN 10130-Bl 3x x	DC 04 A		
6	40	Stck.	31,4	Sicherungswinkel	EN 10029-Bl 4Ax90x200	S235	0,57	22,80
7		Stck.		Lastträger B	EN 10130-Bl 3x x	DC 04 A		
8	6	Stck.	15,70	Verbindungssteg	EN 10130-Bl 2x92x992	DC 04 A	1,43	8,58
9	12	Stck.	31,4	Anschlussplatte	EN 10029-Bl 4Ax60x80	S235	0,15	1,80
10	4	Stck.	1,18	Diagonalstab	DIN EN 10058-Fl 30x5-1834	S235	2,16	8,64
							Σ	

Abteilung	Techn. Referenz	Dokumentenart	Dokumentenstatus
Eigentümer	Erstellt durch	Titel, zusätzlicher Titel: **Stahllager**	Zeichnungsnummer
	Genehmigt durch		Änd. / Ausgabedatum / Spr. / Blatt

Name:

Klasse: | Datum: | Blatt-Nr.: 181

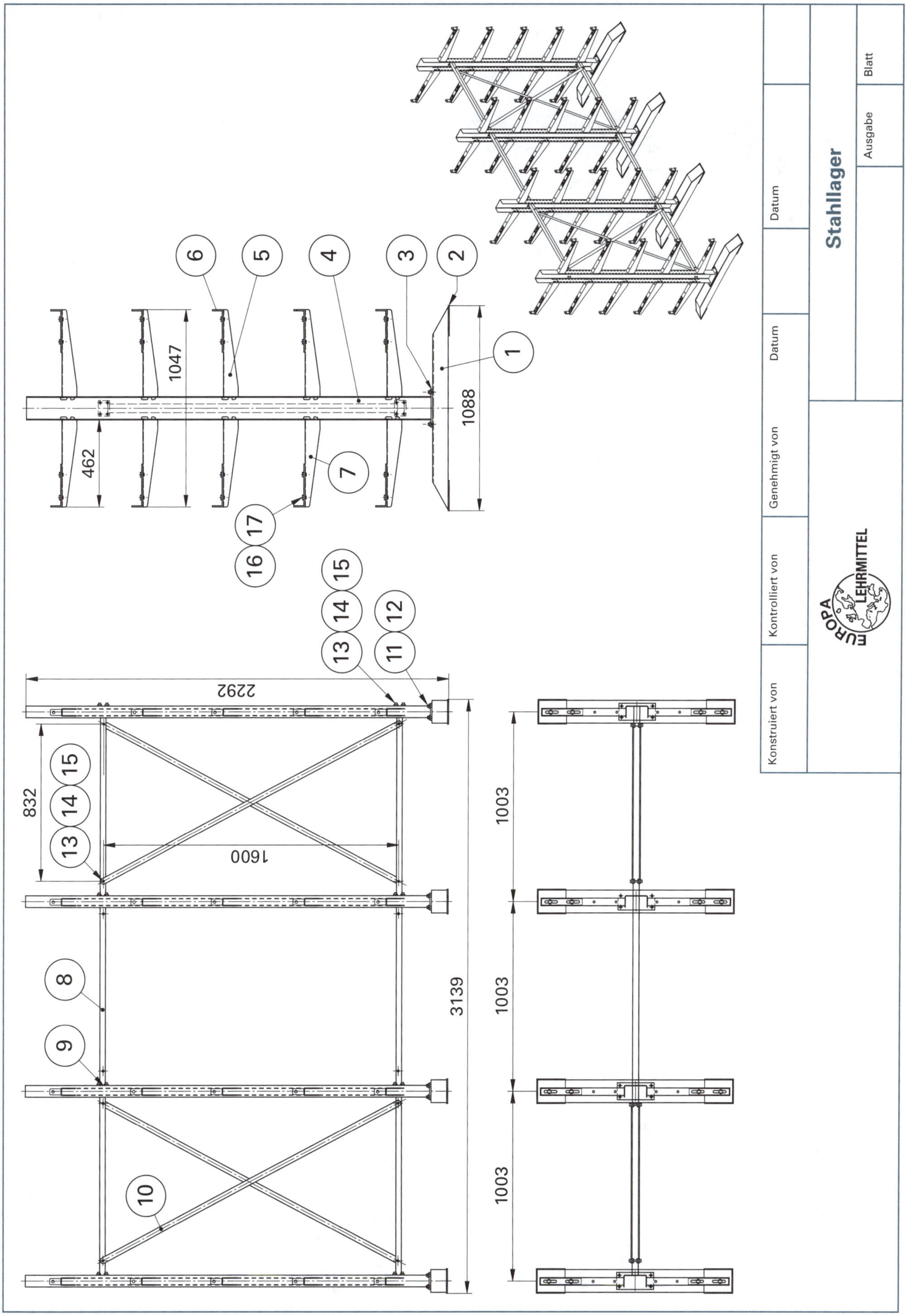

Name:		
Klasse:	Datum:	Blatt-Nr.: 182

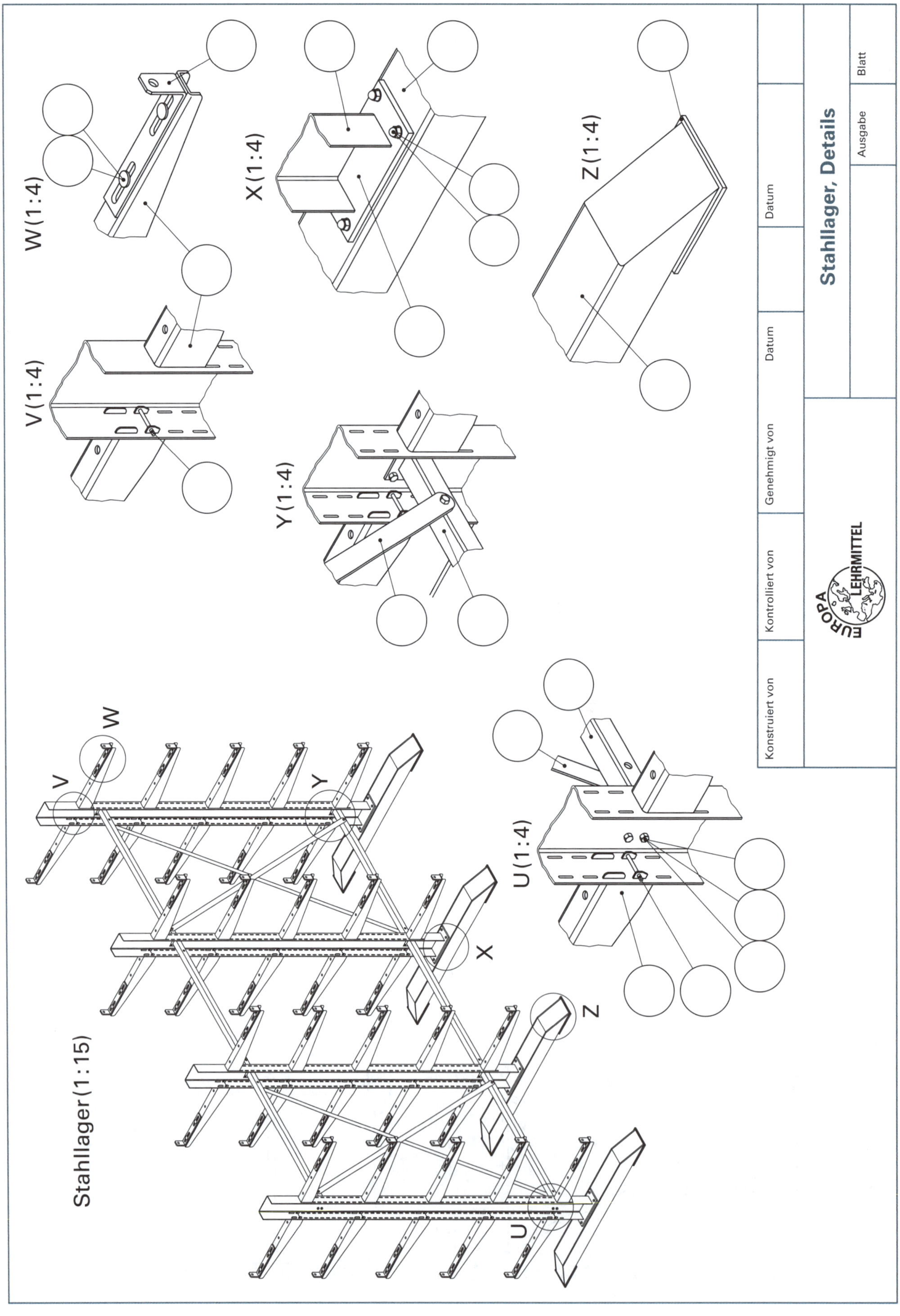

Name:		
Klasse:	Datum:	Blatt-Nr.: 183

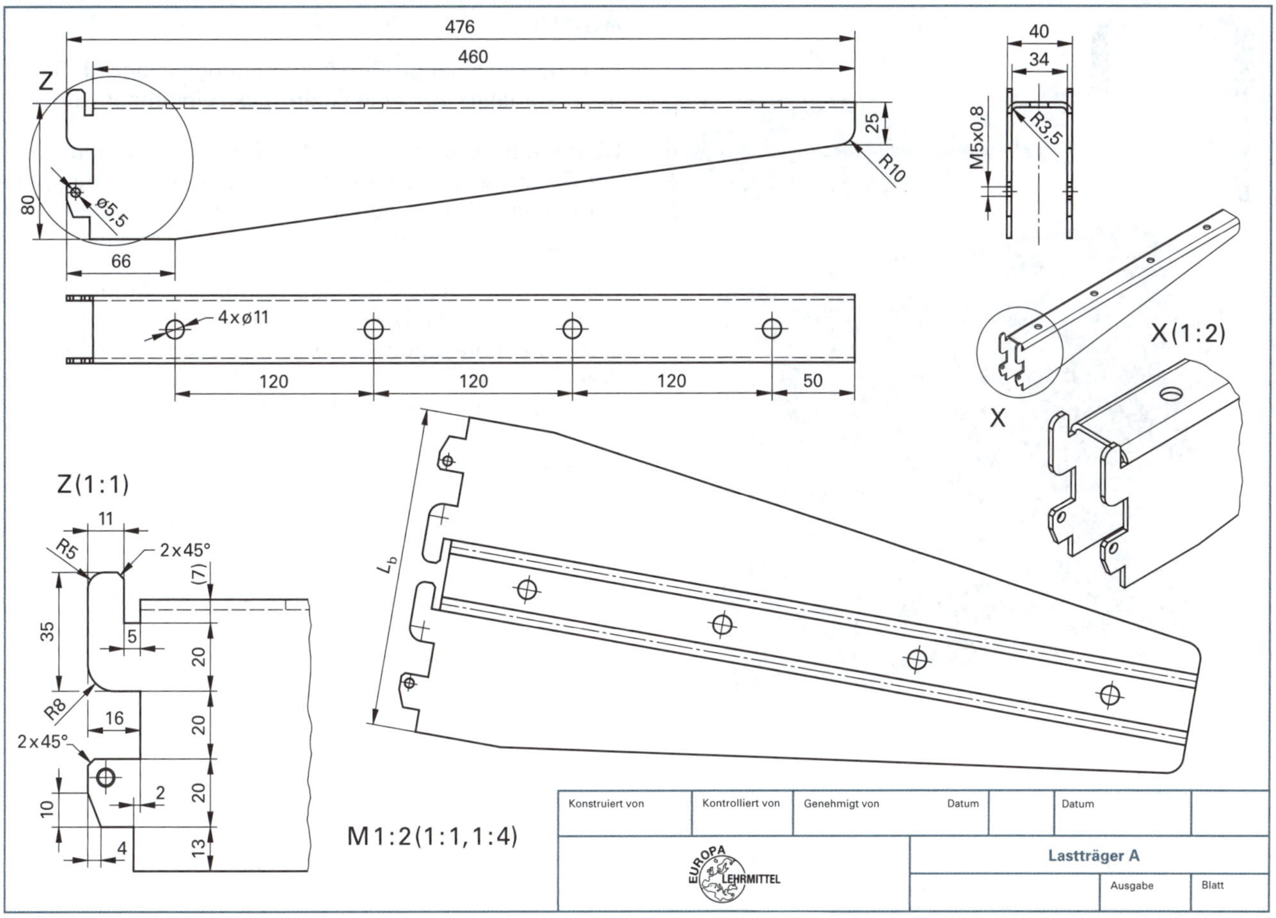

Konstruiert von	Kontrolliert von	Genehmigt von	Datum		Datum	
EUROPA LEHRMITTEL			Lastträger A			
					Ausgabe	Blatt

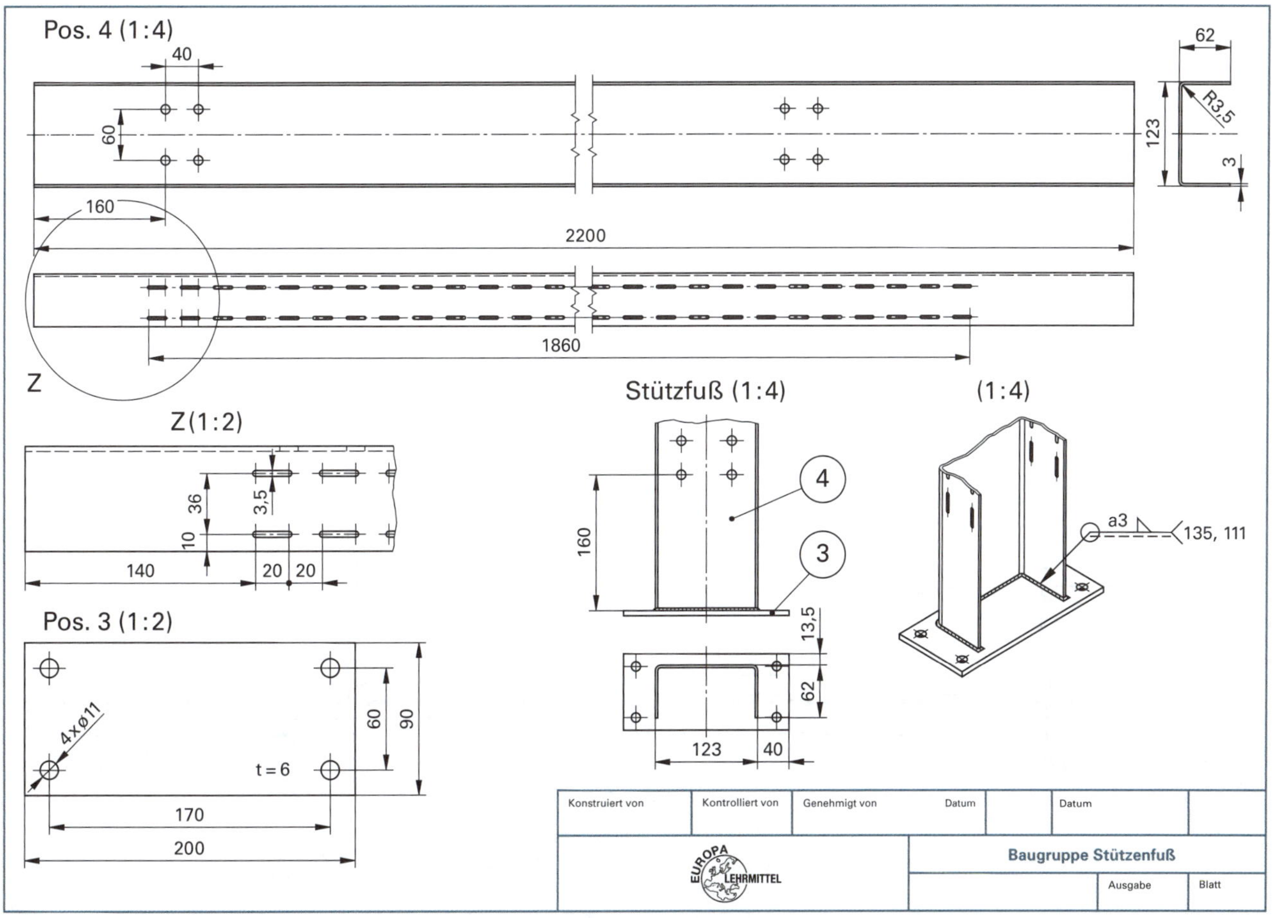

Konstruiert von	Kontrolliert von	Genehmigt von	Datum		Datum	
EUROPA LEHRMITTEL			Baugruppe Stützenfuß			
					Ausgabe	Blatt

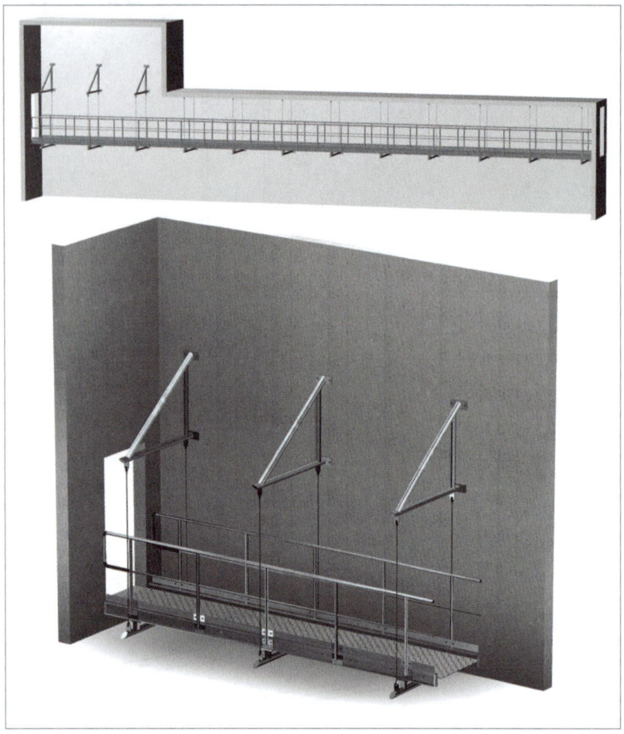

Auftrag

Im Lagersilo einer großen Aufbereitungsanlage für Recyclingmaterialien soll eine Querbrücke eingebaut werden.

Über die Brücke kann man den Silo-Innenraum in Höhe der Decke betreten. So können Proben entnommen, die vorhandene Krananlage gewartet oder der Zustand des Lagergutes in Augenschein genommen werden.

Die Silowände bestehen aus Sichtbeton. Aufgrund der Krananlage ist die Decke auf einer Seite nach oben versetzt. Die Befestigung erfolgt in diesem Bereich über Wandkonsolen. Im übrigen Bereich ist die Brücke über Zugstäbe an der Decke aufgehängt.

Die Brücke ist in maximal sechs Meter lange Segmente unterteilt, welche über Kopfplatten miteinander verschraubt werden. Die Geländer sind ebenfalls aufgetrennt und über Steckhülsen miteinander verbunden.

Sie werden beauftragt für das erste abgebildete Segment der Silobrücke die Wandkonsolen herzustellen.

Informieren

1. Informieren Sie sich mithilfe der nachfolgenden Zeichnungen über den Aufbau des ersten Segments der Silobrücke. Übertragen Sie im Anschluss die fehlenden Positionsnummern in die abgebildete Ansicht.

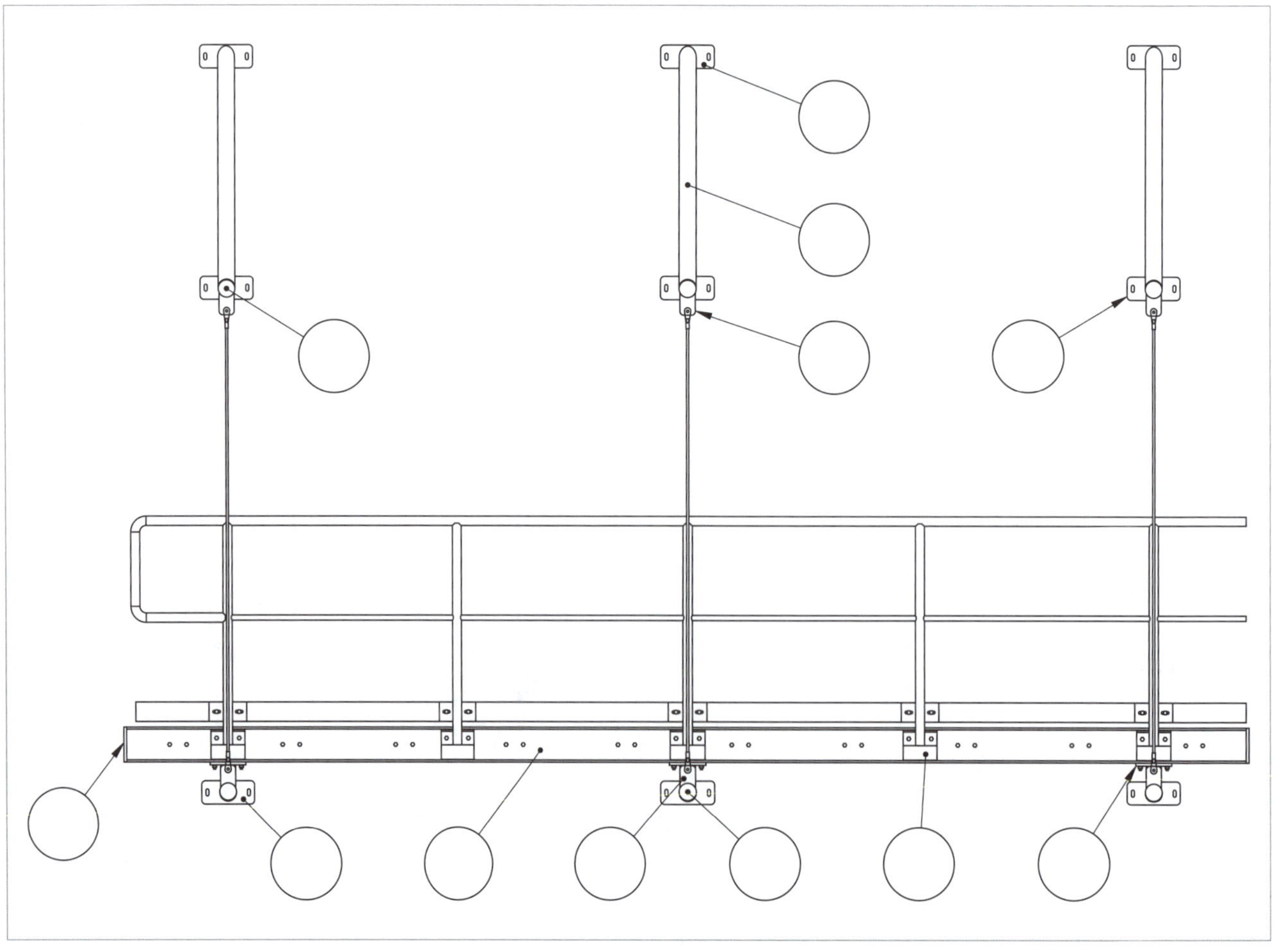

Name:		
Klasse:	Datum:	Blatt-Nr.: 185

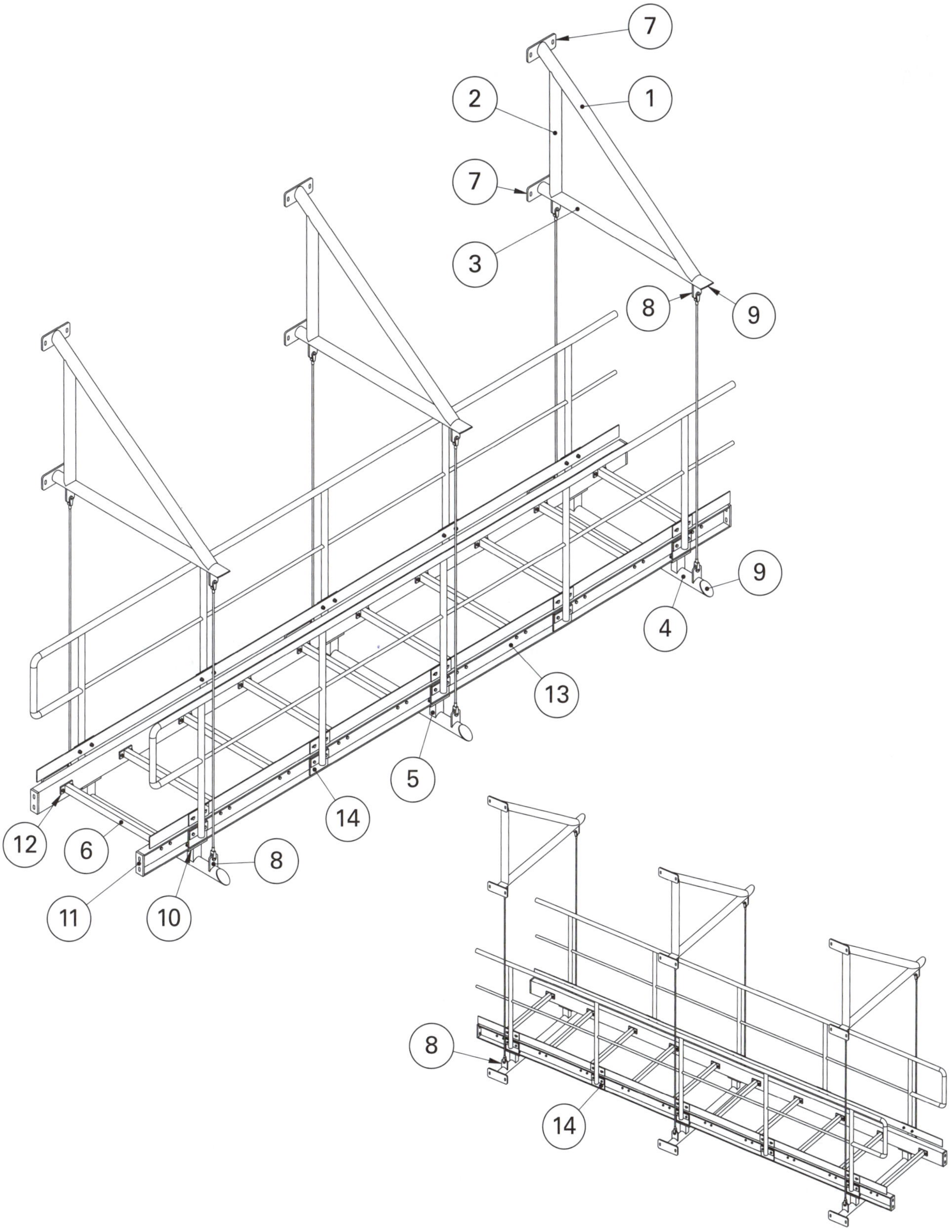

Schule	Erstellt durch	Titel, zusätzlicher Titel	Dokumentenart	
		Erstes Segment Silobrücke, Raumbilder		
Klasse	Ausgabedatum		Zeichnungsnummer	Blatt

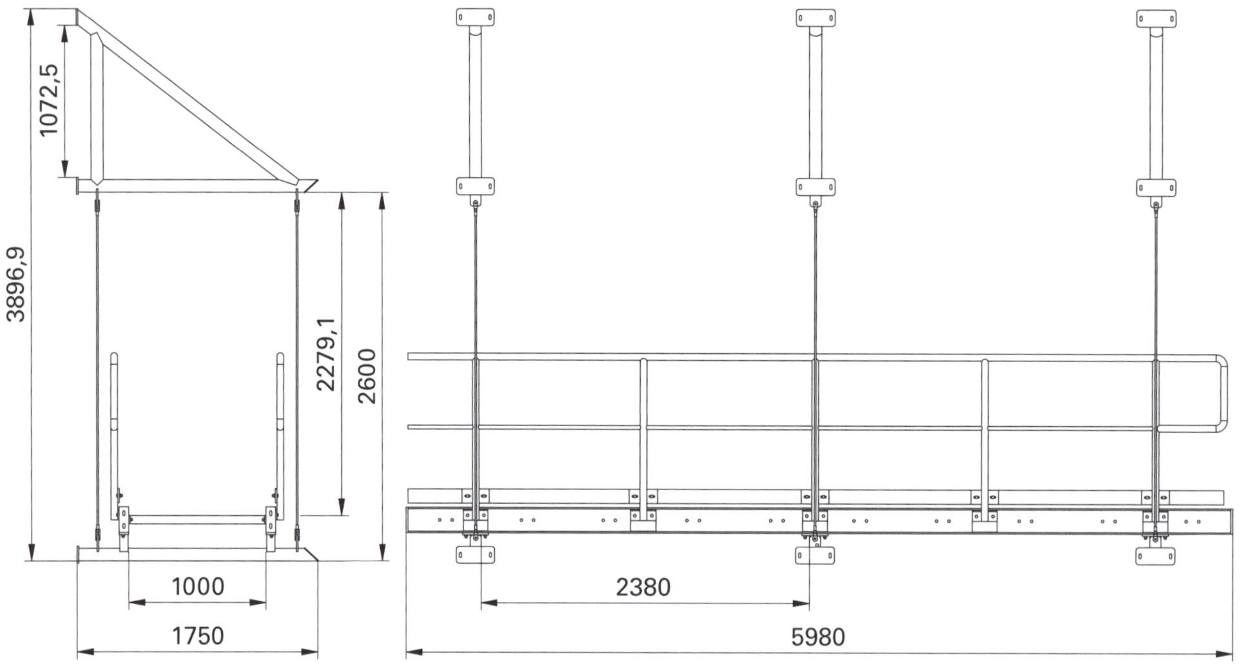

nicht maßstäblich

Auszug aus der Stückliste für das erste Segment der Silobrücke:

Nr.	Menge	Benennung	Sachnummer/Norm-Kurzbezeichnung	Werkstoff
1	9	Wandkonsole	Rohr CFRCHS DIN EN 10219-2 – 88,9 × 4,0 – 2012	S235JR
2	3	Wandkonsole	Rohr CFRCHS DIN EN 10219-2 – 88,9 × 4,0 – 1089	S235JR
3	3	Wandkonsole	Rohr CFRCHS DIN EN 10219-2 – 88,9 × 4,0 – 1738	S235JR
4	3	Querrohr Brückenauflager	Rohr CFRCHS DIN EN 10219-2 – 88,9 × 4,0 – 1738	S235JR
5	6	Anschweißrohr Brückenauflager	Hohlprofil DIN EN 10219-2 – 60 × 40 × 4,0 – 121	S235JR
6	10	Querstrebe Boden	Hohlprofil DIN EN 10219-2 – 60 × 40 × 4,0 – 980	S235JR
7	9	Ankerplatte Wandbefestigung	Flachstahl DIN EN 10058 – Fl 120 × 12 – 280	S235JR
8	12	Anschweißlasche Zugstab	Flachstahl DIN EN 10058 – Fl 80 × 12 – 120	S235JR
9	6	Anschweißdeckel Trägerrohre	Blech DIN EN 10025 – Bl 6,0 × 132 × 88	S235JR
10	6	Kopfplatte Brückenauflager	Flachstahl DIN EN 10058 – Fl 70 × 15 – 189	S235JR
11	4	Kopfplatte Brückenhauptträger	Flachstahl DIN EN 10058 – Fl 70 × 15 – 180	S235JR
12	20	Kopfplatte Querstrebe	Flachstahl DIN EN 10058 – Fl 60 × 10 – 120	S235JR
13	2	Brückenhauptträger	U-Profil DIN 1026-1 – U 180 – 5950	S235JR
14	10	Anschweißplatte Pfostenbefestigung	Flachstahl DIN EN 10058 – Fl 180 × 10 – 154	S235JR

Schule	Erstellt durch	Titel, zusätzlicher Titel	Dokumentenart	
		Erstes Segment Silobrücke, Ansichten		
Klasse	Ausgabedatum		Zeichnungsnummer	Blatt

Name:		
Klasse:	Datum:	Blatt-Nr.: 187

Baugruppe Wandkonsole

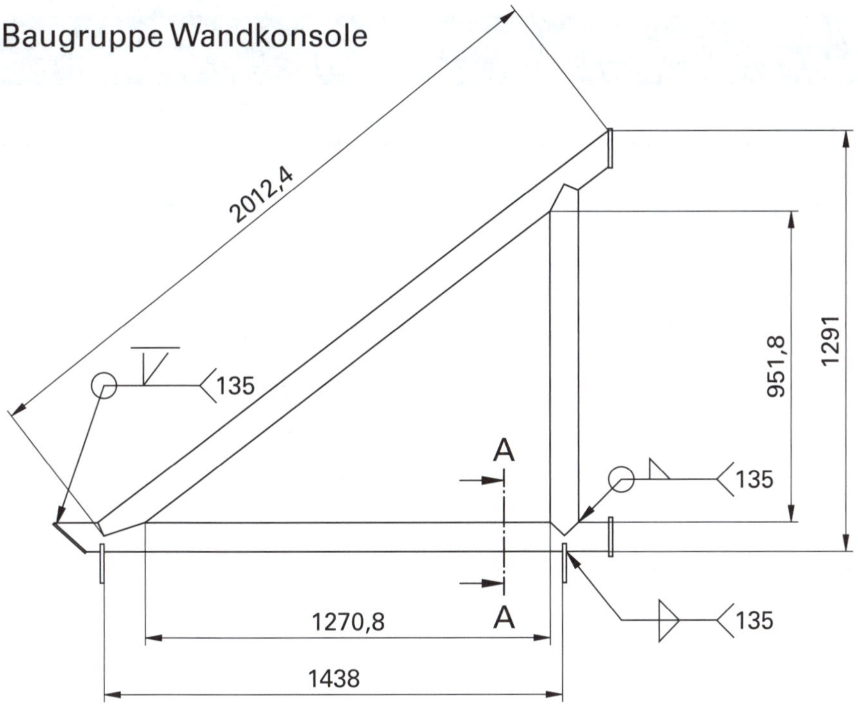

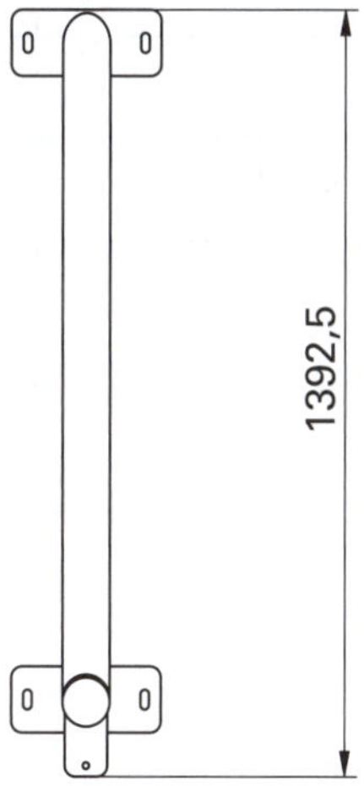

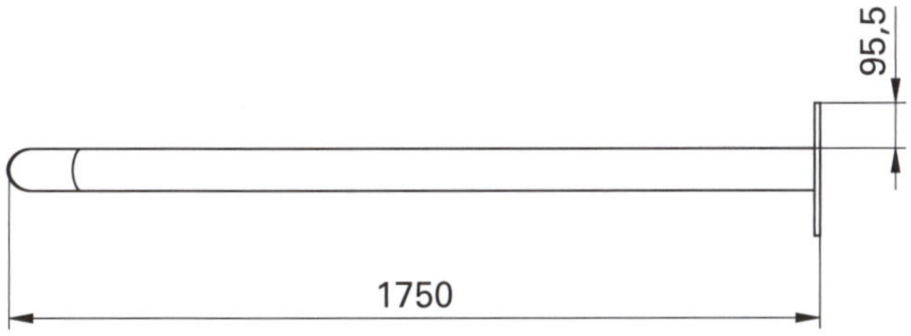

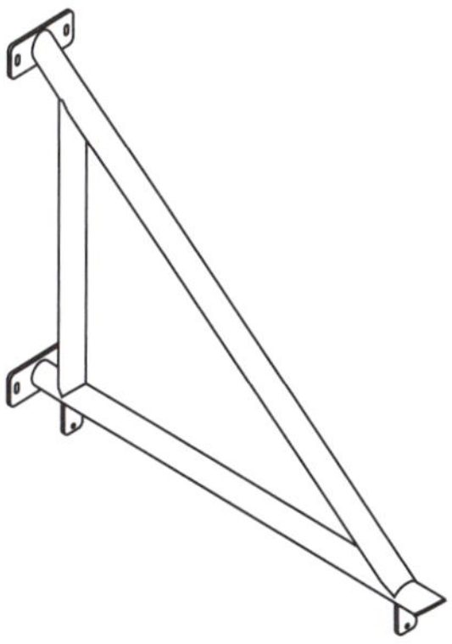

Baugruppe Brückenauflager

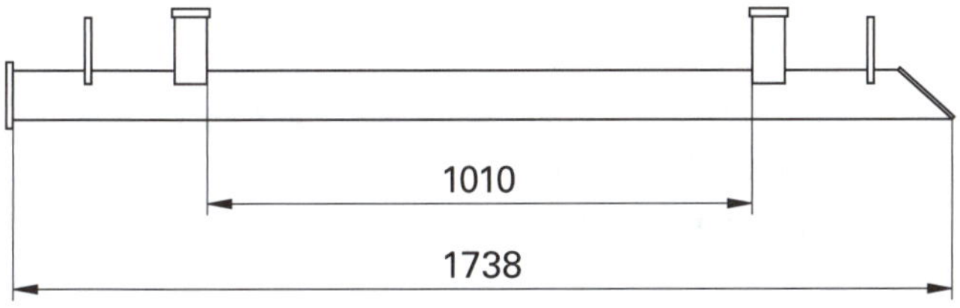

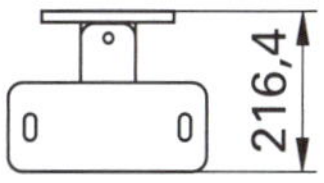

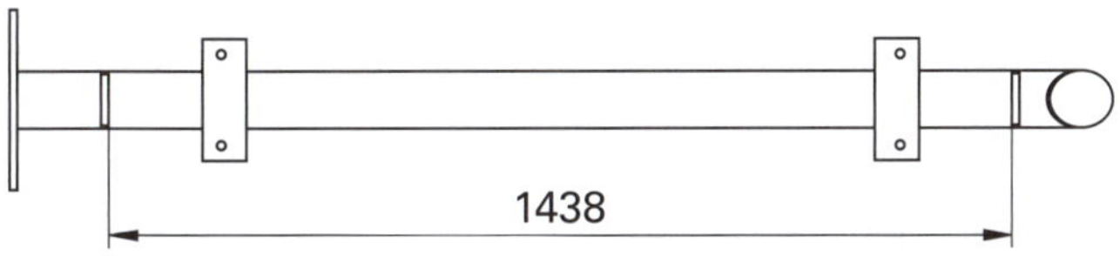

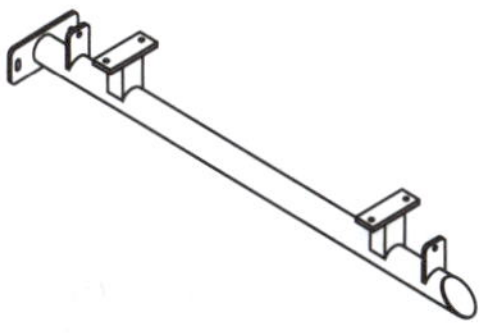

Schule	Erstellt durch	Titel, zusätzlicher Titel	Dokumentenart	
Klasse	Ausgabedatum	**Erstes Segment Silobrücke, Baugruppen**	Zeichnungsnummer	Blatt

zu Aufgabe 5: Kalkulationstabelle für die Baugruppe „Wandkonsole".

Pos.	Menge	längenbezogene Masse *m'* in kg/m	Zuschnittlänge *l* in m	Gesamtmasse *m* je Stück in kg	Gesamtmasse *m'* je Position in kg
1					
2					
3					
7					
8					
9					
				Gesamtmasse:	

zu Aufgabe 13: Skizze Heft- und Schweißreihenfolge für den Rahmen der Baugruppe „Wandkonsole".

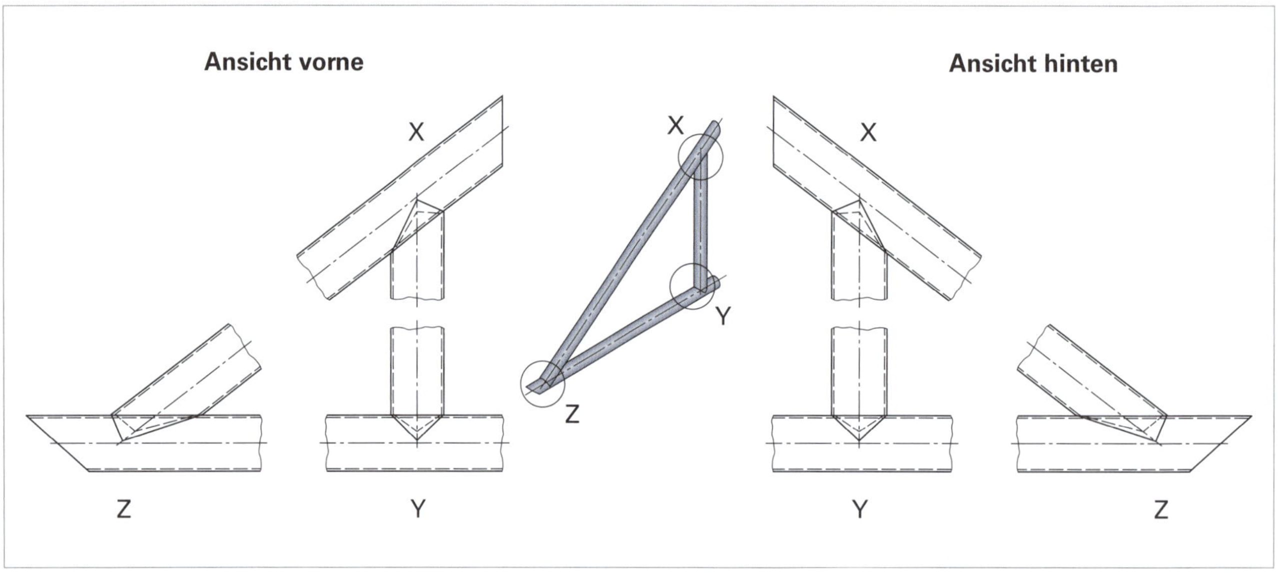

zu Aufgabe 20: Ausschnitt aus einem Prüfprotokoll für die Baugruppe „Wandkonsole" der Silobrücke.

Nr.	Benennung	Sollmaße	Grenzabmaße inkl. Höchst- und Mindestmaße	Ist-maße	Gut	Aus-schuss	Nach-arbeit
Längenmaße, Toleranzklasse A – DIN ISO 13920							
1	Lichte Weite Anschweißlaschen Zugstäbe			1440			
2	Maß Außenkante Ankerplatte Pos. 7 – Außenkante Profil Pos. 3			96,0			
Winkelmaße, Toleranzklasse C – DIN EN ISO 13920							
3	Winkel Wandkonsole zwischen Hohlprofil Pos. 3 und Pos. 1			36,5°			
4	Winkel Wandkonsole zwischen Hohlprofil Pos. 2 und Pos. 3			91°			

2. Erklären Sie die einzelnen Teile der folgenden Norm-Kurzbezeichnung von Position 1:
Hohlprofil CFRCHS DIN EN 10219-2 – S235JR – 88,9 × 4,0 – 2012.

3. Welches sind die üblichen Lieferlängen für die Profile der Wandkonsolen von den
a) Flachstählen und b) Hohlprofilen?

4. Für die Wandkonsole werden runde Hohlprofile verwendet.
a) Welche Vor- und Nachteile hat diese Wahl? b) Welche Profile könnten alternativ verwendet werden?
c) Skizzieren Sie die Vorder- und Seitenansicht einer alternativen Lösung für die Wandkonsole!

Planen

5. Für eine Preiskalkulation müssen unter anderem die Massen und die Verzinkungskosten berechnet werden.
a) Vervollständigen Sie die Kalkulationstabelle der Baugruppe „Wandkonsole" auf der vorangehenden Seite!
b) Berechnen Sie die Materialkosten einer Wandkonsole. Gehen Sie dabei von folgenden Kosten aus: Nettostahlpreis: S235JR: 1,85 €/kg; Verzinkungskosten (netto): 2,10 €/kg.
c) Berechnen Sie den Bruttomaterialpreis für drei Wandkonsolen!

6. Für die Herstellung der Wandkonsole müssen unter anderem die Positionen 2 und 8 rund ausgeschliffen werden. Skizzieren Sie das Detail A-A (siehe Baugruppe Wandkonsole), um die notwendigen Schleifradien planen zu können.

7. Das runde Hohlprofil Position 1 ist schräg auf der Ankerplatte Position 7 mit einer rundum laufenden Kehlnaht angeschweißt.
a) Ermitteln Sie den hierfür erforderlichen Zuschnittwinkel an Position 1.
b) Um eine saubere Kehlnaht ausbilden zu können, soll die Ankerplatte ca. 5 mm über das Hohlprofil hinausragen. Überprüfen Sie, ob dies mit der gewählten Ankerplatte gewährleistet werden kann.

Durchführen

8. Für den Zuschnitt der Profile stehen Ihnen verschiedene Werkzeuge zur Verfügung. Nennen Sie mögliche Trennverfahren und ordnen Sie diesen die Positionen aus der vorangehenden Stückliste zu!

9. Für die Vor- und Nachbereitung von Schweißnähten werden häufig Winkelschleifer verwendet. Nennen Sie hierfür geeignete Werkzeuge!

10. Was ist bei der Schweißnahtvorbereitung hinsichtlich der Oberfläche im Bereich der Schweißnaht zu beachten?

11. Geben Sie die notwendigen Schweißnahtdicken für die bezeichneten Schweißnähte in der Baugruppe „Wandkonsole" an!

12. Nennen Sie vier wichtige Schweißregeln, um den Verzug beim Schweißen der Wandkonsole möglichst gering zu halten!

13. Zeichnen Sie die Heft- und Schweißreihenfolge in die Skizzen der Wandkonsole auf der vorangehenden Seite ein und erstellen Sie dafür den Arbeitsplan (Schweißfolgeplan)!

14. Welche Nähte führen bei der Wandkonsole besonders zum Verzug?

15. Zum Verschweißen der Wandkonsole wird ein Metallaktivgasschweißgerät verwendet. Ermitteln Sie mithilfe von Tabellen die Richtwerte für die nachfolgenden Einstellwerte, wenn Sie eine Kehlnaht mit einem *a*-Maß von 6 mm herstellen sollen: Lagenzahl, Drahtelektrodendurchmesser, Spannung, Stromstärke, Elektrodenvorschub und Schutzgasverbrauch.

16. Welche Lichtbogenart liegt beim Verschweißen der Hohlprofile an (Herstellen der Kehlnähte) und woran erkennen Sie diese?

17. Schlüsseln Sie die folgende verwendete Schutzgasart auf: Mischgas DIN EN 14175- M21 – ArC –18.

18. Sämtliche Baugruppen der Silobrücke werden feuerverzinkt.
a) Beschreiben Sie die Arbeitsschritte beim Feuerverzinken der Wandkonsole.
b) Welchen Vorteil hat das Verzinken der Wandkonsole gegenüber anderen Korrosionsschutzmaßnahmen?
c) Nennen Sie die Merkregeln für ein feuerverzinkungsgerechtes Konstruieren der Wandkonsole!
d) Ermitteln Sie mithilfe von Tabellen die Mindest-Lochdurchmesser für die Durchfluss- und Entlüftungsöffnungen an der Baugruppe „Wandkonsole"!

Kontrollieren

19. Beschreiben Sie mindestens zwei Schweißnahtfehler, welche beim Verschweißen der Wandkonsole auftreten können und mögliche Abhilfemaßnahmen.

20. Am Ende der Fertigung muss eine Maßkontrolle erfolgen. Vervollständigen Sie mithilfe der Werte aus den Zeichnungen das Prüfprotokoll auf der vorangehenden Seite und beurteilen Sie das Ergebnis.

Name:		
Klasse:	Datum:	Blatt-Nr.: 190

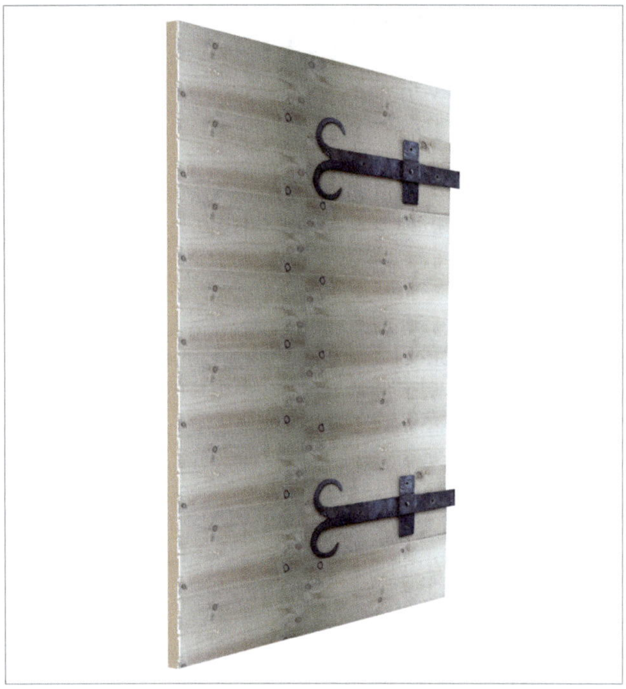

Auftrag

Bei der Rekonstruktion eines älteren Gebäudes wird es erforderlich, Pforten neu zu bauen und dazu die stark verschlissenen Beschläge neu anzufertigen.

Als Material für die Kreuzbänder stehen Stangen aus Flachstahl DIN EN 10058 – 40 × 5 × 3000 M – S235JR zur Verfügung.

Die Kreuzverbindung der Flacheisen soll genietet werden. Die Spaltung am Stabende, das Ausarbeiten der Schnörkel sowie das Einrollen des Gelenkauges sollen der Tradition folgend als handwerkliche Schmiedearbeit ausgeführt werden.

Die Oberfläche des Bandes soll auf der Sichtseite abgehämmert werden, um ein rustikales Aussehen zu erreichen.

Informieren

1. Verschaffen Sie sich anhand der Abbildung eine Vorstellung über die Größe des Kreuzbandes. Die Rasterlinien im Hintergrund stellen ein 5 cm-Raster dar.

a) Die optische Aufteilung der Gestalt des Bandes soll dabei nach den Regeln des „Goldenen Schnitts" vorgenommen werden. Welche Maßaufteilung fordert diese Regel?

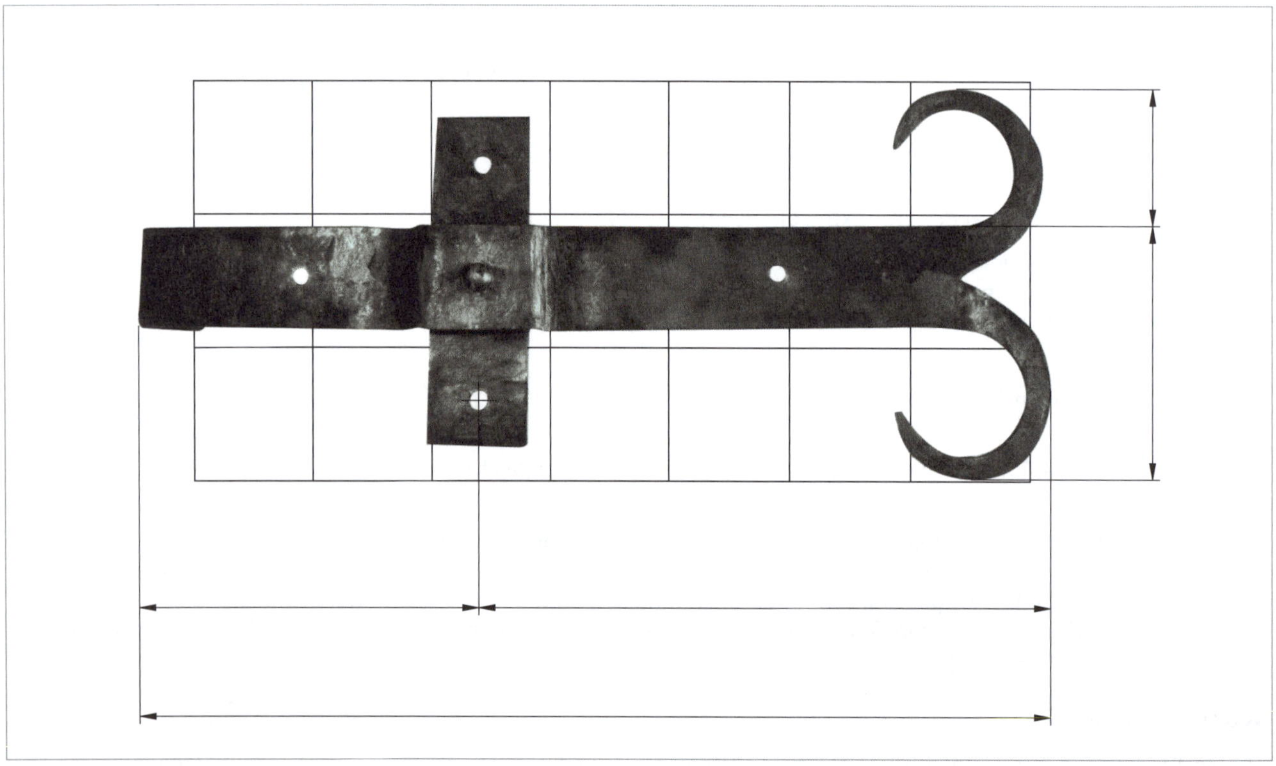

b) Vervollständigen Sie die Maßskizze (Maßstab etwa 1:2) auf der folgenden Seite und tragen Sie die von Ihnen festgelegten bzw. errechneten Maße (Buchstaben A bis E) ein. Gehen Sie dabei von einer Gesamtlänge des Bandes von 370 mm aus. Das Lagerauge hat einen Innendurchmesser von 14 mm.

Name:		
Klasse:	Datum:	Blatt-Nr.: 191

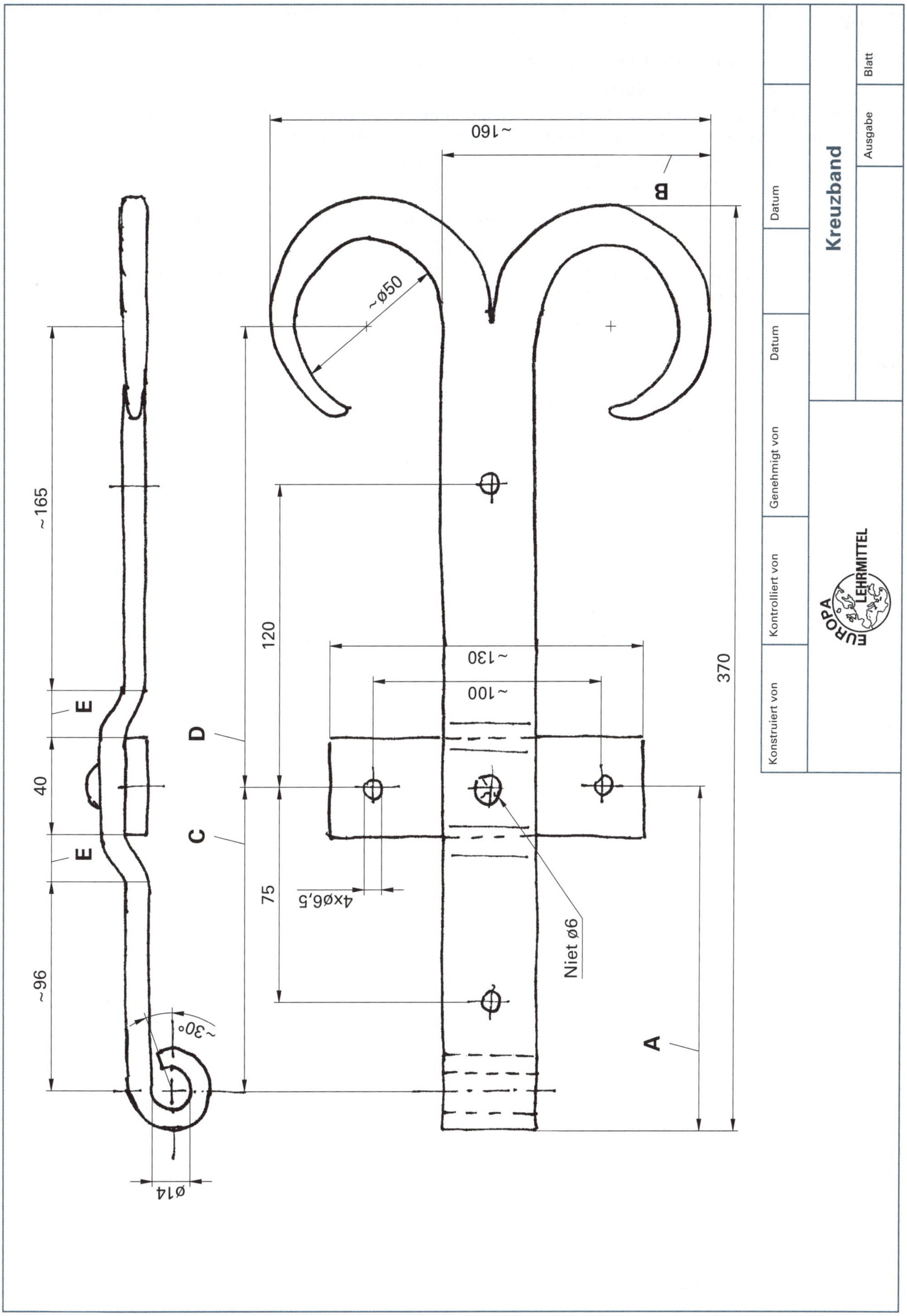

Planen

2. Die Halbzeugbezeichnung lautet Flachstahl 50 × 4 × 3000 M.

a) Was bedeutet das M in der Bezeichnung?

b) Ermitteln Sie überschlägig, wie lang der Zuschnitt für das Schmieden eines Kreuzbandes sein sollte. Die gestreckte Länge für den Schnörkel wurde am Muster mit 165 mm ermittelt.

c) Wie viele Stangen benötigen Sie zur Herstellung von 16 Kreuzbändern?

d) Ermitteln Sie den Materialpreis, wenn 100 kg zum Preis von 149 € gelistet sind.

3. Die Verbindung zwischen Längs- und Querband des Kreuzbandes soll warm genietet werden.

a) Welchen Vorteil hat es, dass hier das Warmnieten angewendet wird?

b) Berechnen Sie die erforderliche Nietlänge, wenn der Niet von der Auflageseite des Bandes durchgesteckt und auf der Ansichtsseite ein Halbrundkopf geschmiedet werden soll.

c) Geben Sie die vollständige Norm-Kurzbezeichnung des Nietes an.

Durchführen

4. Die Kreuzbänder sollen aus S235JR gefertigt werden.

a) Beurteilen Sie die Schmiedbarkeit dieses Stahls.

b) Warum ist es vorteilhaft, dass dieser Stahl einen relativ geringen Kohlenstoffgehalt hat?

c) Das Kreuzband muss in dem Bereich zwischen Schmiedeanfangstemperatur und Schmiedeendtemperatur geschmiedet werden. Wie erkennen Sie, dass das Band diese Temperatur erreicht hat?

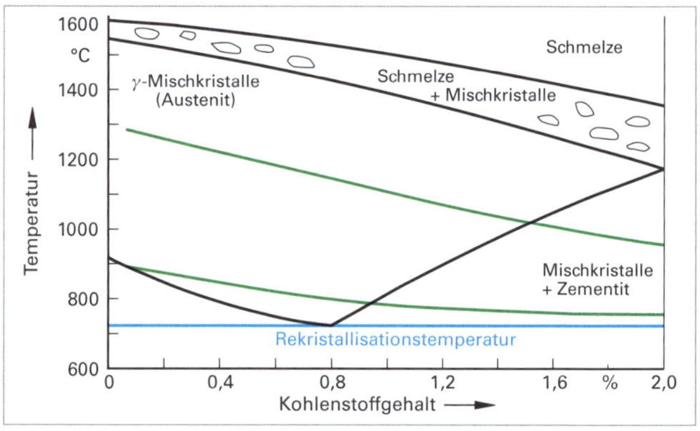

5. Zum Betreiben des Schmiedefeuers haben Sie die Wahl zwischen Schmiedekohle und Koks. Entscheiden Sie sich und begründen Sie kurz Ihre Wahl.

6. Nennen Sie die Ursache dafür, dass sich in der Schmiedehitze eine Art Kruste auf dem Flachstahl bildet, die dann beim Schmieden abblättert.

7. Beim Schmieden des Kreuzbandes müssen mehrere Schmiedetechniken angewendet werden. Nennen Sie diese.

8. Beschreiben Sie die einzelnen Arbeitsstufen beim Einrollen des Lagerauges am Kreuzband.

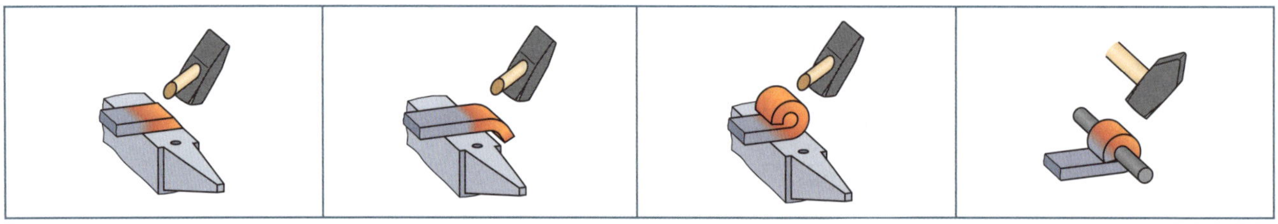

9. Erstellen Sie einen Arbeitsplan zur Herstellung des Kreuzbandes. Aus ihm muss die Abfolge aller Arbeitsgänge und die dafür erforderlichen Werkzeuge und Hilfsmittel ersichtlich sein.

Arbeitsplan		
Nr.	**Arbeitsgang**	**Werkzeug, Hilfsmittel**
...		

10. Das Schmiedestück ist fertig. Welche Maßnahmen schlagen Sie vor, um es vor Korrosion zu schüzen, gleichzeitig aber die durch Schmieden erzeugte Oberflächenstruktur zu erhalten?

Kontrollieren

11. Wie sichern Sie, dass die 16 herzustellenden Kreuzbänder eine annähernd gleiche Gestalt und gleiche Maße haben?

12. Abschließend sind die Kreuzbänder im Hinblick auf deren Gebrauchstauglichkeit zu prüfen. Welche Merkmale sind neu zu prüfen?

Name:		
Klasse:	Datum:	Blatt-Nr.: 193

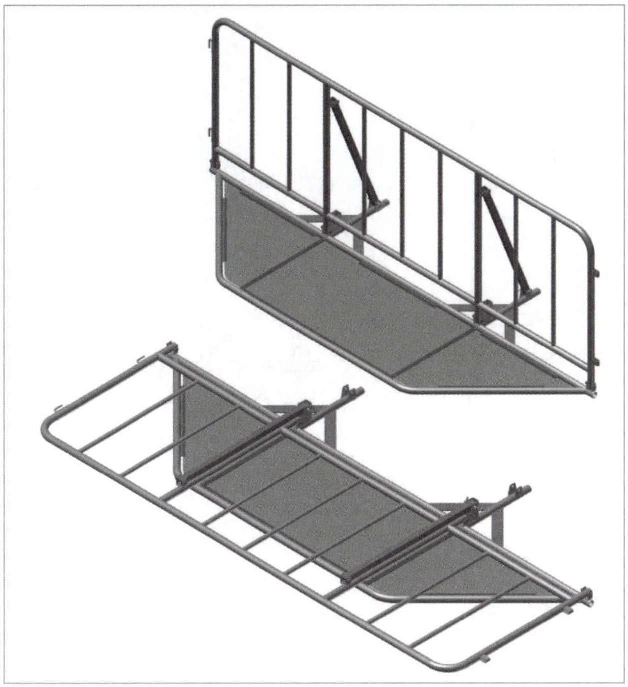

Auftrag

Zur Absicherung von Sport- und Kulturveranstaltungen auf dem neuen Schulsportgelände sollen Absperrungen nach dem Vorbild polizeilicher Absperrgitter hergestellt werden.

Die Gitter sollen problemlos aufgestellt, schnell und einfach handhabbar, stabil feststehend und durch Haken und Ösen zu verbinden sein.

Aus Kostengründen wird die Schülerwerkstatt des Berufsschulzentrums mit der Herstellung der Gitter beauftragt.

Die Konstruktion soll aus Baustahl gefertigt werden. Auf eine Verzinkung wird verzichtet, zumal die Gitter in einem Schuppen gelagert werden können, wenn sie nicht gebraucht werden. Ein Farbanstrich ist jedoch vorgesehen.

Informieren

1. Verschaffen Sie sich anhand der nachfolgenden Abbildung und der Zeichnung der Folgeseite einen Überblick über den Aufbau und die Funktion des Absperrgitters.

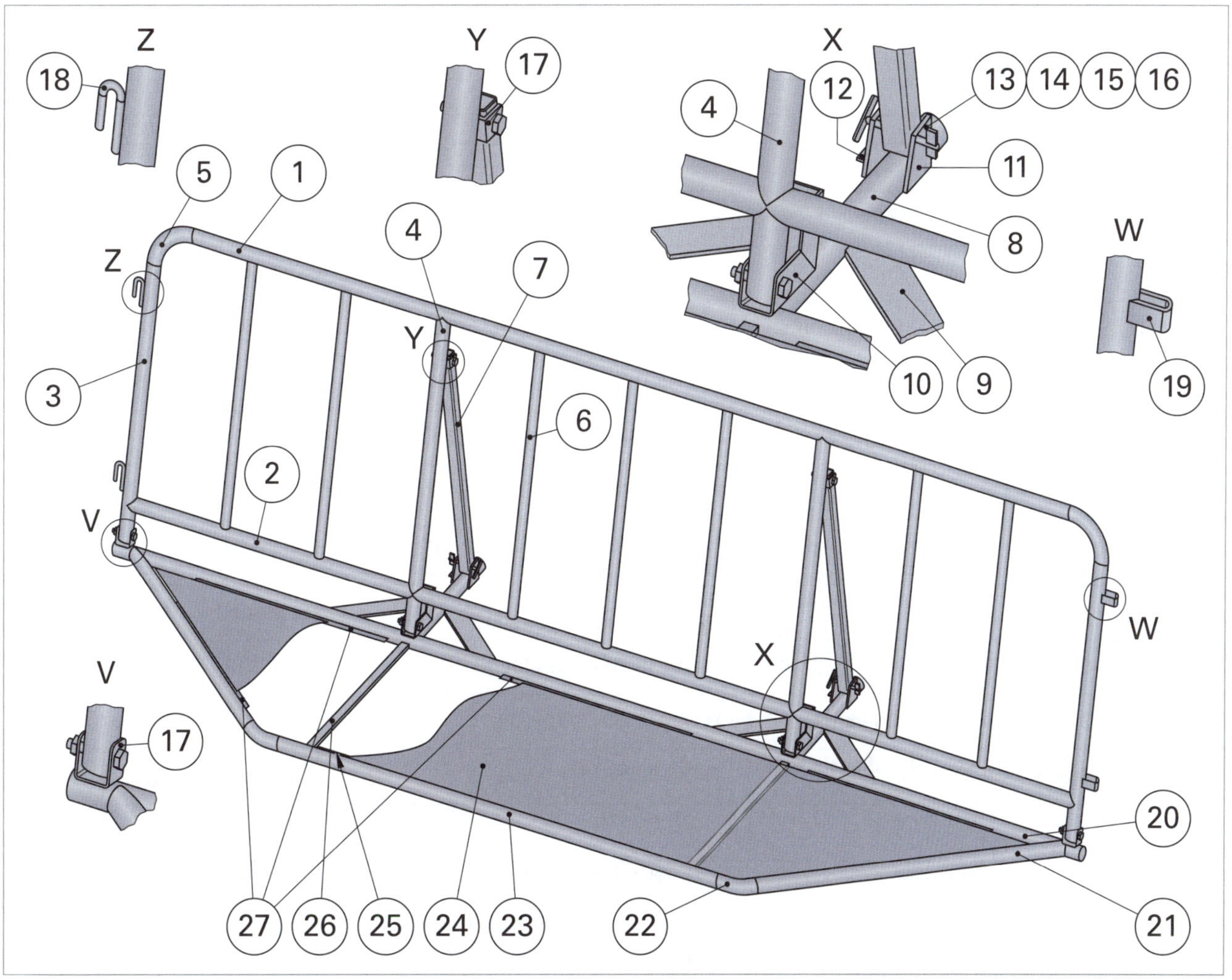

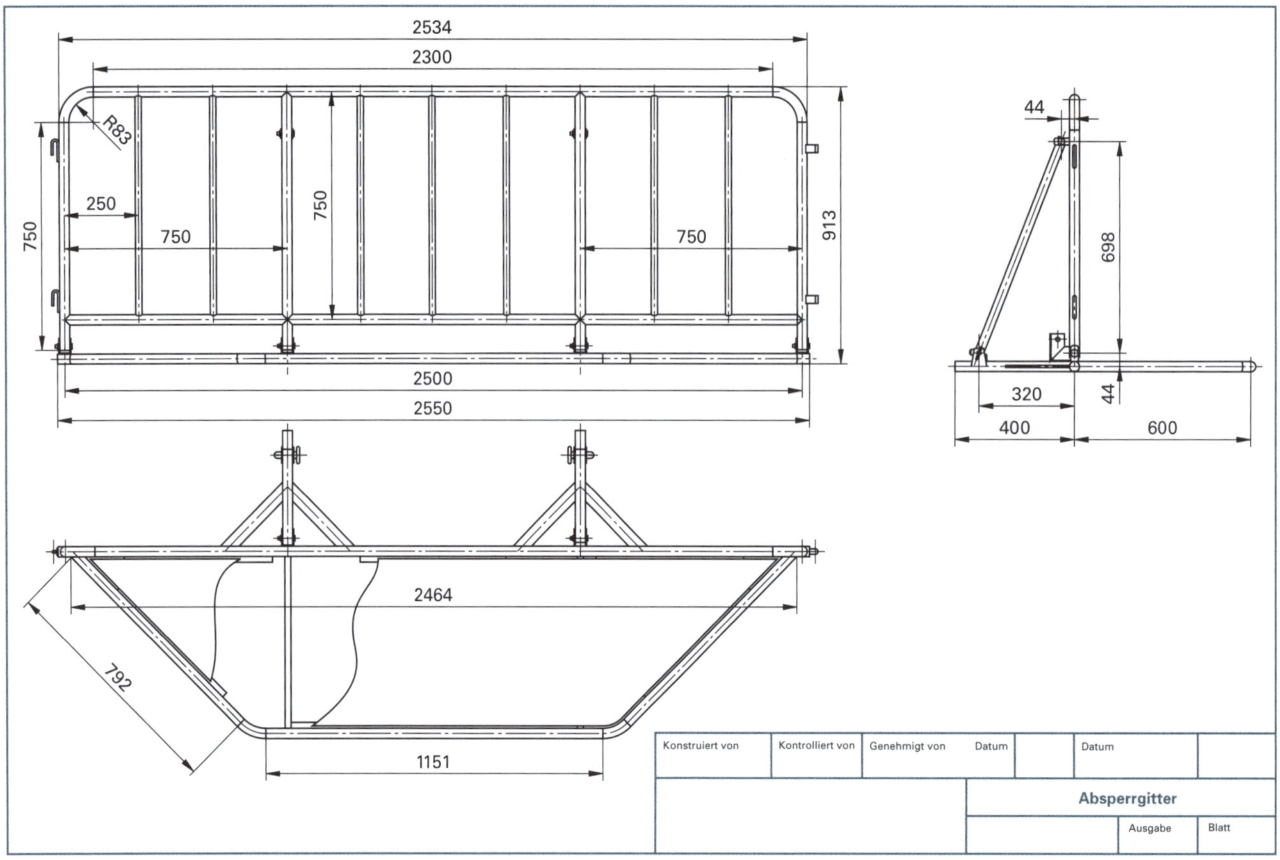

2. Ergänzen Sie in dem Auszug aus der Stückliste die fehlenden Eintragungen im den Spalten 2, 3, 5, 7 und 8.

Stückliste

1	2	3		4	5	6	7	8
Pos.	Menge	Einh.	Einheitsmasse	Benennung	Sachnummer/Kurzbezeichnung	Werkstoff	Masse kg/Einheit	Masse kg/Pos.
1	1	Stck.		Handlauf	HFCHS DIN EN 10210-33,7x2.6-	S235JR		
2	1	Stck.	″	Fußleiste	HFCHS DIN EN 10210-33,7x2.6-	S235JR		
3	2	Stck.	″	Pfosten außen	HFCHS DIN EN 10210-33,7x2.6-750	S235JR	1,49	2,98
4	2	Stck.	″	Pfosten innen	HFCHS DIN EN 10210-33,7x2.6-784	S235JR	1,56	3,12
5	2	Stck.	″	Bogen Handlauf	HFCHS DIN EN 10210-33,7x2.6-	S235JR		
6		Stck.		Füllstab	HFCHS DIN EN 10210-21,3x2,3-720	S235JR		
7	2	Stck.		Stützholm	Rohr DIN 10219-2-30x30x2-782	S355JO		
24	1	Stck.	13	Gittereinsatz 0,98m²	Streckgitter DIN 791 -53,5x18-5x3-1500x3000	St-verzin…	12,74	12,74
25	1	Stck.	0,79	Auflageleiste lang	Fl DIN 10058-20x5-1000	S235JR	0,79	0,79
26	2	Stck.	0,79	Querstrebe	Fl DIN 10058-20x5-500	S235JR	0,40	0,80
27	5	Stck.	0,79	Auflageleiste kurz	Fl DIN 10058-20x5-500	S235JR	0,40	2,00

Abteilung	Techn. Referenz	Dokumentenart	Dokumentenstatus
Eigentümer EUROPA LEHRMITTEL	Erstellt durch Genehmigt durch	Titel, zusätzlicher Titel **Absperrgitter**	Zeichnungsnummer Änd. | Ausgabedatum | Spr. | Blatt

3. Die Standfläche des Absperrgitters bildet ein Gittereinsatz aus Streckmetall (Bild). Der Flächeninhalt beträgt nach Stückliste 0,98 m^2. Die Gesamtmasse des Absperrgitters wurde mit 55 kg ermittelt.

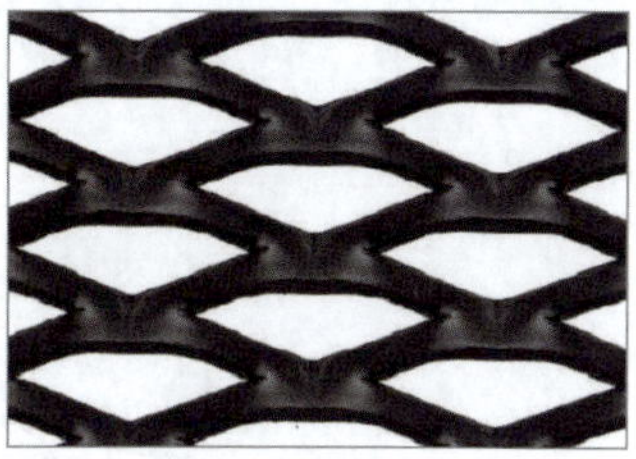

a) Ermitteln Sie, wie viel Prozent der Gesamtmasse des Absperrgitters der Gittereinsatz ausmacht.

b) Alternativ könnte Aluminiumstreckgitter mit Rautenmasche mit einer Masse von 3,1 kg/m^2 verwendet werden. Welche Gewichtsersparnis würde das bringen?

4. Pos. 5 muss gebogen werden. Beurteilen Sie die Umformbarkeit des Stahles S235JR.

5. Durch welches Legierungselement wird die Umformbarkeit des Stahles am meisten beeinflusst?

6. Welche Spannung muss beim Umformen des Rohres Pos. 5 überwunden werden, damit die Formänderung dauerthaft bleibt?

Planen

7. Bestimmen Sie die gestreckte Länge des Handlauf-Bogens Pos. 5 ohne Berücksichtigung von möglichen Längenzugaben für das Umformen.

8. Beim Biegen von Rohren kann es in der Biegezone zur Verformung des Rohrquerschnitts kommen. Erklären Sie die Ursachen.

9. Erklären Sie, wieso ein Rohrquerschnitt den Biegekräften einen fast genauso großen Widerstand entgegensetzt wie ein vergleichbarer Querschnitt aus vollem Rundmaterial.

10. Sie müssen entscheiden, ob die Handlauf-Bögen Pos. 5 warm oder kalt gebogen werden sollen. Vergleichen Sie dazu das Kaltumformen und das Warmumformen hinsichtlich Arbeitstemperatur, Umformbarkeit des Werkstoffs, erforderlicher Umformkraft und Auswirkungen auf den Werkstoff des Umformteils.

11. Von welchen Eigenschaften der Profile hängt die Größe der erforderlichen Umformkräfte ab?

Durchführen

12. Geben Sie die Formel für die Berechnung der benötigten Umformkraft bei Biegebeanspruchung an.

13. In ihrer Schülerwekstatt steht neben einer von Hand zu betätigenden Rohrbiegevorrichtung, einer Drei-Walzen-Rundbiegemaschine auch eine elektrohydraulisch betriebene Ringbiegemaschine zur Verfügung. Beurteilen und begründen Sie, ob Sie mit einer dieser Maschinen den Bogen Pos. 5 biegen können.

14. Welche Maschine wäre besser geeignet? Begründen Sie ihre Aussage.

15. Sie müssen infolge der vorhandenen Ausstattung der Schülerwerkstatt auf das Warmbiegen zurückgreifen. Wie vermeiden Sie, dass sich der Rohrquerschnitt beim Warmbiegen verformt?

16. Erläutern Sie mit Skizze, wie Sie die Biegestelle vor dem gezielten Erwärmen anzeichnen müssen.

17. Berechnen Sie für den Bogen Pos. 5 die Länge des Biegeschenkels und des Maßschenkels.

18. Wie erkennen Sie, ob das erhitzte Rohr bereits die Biegetemperatur erreicht hat?

19. Warum ist eine Nachbehandlung der Oberfläche an der Biegezone nötig? Welche Mittel können Sie dazu einsetzen?

20. Bewerten Sie den Arbeitsaufwand, den das Warmbiegen mit sich bringt. Formulieren Sie eine Erkenntnis für das handwerkliche und industrielle Rohrbiegen.

21. Welche Alternativen hätte der Metallbauer, um das Warmbiegen der Rohrbögen zu vermeiden?

Kontrollieren

22. Nennen Sie Möglichkeiten zur Kontrolle des Biegeradius.

23. Bei der Abschlusskontrolle stellen Sie fest, dass der aufgetragene Farbanstrich an einigen Stellen nicht richtig haftet. Nennen Sie mögliche Ursachen.

Auftrag

Für einen Nahrungsmittelbetrieb soll ein über eine Förderanlage verlaufender Steg mit einer Treppe hergestellt werden. Über den Steg erhalten Besuchergruppen im Rahmen von Führungen Zutritt zur Produktionsanlage.

Der Steg und die Treppe müssen zum einen den hohen Hygieneanforderungen an einen Lebensmittelbetrieb gerecht werden, zum anderen eine ansprechende Optik aufweisen.

Aus diesem Grund werden alle Bauteile aus Edelstahl gefertigt. Für den Bodenbelag und die Stufen wird Edelstahltränblech Typ „SM-Mandorla" verwendet.

Die Steggeländer über der Förderanlage erhalten als Füllung Edelstahlblech. Für die Füllungen im Bereich der Treppengeländer werden horizontal verlaufende Rundstäbe verwendet.

Der Steg ruht auf der einen Seite auf zwei Stützen. Wandseitig erfolgt die Befestigung mittels Kopfplatten und Injektionsankern.

Informieren

1. Informieren Sie sich mithilfe der nachfolgenden Zeichnungen und Stückliste über den Aufbau des Industriestegs. Übertragen Sie im Anschluss die entsprechenden Positionsnummern in die Abbildung (inkl. der Profilkurzbezeichnungen).

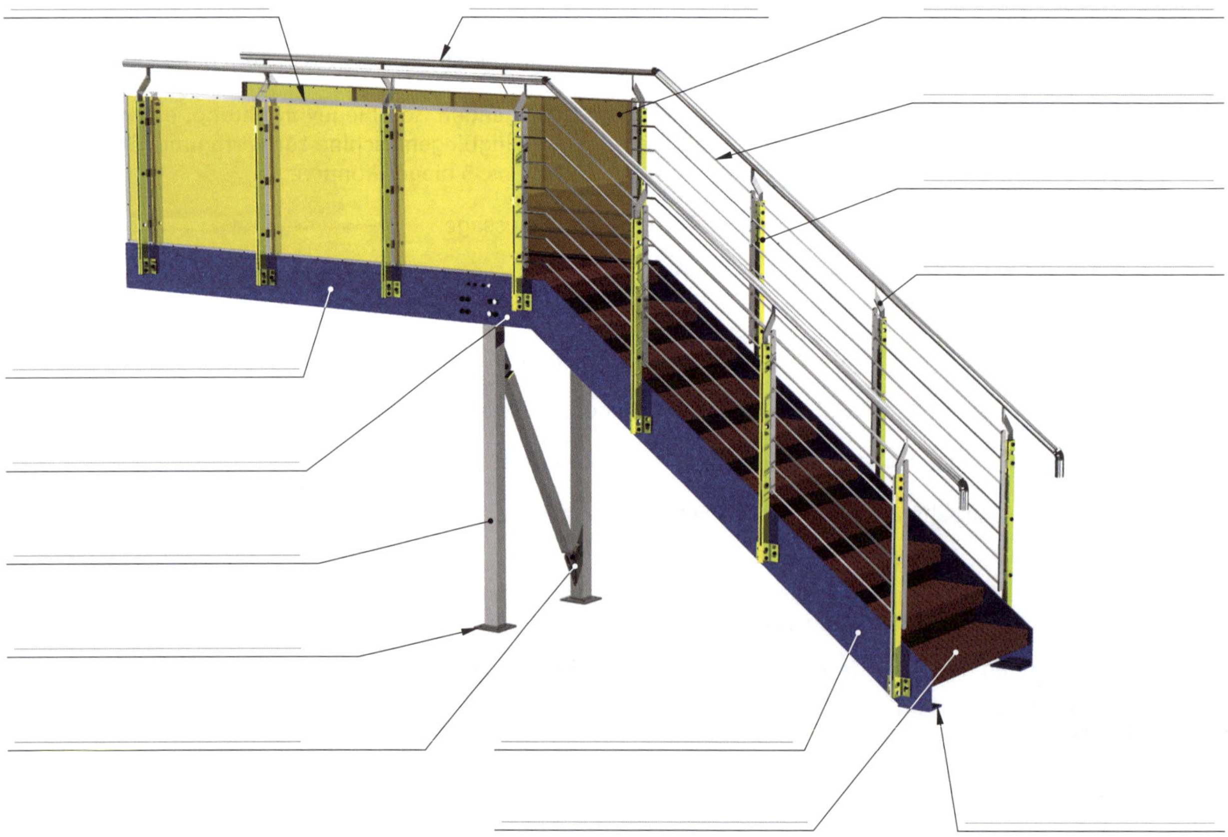

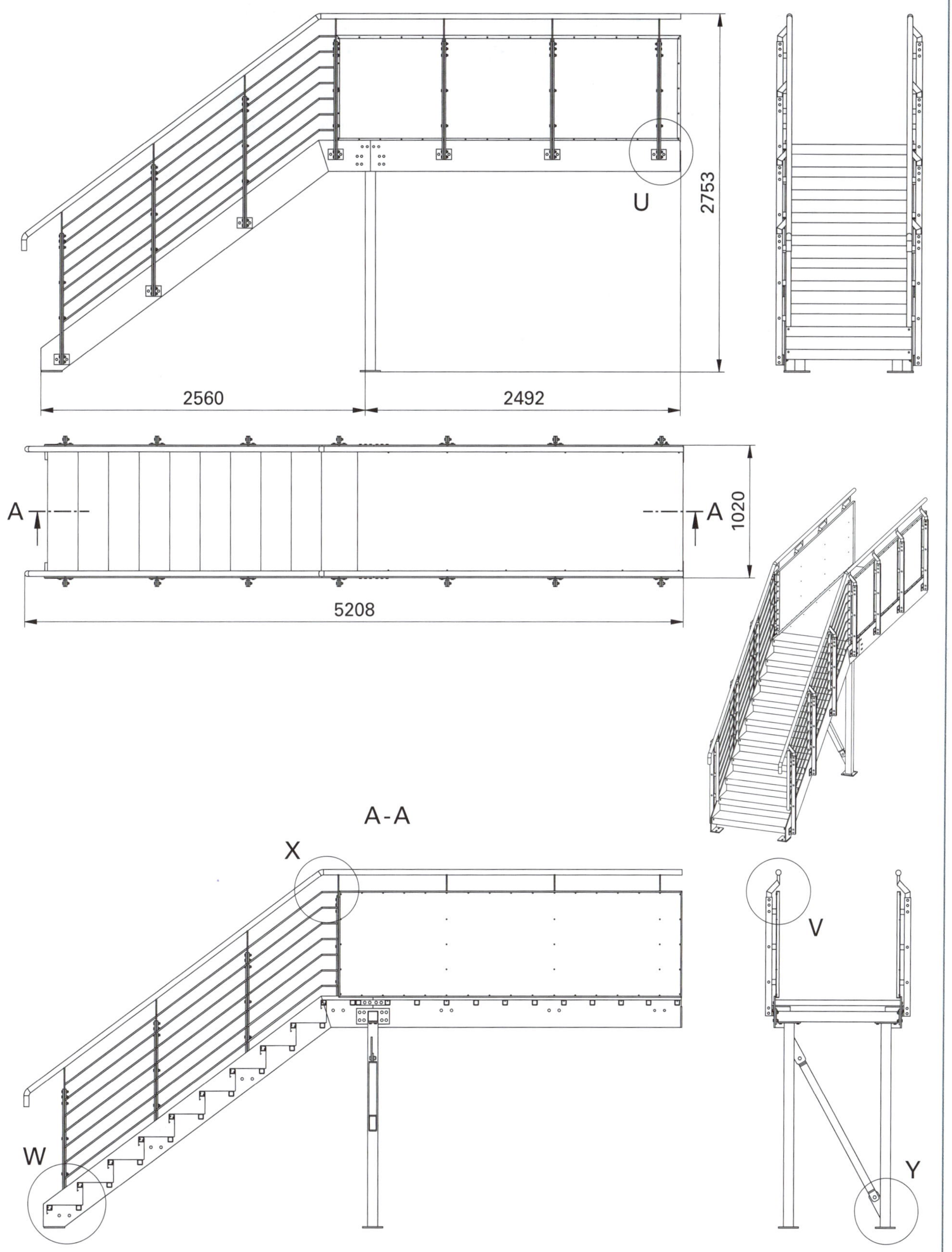

Schule	Erstellt durch	Titel, zusätzlicher Titel	Dokumentenart	
		Industriesteg, Ansichten/Schnitte		
Klasse	Ausgabedatum		Zeichnungsnummer	Blatt

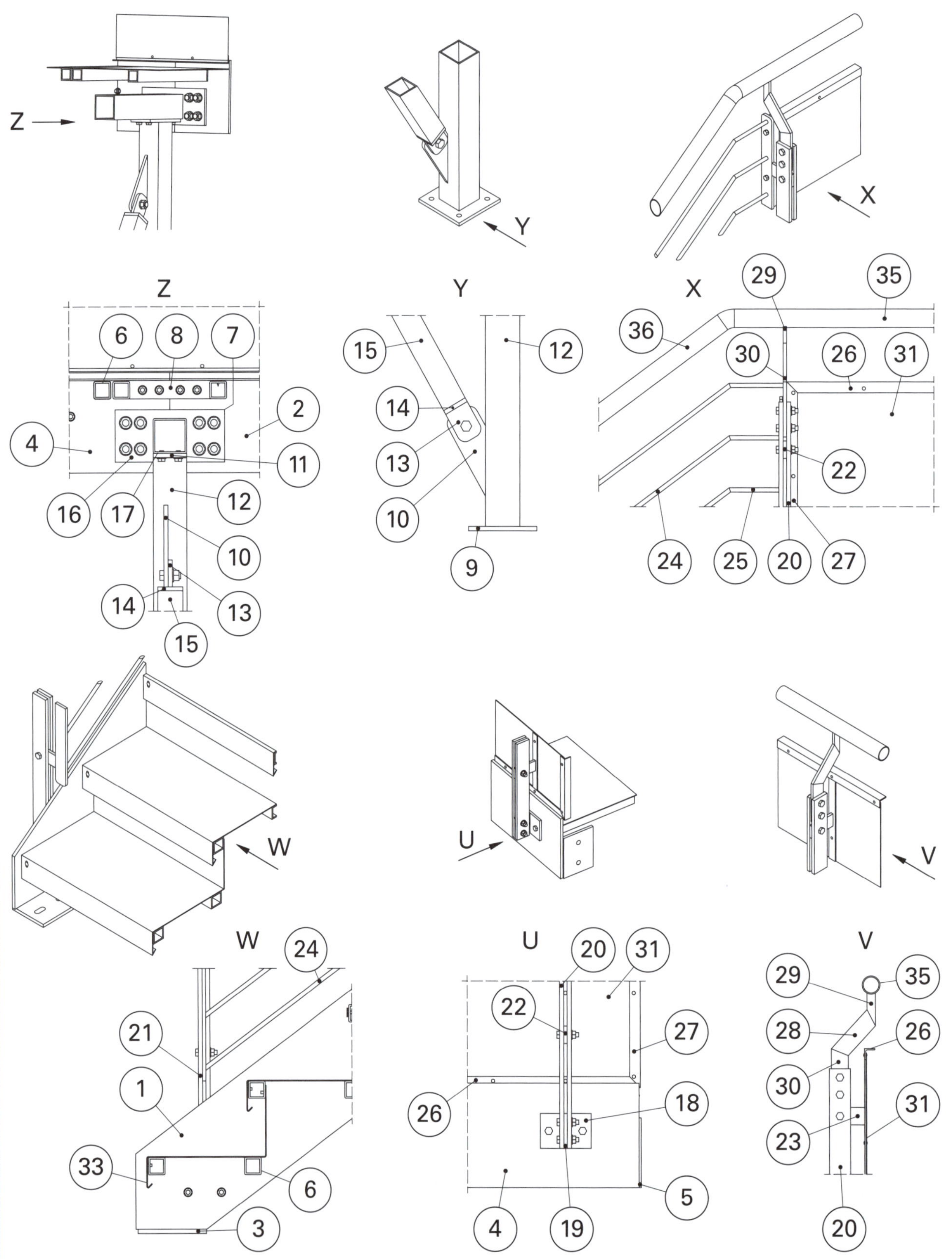

Schule	Erstellt durch	Titel, zusätzlicher Titel	Dokumentenart	
		Industriesteg, Details		
Klasse	Ausgabedatum		Zeichnungsnummer	Blatt

Name:		
Klasse:	Datum:	Blatt-Nr.: 199

Baugruppe 1

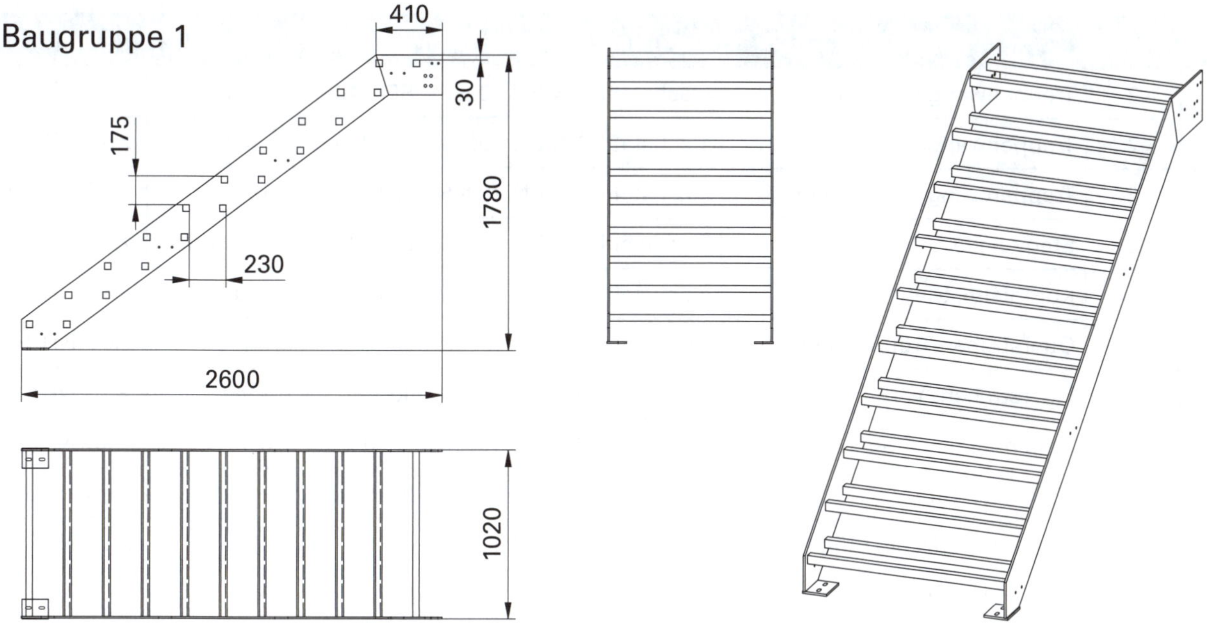

Baugruppe 2

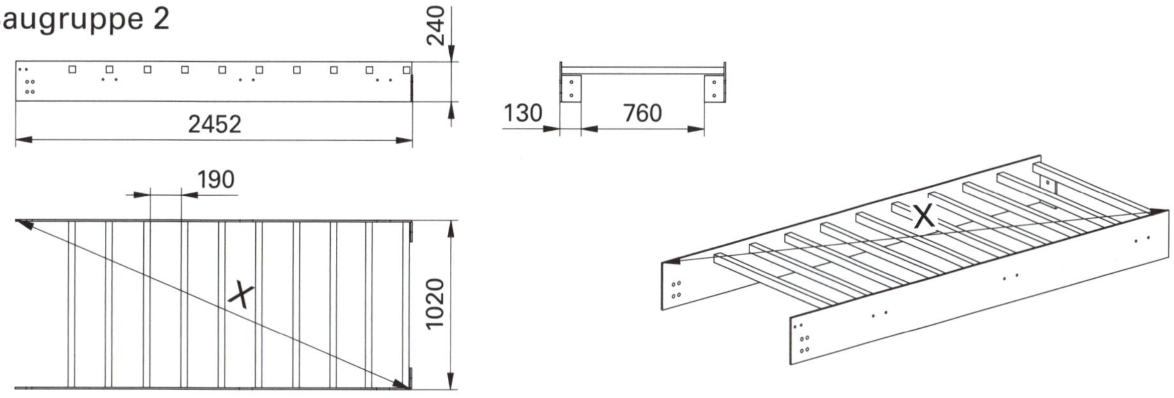

Baugruppe 3 (in der Werkstatt vormontierte Baugruppe)

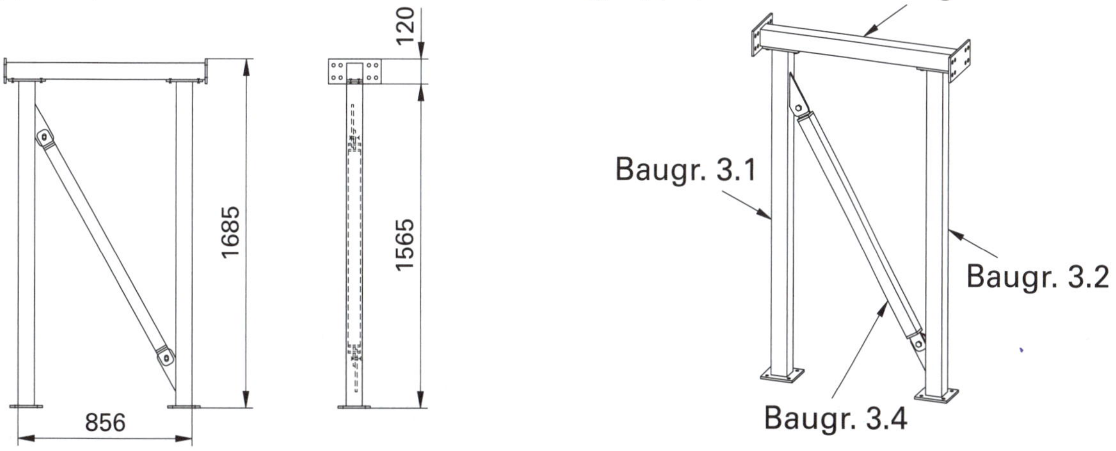

Schule	Erstellt durch	Titel, zusätzlicher Titel	Dokumentenart	
		Industriesteg, Baugruppen		
Klasse	Ausgabedatum		Zeichnungsnummer	Blatt

Auszug aus der Stückliste für einen Industriesteg:

Pos.	Menge	Benennung	Sachnummer/Norm-Kurzbezeichnung	Werkstoff
1	2	Treppenwange, unten	Flachstahl DIN EN 10088 – BFl 240 × 10 – 2885	X5CrNi18-10
2	2	Treppenwange, oben	Flachstahl DIN EN 10088 – BFl 240 × 10 – 410	X5CrNi18-10
3	2	Treppenwange, Fußplatte	Flachstahl DIN EN 10088 – Fl 120 × 10 – 164	X5CrNi18-10
4	2	Stegwange	Flachstahl DIN EN 10088 – BFl 240 × 10 – 2447	X5CrNi18-10
5	2	Kopfplatte, Steg	Flachstahl DIN EN 10088 – Fl 120 × 10 – 160	X5CrNi18-10
6	30	Querstreben Treppe/Steg	Hohlprofil DIN EN 10088 – 40 × 40 × 4,0 – 1000	X5CrNi18-10
7	2	Querstreben, Verbindungsteil	Hohlprofil DIN EN 10088 – 40 × 40 × 4,0 – 988	X5CrNi18-10
8	2	Verbindungsplatten Querstrebe	Flachstahl DIN EN 10088 – Fl 40 × 8 – 270	X5CrNi18-10
9	2	Fußplatte, Stütze	Flachstahl DIN EN 10088 – Fl 160 × 10 – 160	X5CrNi18-10
10	2	Anschweißlasche, Stütze	Flachstahl DIN EN 10088 – Fl 80 × 10 – 200	X5CrNi18-10
11	2	Kopfplatte, Stütze	Flachstahl DIN EN 10088 – Fl 80 × 10 – 180	X5CrNi18-10
12	2	Stützenrohr	Hohlprofil DIN EN 10088 – 80 × 80 × 4,0 – 1565	X5CrNi18-10
13	2	Anschweißlasche Druckstrebe	Flachstahl DIN EN 10088 – Fl 60 × 10 – 80	X5CrNi18-10
14	2	Kopfplatten Druckstrebe	Flachstahl DIN EN 10088 – Fl 60 × 10 – 60	X5CrNi18-10
15	1	Druckstrebe	Hohlprofil DIN EN 10088 – 60 × 60 × 4,0 – 1109	X5CrNi18-10
16	2	Kopflaschen Querrohr	Flachstahl DIN EN 10088 – Fl 120 × 10 – 260	X5CrNi18-10
17	1	Querrohr	Hohlprofil DIN EN 10088 – 80 × 80 × 4,0 – 980	X5CrNi18-10
18	14	Ankerplatte Geländerpfosten	Flachstahl DIN EN 10088 – Fl 80 × 8 – 120	X5CrNi18-10
19	14	Ankerplatte Geländerpfosten	Flachstahl DIN EN 10088 – Fl 80 × 8 – 60	X5CrNi18-10
20	16	Geländerpfosten Steg	Flachstahl DIN EN 10088 – Fl 50 × 10 – 910	X5CrNi18-10
21	12	Geländerpfosten Treppe	Flachstahl DIN EN 10088 – Fl 50 × 10 – 1010	X5CrNi18-10
22	24	Laschen Treppenpfosten	Flachstahl DIN EN 10088 – Fl 40 × 8 – 78	X5CrNi18-10
23	18	Laschen Stegpfosten	Flachstahl DIN EN 10088 – Fl 40 × 8 – 83	X5CrNi18-10
24	14	Füllstäbe Treppengeländer	Rundstahl DIN EN 10088 – Rd 10 – 2513	X5CrNi18-10
25	14	Füllstäbe Treppengeländer	Rundstahl DIN EN 10088 – Rd 10 – 128	X5CrNi18-10
26	4	Rahmen Geländerfüllung	Winkel DIN EN 10088 – L 25 × 25 × 3 – 2720	X5CrNi18-10
27	4	Rahmen Geländerfüllung	Winkel DIN EN 10088 – L 25 × 25 × 3 – 816	X5CrNi18-10
28	14	Anschluss Handlauf	Flachstahl DIN EN 10088 – Fl 40 × 8 – 123	X5CrNi18-10
29	14	Anschluss Handlauf	Flachstahl DIN EN 10088 – Fl 20 × 8 – 75	X5CrNi18-10
30	14	Anschluss Handlauf	Flachstahl DIN EN 10088 – Fl 40 × 8 – 126	X5CrNi18-10
31	2	Füllung Geländerfeld Steg	Blech DIN EN 10088-2 – Bl 2 × 796 × 2702	X5CrNi18-10
32	1	Bodenblech Steg	Blech DIN EN 10088-2 – Bl 2 × 998 × 2576	X5CrNi18-10
33	9	Blech Treppenstufen	Blech DIN EN 10088-2 – Bl 2 × 998 × 537	X5CrNi18-10
34	1	Blech Treppenstufen oben	Blech DIN EN 10088-2 – Bl 2 × 998 × 374	X5CrNi18-10
35	2	Handlauf, Steg	Rohr ISO 1127 – 42,4 × 2,0 – 2844	X5CrNi18-10

Planen

2. Ordnen Sie den Baugruppen des Industriestegs die zugehörigen Einzelteile durch Angabe der Positionsnummer zu!

Nr.	Baugruppe	Zugeordnete Positionsnummer
1	Treppe	
2	Steg	
3.1	Stütze, links	
3.2	Stütze, rechts	
3.3	Querträger	
3.4	Druckstrebe	

3. Berechnen Sie die Gesamtmasse der Baugruppe 2, um z. B. später die geeigneten Anschlagmittel auswählen zu können.

4. Die Rechtwinkligkeit der Baugruppe 2 soll nach der Fertigung überprüft werden. Berechnen Sie hierfür das erforderliche Kontrollmaß *X* (Diagonale)!

5. Erklären Sie die Bedeutung des nachfolgenden Schweißsymbols aus der Fertigungszeichnung des Industriestegs!

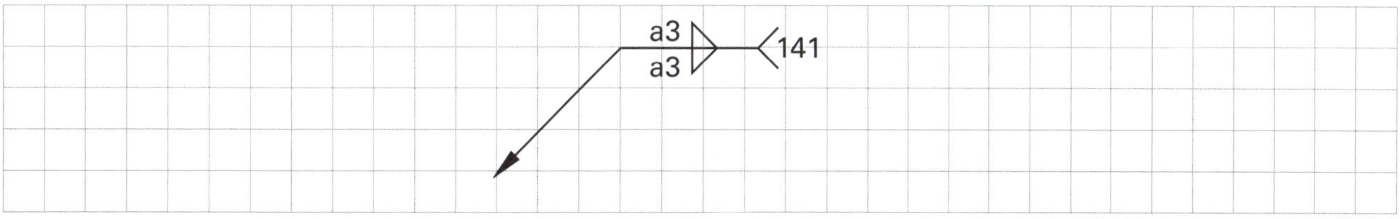

Durchführen

6. Die Baugruppe 3.1 wird in der Werkstatt verschweißt. Erstellen Sie hierfür den Arbeitsplan! Beachten Sie, dass die Einzelteile bereits vorgefertigt sind.

7. Ermitteln Sie die erforderlichen Klemmlängen für die Schrauben (ISO 4017 – M16) zur Befestigung der Druckstrebe (Baugrupppe 3.4)!

8. Welche Schraubensicherungsart verwenden Sie bei der Befestigung der Geländerpfosten? Begründen Sie ihre Entscheidung!

9. Welche Bedeutung hat der Aufdruck „6.8" auf dem Schraubenkopf der Geländerpfostenschrauben?

10. Ermitteln Sie die erforderliche Blindnietlänge zum Befestigen der Edelstahlfüllbleche des Steggeländers. (Verwendete Blindniete: Blindniet DIN 7337-A 3.0 x ___ -Nichtrostender Stahl A2)

11. Beschreiben Sie die Montage der Blechfüllung Pos. 31 in den bereits verschweißten Geländerrahmen des Stegs.

12. Welche Hilfsmittel zum Heben von Lasten wählen Sie bei der Montage der Industriebrücke

a) in der Werkstatt und b) auf der Baustelle?

(Begründen Sie ihre Entscheidung auch mit ihrer Berechnung von Aufgabe 3!)

13. Beschreiben Sie mit eigenen Worten den Arbeitsablauf zur Montage der vormontierten Baugruppen des Industriestegs auf der Baustelle (ohne Geländer, Pfosten und Trittstufen). Achten Sie auf eine sinnvolle Reihenfolge.

14. Zum Aufstellen des Industriestegs kommen auch Steh- und Anlegeleitern zum Einsatz. Erläutern Sie, was Sie bei deren Verwendung beachten müssen.

Kontrollieren

15. Um den Kunden ein fehlerfreies Produkt übergeben zu können, muss eine Endabnahme durchgeführt werden. Erstellen Sie hierfür eine Checkliste.

Den folgenden Firmen und Institutionen danken wir für die tatkräftige Unterstützung mit Informations- und Bildmaterial.

Quellenverzeichnis

ABUS Kransysteme GmbH	Gummersbach	www.abus-kransysteme.de
Autodesk GmbH	München	www.autodesk.de
bocad Software GmbH	Bochum	www.bocad.de
Columbus McKinnon	Wuppertal	www.cmco.eu
FLEX-Elektrowerkzeuge GmbH	Steinheim	www.www.flex-tools.com
FRONIUS Deutschland GmbH	Kaiserslautern-Siegelbach	www.fronius.com
GAMMA-RAY Service-Center GmbH	Großkotzenburg	www.gamma-ray.de
Gerd Eisenblätter GmbH	Geretsried	www.eisenblaetter.de
GESIPA Blindniettechnik GmbH	Mörenfeld-Walldorf	www.gesipa.com
Heyman Manufacturing GmbH	Gießen	www.heyman.de
Informationsstelle Edelstahl Rostfrei	Düsseldorf	www.edelstahl-rostfrei.de
Institut Feuerverzinken GmbH	Düsseldorf	www.feuerverzinken.com
Königsbrücker Ausbildungsstätte GmbH	Königsbrück	www.kas-ausbildung.de
Kurschildgen GmbH Hebezeugbau	Bergisch Gladbach	www.tigerhebezeuge.de
METALLKRAFT Metallbearbeitungsmaschinen Stürmer Maschinen GmbH	Hallstadt	www.metallkraft-maschinen.de
OSBORN International GmbH	Burgwald	www.osborne.de
Pfeifer Seil- und Hebetechnik GmbH	Memmingen	www.pfeifer.de
Robert Bosch GmbH, Power Tools Divison	Leinfelden-Echterdingen	www.bosch-professional.com
Stahl-Informations-Zentrum	Düsseldorf	www.stahl-info.de
ThyssenKrupp Nirosta GmbH	Krefeld	www.nirosta.de
Trumpf Werkzeugmaschinen	Ditzingen	www.de.trumpf.com
Wilhelm Böllhoff GmbH &Co. KG	Bielefeld	www.boelhoff.com

Für die Erlaubnis zur Verwendung von Bildern aus ihren Werken danken wir den Autorenkollegen des Verlages Europa-Lehrmittel Frau Jaschinski sowie den Herren Lämmlin, Kluge, Kilgus, Dr. Ignatowitz, Weinstock und Steinmüller.

Der besondere Dank des Lektors für die kritische und hilfreiche Beratung und Unterstützung bei der Arbeit an dem vorliegenden Werk richtet sich an die Herren Steinmüller, Pahl und Wermuth.

Notizen:

Notizen: